Claudia Mack

Morphologische, mikroskopische und analytische Untersuchungen an Minze

Claudia Mack

Morphologische, mikroskopische und analytische Untersuchungen an Minze

Beobachtungen und Dokumentationen an acht Arten und Sorten der Gattung Mentha

Südwestdeutscher Verlag für Hochschulschriften

Impressum/Imprint (nur für Deutschland/only for Germany)
Bibliografische Information der Deutschen Nationalbibliothek: Die Deutsche Nationalbibliothek verzeichnet diese Publikation in der Deutschen Nationalbibliografie; detaillierte bibliografische Daten sind im Internet über http://dnb.d-nb.de abrufbar.
Alle in diesem Buch genannten Marken und Produktnamen unterliegen warenzeichen-, marken- oder patentrechtlichem Schutz bzw. sind Warenzeichen oder eingetragene Warenzeichen der jeweiligen Inhaber. Die Wiedergabe von Marken, Produktnamen, Gebrauchsnamen, Handelsnamen, Warenbezeichnungen u.s.w. in diesem Werk berechtigt auch ohne besondere Kennzeichnung nicht zu der Annahme, dass solche Namen im Sinne der Warenzeichen- und Markenschutzgesetzgebung als frei zu betrachten wären und daher von jedermann benutzt werden dürften.

Coverbild: www.ingimage.com

Verlag: Südwestdeutscher Verlag für Hochschulschriften GmbH & Co. KG
Dudweiler Landstr. 99, 66123 Saarbrücken, Deutschland
Telefon +49 681 37 20 271-1, Telefax +49 681 37 20 271-0
Email: info@svh-verlag.de

Zugl.: Graz, Karl-Franzens-Universität, Diss., 2010

Herstellung in Deutschland:
Schaltungsdienst Lange o.H.G., Berlin
Books on Demand GmbH, Norderstedt
Reha GmbH, Saarbrücken
Amazon Distribution GmbH, Leipzig
ISBN: 978-3-8381-2728-6

Imprint (only for USA, GB)
Bibliographic information published by the Deutsche Nationalbibliothek: The Deutsche Nationalbibliothek lists this publication in the Deutsche Nationalbibliografie; detailed bibliographic data are available in the Internet at http://dnb.d-nb.de.
Any brand names and product names mentioned in this book are subject to trademark, brand or patent protection and are trademarks or registered trademarks of their respective holders. The use of brand names, product names, common names, trade names, product descriptions etc. even without a particular marking in this works is in no way to be construed to mean that such names may be regarded as unrestricted in respect of trademark and brand protection legislation and could thus be used by anyone.

Cover image: www.ingimage.com

Publisher: Südwestdeutscher Verlag für Hochschulschriften GmbH & Co. KG
Dudweiler Landstr. 99, 66123 Saarbrücken, Germany
Phone +49 681 37 20 271-1, Fax +49 681 37 20 271-0
Email: info@svh-verlag.de

Printed in the U.S.A.
Printed in the U.K. by (see last page)
ISBN: 978-3-8381-2728-6

Copyright © 2011 by the author and Südwestdeutscher Verlag für Hochschulschriften GmbH & Co. KG and licensors
All rights reserved. Saarbrücken 2011

Inhaltsverzeichnis

1 Einleitung 1
1.1 Allgemeines zur Gattung *Mentha* 1

1.1.1 Allgemeines zur Pfefferminze (*Mentha x piperita* L.) 2
1.1.2 Allgemeines zur Grünen Minze (*Mentha spicata* L.) 7
1.1.3 Allgemeines zur Japanischen Ölminze (*Mentha arvensis* L. var. *piperascens* MALINV. ex HOLMES) 9
1.1.4 Allgemeines zur Apfelminze (*Mentha villosa* HUDS.) 10

1.2 Weitere laut Literatur an der Gattung *Mentha* bearbeitete Themengebiete 11
1.3 Ätherische Öle 13

1.3.1 Allgemeines zu den ätherischen Ölen 15
1.3.1.1 Charakteristika des ätherischen Öles der Pfefferminze (*Mentha x piperita* L.) 25
1.3.1.2 Charakteristika des ätherischen Öles der Grünen Minze (*Mentha spicata* L.) 27
1.3.1.3 Charakteristika des ätherischen Öles der „Japanischen Ölminze" (*Mentha arvensis* L. var. *piperascens* MALINV. ex HOLMES) 28
1.3.2 Verwendung ätherischer Öle 28
1.3.2.1 Medizinische Verwendung ätherischer Öle 29
1.3.2.2 Physiologische Effekte 31
1.3.2.3 Zusammenfassung der wichtigsten Wirkungen von ätherischen Ölen 32
1.3.3 Synthese und Akkumulierung von ätherischen Ölen 33
1.3.4 Extraktion von ätherischem Öl mit Hilfe der Wasserdampfdestillation 35

1.4 Gaschromatographische Analyse der Einzelkomponenten 37

1.4.1 Verfahren 38

1.5 Mikroskopie 40

1.5.1 Rasterelektronenmikroskop (REM) 40
1.5.2 Lichtmikroskop (LM) 41

1.6 Phytopathologie 42

1.6.1 Echter Mehltau (*Erysiphe biocellata* EHRENB.) 42
1.6.2 Minzrost (*Puccinia menthae* PERS.) 44
1.6.3 Zusätzliche Schadbilder und „Besucher" 46

1.7 Fragestellungen dieser Dissertation 47
2 Material und Methoden 48
2.1 Pflanzenmaterial und Anzuchtbedingungen 48

2.1.1 Produktion der Jungpflanzen 48
2.1.2 Anlage des Feldversuchs - die Versuchsstation für Spezialkulturen Wies 48
2.1.3 Auswahl der Arten und Sorten 50
2.1.3.1 *Mentha x piperita* L. - Pfefferminze 52
2.1.3.2 *Mentha spicata* L. - Grüne Minze "Scotch" (syn. *M. x viridis* L.) 54
2.1.3.3 *Mentha arvensis* L. var. *piperascens* MALINV. ex HOLMES - „Japanische Ölminze"....55
2.1.3.4 *Mentha villosa* HUDS. - „Apfelminze" 55

2.2 Dokumentation 56
   2.2.1 Fotodokumentation 56
   2.2.2 Scan 56

2.3 Mikroskopische Methoden 56
   2.3.1 Rasterelektronenmikroskop (REM) 56
   2.3.2 Lichtmikroskop (LM) 57

2.4 Phytopathologie 58
   2.4.1 Echter Mehltau (*Erysiphe biocellata* EHRENB.) 58
   2.4.2 Minzrost (*Puccinia menthae* PERS.) 58

2.5 Ertragsauswertungen 59

2.6 Ätherische Öle 60
   2.6.1 Extraktion ätherischer Öle mittels Wasserdampfdestillation 60
   2.6.2 Gaschromatographische Untersuchungen 61

2.7 Datenauswertung 62

3 Ergebnisse 63

3.1 Auswahl der Arten und Sorten 65
   3.1.1 „Pfälzer Minze" (*Mentha x piperita* L. *f. pallescens* CAMUS) 69
   3.1.2 „Japanische Ölminze" (*Mentha arvensis* L. var. *piperascens* MALINV. ex HOLMES) 72
   3.1.3 „BP 83" (*Mentha x piperita* L. *f. rubescens* CAMUS) 74
   3.1.4 „Medicka" (*Mentha x piperita* L. *f. rubescens* CAMUS) 76
   3.1.5 „Multimentha" (*Mentha x piperita* L. *f. rubescens* CAMUS) 78
   3.1.6 „Apfelminze" (*Mentha villosa* HUDS.) 80
   3.1.7 „Ukrainische 541" (*Mentha x piperita* L. *f. pallescens* CAMUS) 82
   3.1.8 Grüne Minze „Scotch" (*Mentha spicata* L.) 84

3.3 Mikroskopie 87
   3.3.1 Rasterelektronenmikroskop (REM) 87
      3.3.1.1 Beschreibung der auftretenden Behaarungstypen 87
      3.3.1.2 Übersichten der Oberflächen von nicht ausdifferenzierten und ausdifferenzierten Blättern 88
      3.3.1.3 Behaarung an nicht ausdifferenzierten Blattoberflächen 95
      3.3.1.4 Behaarung an ausdifferenzierten Blattoberflächen 101
   3.3.2 Lichtmikroskop (LM) 107
      3.3.2.1 „Pfälzer Minze" (*Mentha x piperita* L. *f. pallescens* CAMUS) 107
      3.3.2.2 „Japanische Ölminze" (*Mentha arvensis* L. var. *piperascens* MALINV. ex HOLMES) 109
      3.3.2.3 „BP 83" (*Mentha x piperita* L. *f. rubescens* CAMUS) 113
      3.3.2.4 „Medicka" (*Mentha x piperita* L. *f. rubescens* CAMUS) 115
      3.3.2.5 „Multimentha" (*Mentha x piperita* L. *f. rubescens* CAMUS) 115
      3.3.2.6 „Apfelminze" (*Mentha villosa* HUDS.) 118
      3.3.2.7 „Ukrainische 541" (*Mentha x piperita* L. *f. pallescens* CAMUS) 120
      3.3.2.8 Grüne Minze „Scotch" (*Mentha spicata* L.) 121

3.4 Phytopathologie 124
   3.4.1 Echter Mehltau (*Erysiphe biocellata* EHRENB.) 124
   3.4.2 Minzrost (*Puccinia menthae* PERS.) 127
   3.4.3 Zusätzliche Schadbilder und „Besucher" 129

3.5 Ertragsauswertung ... 134
3.5.1 Frischgewicht [FG] ... 134
3.5.2 Trockengewicht [TG] ... 140

3.6 Ätherische Öle ... 145
3.6.1 Extraktion mittels Wasserdampfdestillation – Gehalt an ätherischen Ölen ... 145
3.6.2 Gaschromatographische Analyse (GC & GC-MS) ... 152

4 Diskussion ... 173

4.1 Auswahl der Arten und Sorten ... 173
4.1.1 Jungpflanzenanzucht ... 174
4.1.2 Merkmale der Pflanzen und Blätter ... 174
4.1.3 Blütenmerkmale ... 176
4.1.4 Befall mit Krankheiten ... 177
4.1.5 Stolonenbildung ... 178

4.2 Rasterelektronen- und Lichtmikroskopie ... 179

4.3 Ertragsauswertung ... 181

4.4 Ätherische Öle ... 182
4.4.1 Gewinnung und Gehalt des ätherischen Öles ... 182
4.4.2 Qualität des ätherischen Öles ... 184
4.4.2.1 (-)-Menthol ... 184
4.4.2.2 Menthon ... 187
4.4.2.3 Menthylacetat ... 188
4.4.2.4 Menthofuran ... 189
4.4.2.5 Cineol ... 190
4.4.2.6 Limonen ... 192
4.4.2.7 Carvon ... 193
4.4.2.8 Pulegon ... 194
4.4.2.9 Jasmon ... 195
4.4.2.10 Isomenthon ... 196
4.4.2.11 Isopulegol ... 196
4.4.3 Unterschiede zwischen den einzelnen Arten ... 197

4.5 Empfehlung ... 199

5 Zusammenfassung ... 203

6 Literatur ... 207

1 Einleitung

1.1 Allgemeines zur Gattung *Mentha*

Die Gattung *Mentha* gehört mit vielen bekannten Vertretern der Heil- und Gewürzpflanzen zur Familie der Lamiaceae (Lippenblütler). Dazu zählen unter anderem Majoran (*Origanum majorana* L.), Oregano (*Origanum vulgare ssp. hirtum* (LINK) IETSW.), Goldmelisse (*Monarda didyma* L.), Oswegokraut (*Monarda fistulosa* L. *ssp. menthaefolium*), Thymian (*Thymus vulgaris* L.), Zitronenthymian (*Thymus pulegioides* L.) und viele mehr.

Minzen sind sehr formenreich. Die Heimat der Gattung wird allgemein in den nördlichen gemäßigten Zonen vermutet, jedoch fehlen nähere Beschreibungen zu den kultivierten Arten. Ihre Wurzeln wachsen flach und bilden zahlreiche, weit reichende Ausläufer, die so genannten Stolonen, durch die man Minzen sortenrein vermehren kann. Gute Standortbedingungen sind luftiger, lichter Halbschatten auf humusreichem, feuchtem Boden. Der Standort sollte alle zwei bis drei Jahre verlegt werden. Die am meisten gefürchtete Krankheit stellt der Minzrost (*Puccinia menthae* PERS.) dar. Bevorzugt tritt dieser in eng stehenden Kulturen auf, bildet rostrote Flecken und kann nur durch einen vorzeitigen Rückschnitt zurückgedrängt werden.

Auf Grund ihres aromatischen Geruches gibt es im deutschen Sprachgebrauch auch zahlreiche weitere „Minzen" aus anderen Gattungen, wie beispielsweise die Bergminze (*Calamintha sp.*) oder die weit verbreitete Katzenminze (*Nepeta sp.*).

Minzen neigen sehr stark zur Hybridisierung, da sich die Verbreitungsgebiete vieler Arten überlappen. Die Bastarde, die bei den gelegentlichen Kreuzungen im selben Gebiet wachsender Arten entstehen, können steril, aber auch völlig fertil sein. Die heute auftretende Vielfalt an Minzenarten ist vermutlich auf spontane Kreuzungsvorgänge und auch Rückkreuzungen zurückzuführen [BOLLI 2003, www.minzen.com].

1.1.1 Allgemeines zur Pfefferminze (*Mentha x piperita* L.)

*Pfeffer-Minze – *Méntha* × *piperita* 0,50–0,80 ♃ 6–7 (lila)

Abbildung 1: Schema der Pfefferminze (*M. x piperita* L.) [ROTHMALER 1995]

Bei *Mentha x piperita* L. (Abbildung 1) handelt es sich um eine Kreuzung der Bachminze *M. aquatica* L. und der Grünen Minze *M. spicata* L. Diese Kreuzung trat erstmals 1696 in England in einem *M. spicata* L.-Feld auf [PAHLOW 1993]. 1704 wurde sie das erste Mal unter dem Namen Pfefferminze erwähnt, ab 1750 können in England Pfefferminzekulturen nachgewiesen werden. Den heute noch gültigen Namen *M. piperita* L. bekam die Pfefferminze 1753 vom Schweden Carl von Linné (1707-1778). Er war sich damals kaum bewusst, dass es sich um einen Bastard handelt, weswegen dann das x vor den Artnamen gesetzt wurde, da es sich um eine Hybride handelt [BOLLI 2003]. Da *M. spicata* L. ihrerseits aus einer Kreuzung der Arten *M. longifolia* (L.) HUDS. und *M. rotundifolia* (L.) HUDS. hervorgegangen ist, handelt es sich bei *M. x piperita* L. um einen Triplebastard. Die Produktion von Kulturpflanzen erfolgt ausschließlich vegetativ, da eine generative Vermehrung eine Bastardaufspaltung zur Folge haben würde [BOLLI 2003, MORCK 1978]. Zu den geläufigen Volksnamen zählen unter anderem Aderminze, Edelminze, Englische Minze, Gartenminze und Teeminze [MARQUARD & KROTH 2001, PAHLOW 1993]. *M. x piperita* L. ist ausschließlich in Kultur anzutreffen, während die Ausgangsarten auch wild wachsend weit verbreitet sind [BUNDESSORTENAMT 2002]. Die Pfefferminze zählt zu den wichtigsten Heil- und Gewürzpflanzen. Ihre Inhaltsstoffe, die hauptsächlich aus den Blättern gewonnen werden, können unter anderem bei Magen-, Darm- und Gallebeschwerden eingesetzt werden und werden häufig in der Likör-, Süßwaren- und Kosmetikindustrie verwendet [BOMME & al. 2005]. Speziellen Anklang finden sie im Bereich von Mund- und Zahnpflegemitteln, aber auch in der Seifenindustrie [ROTH & KORMANN 1996].

Botanik: Die Pfefferminze gilt als mehrjährige Kulturpflanze [ROTH & KORMANN 1996]. Sie wird 30 bis 80 cm hoch und wurzelt flach. Die Kultivierung erfolgt über die zahlreichen unterirdisch und oberirdisch ausgebildeten Stolonen, wobei durch eine Umpflanzung im Zwei-Jahres-Rhythmus eine Rückkreuzung vermieden werden kann. Die Pfefferminze hat einen kahlen, vierkantigen, wenig verzweigten Stängel und gegenständig angeordnete länglich-elliptische Blätter mit grober Zähnung am Rand [PAHLOW 1993]. Bei manchen Herkünften kann der Stängel rötlich überzogen sein [MARQUARD & KROTH 2001]. Weiters sind die Blätter gestielt [ROTH & KORMANN 1996]. Die Pflanze ist oftmals rot gefleckt und weist unterschiedlichen Geruch auf [CHRISTENSEN 2001]. Die Blütenstände aus hellrosa bis lila Einzelblüten sind in endständigen Ähren angeordnet. Der Blühzeitpunkt der Pfefferminze liegt in den Monaten Juli bis September [KLEINOD & STRICKLER 2006]. Es handelt sich um eine Langtagpflanze, die unter Kurztagbedingungen vorwiegend Ausläufer ausbildet [MARQUARD & KROTH 2001]. Es gibt viele Rassen, die sich in Form und Farbe der Blätter voneinander unterscheiden [PAHLOW 1993]. Weiters gibt es sowohl behaarte, als auch unbehaarte Formen. Die Pfefferminze ist hochsteril, weist hin und wieder aber auch lebensfähige Samen auf, die jedoch auf Grund der auftretenden Aufspaltung für den Anbau wertlos sind [CHRISTENSEN 2001, MARQUARD & KROTH 2001].

Es gibt dunkel- und helllaubige Sorten bzw. Varietäten von *M. x piperita* L.. Beim erstgenannten Typ handelt es sich um so genannte „black mint"-Sorten mit dunkelgrünen, eiförmigen Blättern und violett-rötlicher Nervatur. Diese gehören der Art *M. x piperita* L. *f. rubescens* CAMUS an und werden auch als „Mitcham"-Typ bezeichnet. Sorten dieses Typs besitzen mehr Drüsenschuppen und produzieren qualitativ und quantitativ besseres ätherisches Öl. Die vormals weit verbreitete Sorte „Mitcham" verliert jedoch an Bedeutung [MARQUARD & KROTH 2001]. „Mitcham" entstand in England und zeichnet sich durch einen hohen Ertrag, vergleichsweise hohe Ölgehalte und ihre gute Winterhärte aus [BUNDESSORTENAMT 2002]. Eine bekannte neue und auch in dieser Arbeit verwendete Sorte ist „Multimentha". Weitere verwendete Varietäten dieses Typs sind „BP 83" und „Medicka".

M. x piperita L. *f. pallescens* CAMUS sind hellgrüne bzw. „white mint"-Typen mit rein hellgrünen, lanzettlichen Blättern. Diese sind weniger robust und bevorzugen wärmere Lagen [MARQUARD & KROTH 2001]. Zu diesem Typ zählen die „Pfälzer Minze" und die „Ukrainische 541".

Als züchterische Ziele bei Pfefferminze gelten ein erhöhter Blattanteil von über 60 % und die Erhöhung der Ausbeute an ätherischem Öl auf 3,0 ml/100 g Droge. Ein hoher Mentholgehalt bei niedrigen Anteilen an Carvon, Pulegon, Isomenthon und Menthofuran wird ebenfalls angestrebt. Die Sorten sollten einen hohen Stolonenertrag, eine Rost- und Nematodenresistenz und eine bessere Vitalität für den mehrjährigen Anbau aufweisen. Als Teedroge sind guter Geruch und Geschmack wichtig [BUNDESSORTENAMT 2002].

Vorkommen und Standort: *M. x piperita* L. tritt in Kultur vorwiegend in Europa, Nord- und Südamerika, Afrika und Asien auf. In Mitteleuropa findet man sie auch vielfach in Gärten und in verwilderter Form [ROTH & KORMANN 1996]. In Deutschland gibt es kleine Anbaugebiete mit einem Gesamtausmaß von 301 ha in den Moorgebieten um München, in Franken und Thüringen. Größere Mengen an Drogen werden aus den Balkanländern, der Ukraine, Ungarn, Ägypten, Marokko, USA und Spanien importiert, wobei die Kulturen in den USA, Italien, Südamerika und Asien der Ölgewinnung dienen [MARQUARD & KROTH 2001].

Die Pfefferminze bevorzugt Moorboden und tonigen Kalk [BUNDESSORTENAMT 2002, PAHLOW 1993] bzw. ausreichend feuchten Boden mit sonniger bis halbschattiger Lage [KLEINOD & STRICKLER 2006]. Sie gedeiht gut auf unkrautarmen, frischen, humosen, sandigen Lehmböden, die windgeschützt liegen. Erschwert wird die Kultur von schweren, staunassen oder extrem trockenen Böden. *M. x piperita* L. ist wärmeliebend, wodurch auch der Gehalt an ätherischem Öl erhöht wird, verträgt allerdings keine Hitze. Als Vor- und Nachfrucht sind Getreide und Hackfrüchte geeignet. Weiters wird eine vier- bis fünfjährige Anbaupause der Lamiaceae empfohlen. Die Nutzung der Kultur erfolgt über ein bis drei Jahre, wobei eine einjährige Nutzung hinsichtlich der Degeneration des Bestandes und der erhöhten Gefahr von vermehrten Erkrankungen, wie etwa dem Minzrost (*Puccinia menthae* PERS.), bevorzugt wird [MARQUARD & KROTH 2001].

Verwendung: Die Pfefferminze dient hauptsächlich als Droge für Tee oder als Teebeimischung [BUNDESSORTENAMT 2002]. Verwendet werden ganze oder geschnittene getrocknete Laubblätter oder das getrocknete Kraut [MARQUARD & KROTH 2001]. Der Geschmack eines Tees aus frischen Pfefferminzeblättern hängt von der Jahres- und Tageszeit und der Witterung ab, aber auch davon, ob Blätter der Triebspitzen oder tiefer liegender Abschnitte verwendet bzw. ob diese frisch zubereitet werden, angewelkt oder getrocknet wurden [BOLLI 2003]. Die Inhaltsstoffe der Pfefferminze wirken schweißtreibend, krampflösend, blähungs- und galletreibend, verdauungsfördernd, appetitanregend bzw. allgemein anregend und werden daher bei Beschwerden im Magen-Darmbereich sowie der Gallenblase und Gallenwege eingesetzt [BUNDESSORTENAMT 2002, KLEINOD & STRICKLER 2006, MARQUARD & KROTH 2001]. Außerdem wird sie bei Übelkeit, Brechreiz und akutem Erbrechen, sowie zum Fördern von Galleabfluss und -produktion eingesetzt [PAHLOW 1993]. Die Wirkungen sind aus medizinischer Sicht spasmolytisch, karminativ, antibakteriell, sekretolytisch, kühlend, beschleunigend auf die Magenleerung, lokal anästhesierend und hyperämisierend. Bei der spasmolytischen Wirkung wird, ähnlich wie bei Minzöl von *M. arvensis* L. *var. piperascens* MALINV. ex HOLMES, durch Menthol eine Blockierung der Calciumkanäle im Magen-Darm-Trakt hervorgerufen. Dies führt zu einer verminderten Einfuhr von Calcium in den Körper, hat also einen sogenannten Calciumantagonistischen Effekt und damit direkte krampflösende Wirkung auf die glatte Muskulatur des Magen-Darm-Traktes. Als karminativ bezeichnet man die Senkung des Tonus des unteren Ösophagussphinkters, wodurch ein leichter Abgang von aufgestauter Luft bewirkt wird. Die analgetische Wirkung beruht auf einer Anregung der Kälterezeptoren in der Haut. Der Kältereiz wird weitergeleitet und führt zu einer Blockade der Schmerzleitung. Der Rückgang der Schmerzwahrnehmung wird vermutlich durch zentral stimulierende Eigenschaften des Pfefferminzöls unterstützt [SCHILCHER & al. 2007].

Der **Tee** wird auf Grund der schwachen Geschmackswirkung der Gerbstoffe auch als koffeinfreies Ersatzgetränk für schwarzen Tee angeboten [HÄNSEL & HÖLZL 1996]. Eine dauerhafte Anwendung von Pfefferminztee wird wegen möglicher auftretender Magenschmerzen nicht empfohlen [MARQUARD & KROTH 2001, PAHLOW 1993], auf Grund der sehr hohen Gehalte an Menthol vor allem nicht für Kleinkinder [KLEINOD & STRICKLER 2006].

Zu den wichtigsten Inhaltsstoffen der Pfefferminze zählen neben dem ätherischen Öl auch Triterpensäuren wie Oleanol-, Ursol- und Pomolsäure, weiter auch die Rosmarinsäure als Hauptkomponente der Labiatengerbstoffe (bis 4,5 %), freie Phenolcarbonsäuren (Chlorogensäure, Kaffeesäure) und Flavonoidglykoside (8-18 %) [BOLLI 2003].

Das Einsatzgebiet der Pfefferminze reicht jedoch neben der Verwendung des ätherischen Öles (siehe **1.3.2.1 Medizinische Verwendung ätherischer Öle**) viel weiter, z.B. wird sie direkt als Würzmittel in der englischen, amerikanischen und arabischen Küche verwendet. Außerdem findet sie sich auch in zahlreichen Gewürzmischungen anderer europäischer Länder [ROTH & KORMANN 1996]. Pfefferminzlikör kann den unangenehmen Mundgeruch nach Knoblauchgenuss mindern bzw. überdecken. Gleiches gilt auch für Pfefferminzplätzchen [SCHILCHER & al. 2007]. Als Aromatikum wird das ätherische Öl auch weiterhin in der Kosmetik- und Genussmittelindustrie eingesetzt [MARQUARD & KROTH 2001].

Im Handel werden folgende Produkte angeboten: *Menthae piperitae folium*, *Herba Menthae* und *Menthae piperitae aetheroleum*. Als *Menthae piperitae folium* werden die getrockneten, ganzen oder geschnittenen Laubblätter laut DAB 10 (Deutschem Arzneibuch) und ÖAB 90 (Österreichisches Arzneibuch), Ph. Eur. bezeichnet [MARQUARD & KROTH 2001]. Als Qualitätsanforderung gilt ein Gehalt an ätherischem Öl von mindestens 1,2 % in der Ganzdroge und 0,9 % in geschnittener Droge. Außerdem dürfen folgende Maximalprozent nicht überschritten werden: 5 % Stängel, 2 % Sand, 6 bis 8 % Restfeuchte, 12 % Asche [BOMME 1984]. Für die beiden Schwermetalle Cadmium und Blei gelten die Höchstmengen von 0,2 mg/kg Cadmium und 5 mg/kg Blei. Bei *Herba Menthae* handelt es sich um die Krautdroge und *Menthae piperitae aetheroleum* ist das mit Hilfe der Wasserdampfdestillation gewonnene ätherische Öl, das aus frischen blühenden Sprossspitzen bzw. frischen oberirdischen Pflanzenteilen von *M. x piperita* L. extrahiert wird [MARQUARD & KROTH 2001].

Ertragsschwierigkeiten und Krankheitsbilder: In Deutschland kommt es beim Pfefferminzanbau zunehmend zu Ertragsdepressionen, Rostbefall und nicht ausreichendem Gehalt an ätherischem Öl [BOMME & al. 2005]. Eines der häufigsten Schadbilder stellt der Minzrost dar (*Puccinia menthae* PERS.) [EL-GAZZAR & WATSON 1968, MARQUARD & KROTH 2001], der nur schwer bekämpft werden kann und vorwiegend im zweiten Aufwuchs auftritt [BUNDESSORTENAMT 2002]. Eine selten angewandte Möglichkeit, dem pilzlichen Krankheitserreger vorzubeugen, besteht darin, die Stecklinge mit Heißwasser zu besprühen. Weiters empfiehlt sich Magnesiumdünger und ein zweijähriger Feldwechsel [PAHLOW 1993, ROTH & KORMANN 1996]. Sonst gilt der radikale Rückschnitt des Bestandes als Gegenmaßnahme [DACHLER & PELZMANN 1999].

1.1.2 Allgemeines zur Grünen Minze (*Mentha spicata* L.)

Grüne Minze – *Méntha spicáta*
0,30–0,80 ♃ 7–9
(rötlichlila)

Abbildung 2: Schema der Grünen Minze (*M. spicata* L.) [ROTHMALER 1995]

Bei *Mentha spicata* L. handelt es sich um die klassische englische Teeminze (Abbildung 2). Sie wird auch für die Zubereitung der englischen Minzsoße verwendet [KLEINOD & STRICKLER 2006]. Des Weiteren ist sie für ihren speziellen Geruch, nämlich dem der „Spearmint", sehr bekannt. Ihre Entstehung ist wahrscheinlich auf eine Chromosomenverdopplung bei *M. x rotundifolia* (L.) HUDS. (*M. longifolia* L. x *M. suaveolens* EHRH.) zurückzuführen [CHRISTENSEN 2001]. Die Grüne Minze und auch die mit ihr verwandte Krause Minze *M. spicata* L. var. *crispa* (BENTH.) DANERT werden in geringerem Umfang als die Pfefferminze angebaut. Die Kultur- und Anbaubedingungen sind mit denen von *Mentha x piperita* L. ident, sie ist aber widerstandsfähiger gegen Kälte und verträgt auch schattige Lagen [BUNDESSORTENAMT 2002].

Botanik: Die Grüne Minze ist eine etwa 50 cm hohe, dicht und buschig wachsende breite Staude. Sie hat glänzendes, sattgrünes Laub [KLEINOD & STRICKLER 2006] mit länglich-eiförmigen bis lanzettlichen Blättern. Diese sind gesägt und fast sitzend. Die Blüten sind klein und lila bis fleischfarben und in Scheinähren angeordnet. Die Blütezeit umfasst die Monate Juli bis September [ROTH & KORMANN 1996]. Gewöhnlich ist die Grüne Minze kahl, kann aber auch behaart auftreten [CHRISTENSEN 2001]. *M. spicata* L. bildet keine oberirdischen Ausläufer.

Vorkommen und Standort: In Kultur befindet sich *M. spicata* L. für medizinische Verwendungszwecke, die Lebensmittelindustrie und als Küchenkraut. In wilder Form kommt die Grüne Minze vermutlich nur in Frankreich, Oberitalien und Dalmatien vor. Europaweit findet man sie in Gärten und verwildert an Hecken und Äckern [ROTH & KORMANN 1996]. Sie bevorzugt halbschattige bis schattige, feuchte Standorte. Der Boden sollte humos und neutral bis leicht sauer sein [KLEINOD & STRICKLER 2006].

Verwendung: Auch die Anwendungsgebiete der Grünen Minze sind vielfältig, wobei die häufigste jene als Tee und in der Küche ist [KLEINOD & STRICKLER 2006]. Die kahle Form dient oft als Geschmacksverstärker bei Lebensmitteln, wie z.B. Kaugummi [CHRISTENSEN 2001]. Als Gewürz wird sie hauptsächlich in den Balkanländern eingesetzt, aber auch in Italien und Frankreich; besonders beliebt ist die Grüne Minze zu Bohnen-, Erbsen- und Linsensuppe. Einen großen Verwendungsbereich stellt auch die Mundpflege- und pharmazeutische Industrie, weniger die Parfümerie dar [ROTH & KORMANN 1996].

Krankheitsbilder: In der Kultur tritt häufig Minzrost (*Puccinia menthae* PERS.) auf [www.plant-disease.ippc.orst.edu].

1.1.3 Allgemeines zur Japanischen Ölminze (*Mentha arvensis* L. var. *piperascens* MALINV. ex HOLMES)

Abbildung 3: Schema der Ackerminze (*M. arvensis* L.) [ROTHMALER 1995]

Botanik: Die „Japanische Ölminze" gehört zur Art *Mentha arvensis* L. (Abbildung 3). Die Ackerminze wächst aufrecht, ist behaart und mehrjährig. Die lanzettlichen Blätter sind leicht gezähnt. Fliederfarbene Blüten sitzen quirlständig in den Blattachseln [BOTANICA 2003].

Vorkommen und Standort: Früher kam die Japanische Ölminze hauptsächlich in Brasilien vor, wobei sie heute auch in anderen Ländern, wie China und Paraguay, kultiviert wird [ROTH & KORMANN 1996]. Die Ackerminze *M. arvensis* L. kommt in ganz Europa in feuchten Gebieten vor [BOTANICA 2003].

Verwendung: Die Wirkungen werden als karminativ, antibakteriell, sekretolytisch, kühlend, spasmolytisch (siehe **1.1.1 Allgemeines zu Pfefferminze (Mentha x piperita L.) – Verwendung**), juckreizstillend, lokal anästhesierend, analgetisch und hyperämisierend beschrieben [SCHILCHER & al. 2007].

Ätherisches Öl: Das so genannte Minzöl, *Menthae aetheroleum*, wird aus dem Kraut blühender Pflanzen gewonnen und dient der Gewinnung von Menthol. In den Handel kommen entmentholisierte Produkte. Diese werden entweder durch Gefrieren, eine fraktionierte Destillation oder Rektifikation gewonnen [ROTH & KORMANN 1996]. Das frische Destillat enthält 80 % bis > 90 % Menthol. Ein Teil davon scheidet sich aber bereits beim Abkühlen ab. Weitere charakteristische Komponenten sind Isomenthon und Menthylacetat [SHANKER & al. 1999]. In pharmazeutischen Präparaten wird Minzöl ähnlich dem Pfefferminzöl als Geruchskorrigens eingesetzt [HÄNSEL & HÖLZL 1996]. Auf Grund des unangenehm bitteren Geschmacks wird es hauptsächlich für die Herstellung von D(-)-Menthol DAB 7 verwendet [MORCK 1978].

Krankheitsbilder: In unserem Klimagebiet ist diese Kultur sehr stark anfällig auf Minzrost (*Puccinia menthae* PERS.).

1.1.4 Allgemeines zur Apfelminze (*Mentha villosa* HUDS.)

Rundblättrige M. – *M. suavéolens*
0,30–0,50 ♃ 7–9
(hellila od. weiß)

Abbildung 4: Schema der rundblättrigen Minze (*M. suaveolens* EHRH.) [ROTHMALER 1995]

Die „Apfelminze" bzw. Riesen-Apfelminze entstand durch Kreuzung aus *M. spicata* L. und *M. suaveolens* EHRH. (Abbildung 4) und wird umgangssprachlich als Hain-Minze bezeichnet [CHRISTENSEN 2001]. Ihr wichtigstes Unterscheidungsmerkmal zu *M. suaveolens* EHRH., mit der sie oft verwechselt wird, ist die Ausbildung unterirdischer Ausläufer, während *M. suaveolens* EHRH. oberirdische Ausläufer bildet. Die „Apfelminze" wurde hauptsächlich deshalb ausgewählt, weil sie in der wissenschaftlichen Literatur zu den am wenigsten beschriebenen Arten zählt.

Botanik: Die „Apfelminze" ist eine standfeste Staude, die bis einen Meter hoch und breit werden kann. Ihre Blätter sind hellgrün und sehr weich. Die Blüten sind blassrosa und hängen in großen Rispen über. Der Blühzeitpunkt ist im Juli und August [KLEINOD & STRICKLER 2006]. Diese Minze ist ebenfalls hochsteril [CHRISTENSEN 2001].

Vorkommen und Standort: Sie verträgt Sonne, bevorzugt aber feuchten Boden [KLEINOD & STRICKLER 2006].

Verwendung: Die Verwendung beschränkt sich im Verhältnis zu den übrigen Vertretern der Gattung *Mentha* auf wenige Gebiete. Häufig ist sie in Apfeltee, Apfelkompott und Apfelgelee enthalten, hat aber zusätzlich einen hohen dekorativen Stellenwert in Blumensträußen [KLEINOD & STRICKLER 2006].

Ätherisches Öl: Das ätherische Öl der „Apfelminze" enthält als Charakteristikum gemeinsam mit dem Öl der Grünen Minze (*M. spicata* L.) kein Menthol.

Krankheitsbilder: *M. villosa* HUDS. ist sehr anfällig auf den Befall mit Echtem Mehltau (*Erysiphe biocellata* EHRENB.), der im biologischen Landbau nur mit Hilfe von Netzschwefel in Schach gehalten werden kann.

1.2 Weitere laut Literatur an der Gattung *Mentha* bearbeitete Themengebiete

Es wurden in der Literatur bereits verschiedenste Möglichkeiten angeführt, um die Diversität der Gattung *Mentha* mit ihren zahlreichen Arten und Sorten durch einen fundierten und reproduzierbaren Schlüssel unterscheiden zu können. Die dabei verwendeten Techniken beziehen sich vor allem auf Morphologie [MALINVAUD 1880], Cytologie [HARLEY 1967, HARLEY & BRIGHTON 1977, HEIMANS 1938, MORTON 1956, RUTTLE 1931, SHARMA & BHATTACHARYYA 1959, SINGH & SHARMA 1986], generell ihre „Chemie" [LAWRENCE 1978] und auch ihre Genetik [KHANUJA & al. 2000, GOBERT & al. 2002].

Auf cytologischer Ebene findet man Publikationen zur Thematik der unterschiedlichen Chromosomenanzahl innerhalb der Gattung, mit deren Hilfe auch zum Teil Hybridisierungsschritte nachverfolgt werden können [MORTON 1956, PANK & al. 1994].

Im Jahr 2000 wurde auch von KHANUJA & al. eine Untersuchung auf genetischer Basis zur Ergründung der Verwandtschaften innerhalb des Genus *Mentha* mit Hilfe von RAPD-Markern (randomly amplified polymorphic DNA) durchgeführt.

Untersuchungen zur Morphologie der Arten gab es bereits sehr viele: die Arbeiten zur Wüchsigkeit und weiteren Parametern wurden hauptsächlich über mehrere Jahre in Zusammenhang mit Freilandversuchen durchgeführt, wie z.B. von BOMME & al. 2005 oder begleitend bei PANK & al. 1994. Es wurde auch schon im „Rundbrief zur botanischen Erfassung des Kreises Plön" von CHRISTENSEN 2001 der Versuch unternommen, einen Bestimmungsschlüssel für Minzen des deutschen Gebietes zu erstellen, wobei auch auf die Mängel von anderen, ähnlichen Projekten eingegangen wird. Alle aufgeführten Angaben beruhen allerdings auf subjektiven Beurteilungen. Die Parameter sind nur zum Teil in gezeichneter Form dargestellt, wobei dabei immer nur Ausschnitte, z.B. einer Blattspreite, dokumentiert sind.

Es besteht demnach der Bedarf an einem Bestimmungsschlüssel, der unter Einbezug von leicht nachvollziehbaren, äußerlichen Merkmalen zu einem signifikanten Ergebnis führt [CHRISTENSEN 2001]. Da für die Gewinnung der ätherischen Öle ein mehrjähriger Feldversuch angelegt wird, ergibt sich die Möglichkeit einer phänotypischen Charakterisierung der einzelnen *Mentha*-Arten und -Sorten. Dabei sollen speziell die Parameter Wuchshöhe, Stielfarbe und -form, Blattfarbe und -form, Blütenfarbe und Blütenstand, Behaarungstypen und Behaarungsintensität eingegangen werden. Dieser Teilaspekt wurde im Rahmen einer Diplomarbeit mit dem Arbeitstitel „Morphologische Untersuchungen an Minzen" von Fr. Strein 2006 bearbeitet.

Durch die vielen Hybridisierungen und den komplexen Aufbau des Genoms der verschiedenen *Mentha-Arten* benutzten GOBERT & al. 2002 erstmals AFLP- Marker für ihre Untersuchungen mit verschiedenen Minzearten. Bei diesem Projekt standen die grundsätzliche Verwandtschafts- und Ursprungsergründung im Vordergrund und keine spezialisierte Analyse von Sorten mit unterschiedlichen phänotypischen Merkmalen.

1.3 Ätherische Öle

Durch die morphologischen Untersuchungen innerhalb der getesteten Arten und Sorten ergibt sich auch das Interesse an einer Untersuchung der Inhaltsstoffe, wie etwa dem Gehalt und der Zusammensetzung des ätherischen Öles. Es wurden auf diesem Sektor bereits Publikationen mit unterschiedlichen Varietäten und Versuchsmethoden veröffentlicht, jedoch dienen diese Ergebnisse ergänzend zu den Grundlagen der ausgewählten Arten und Sorten.

Die Fragestellung ist vor allem in Hinblick einer Qualitätsverbesserung der Ernteprodukte auch für viele Kräuterbauern in Österreich, die mit Pfefferminze und anderen Minze-Arten arbeiten, von Interesse. Zu diesen Produkten zählen sowohl das Kraut, unter anderem für die Teezubereitung und andere Anwendungsbereiche, als auch hochwertiges, biologisch hergestelltes ätherisches Öl. Für den Absatz eines solchen hochwertigen Öles sollten der regionale Aspekt und die besondere Qualität unterstrichen werden. Außerdem hat man vom Anbau bis zum Endprodukt den Vorteil einer kontrollierten und dokumentierten Produktion. Im Folgenden werden einige Aspekte für den Anbau von Heil- und Gewürzpflanzen im regionalen Bereich nach einem Vortrag für den Oberfränkischen Gemüsebautag (07.12.2004, Bamberg) von PROF. DR. BOMME mit dem Titel „Möglichkeiten und Grenzen der Feldproduktion von Heil- und Gewürzpflanzen" angeführt:

Ursachen für die Zunahme an Gewürzpflanzenbau im Inland sind unter anderem die ständig wachsenden Ansprüche an Homogenität und Qualität des Erntegutes, die Forderung nach Dokumentation des gesamten Produktionsweges, die Zunahme des Rohwarenbedarfs durch weitere Nachfrage unter anderem durch gesicherte Erkenntnisse zur Wirksamkeit von Phytopharmaka, eine generell steigende Nachfrage nach regionalen Produkten, die schwindenden Einkommensmöglichkeiten in der Landwirtschaft und auch Probleme mit der Fruchtfolge in der Landwirtschaft. Für die hohen Importe sind vor allem klimatische Bedingungen, niedrige Weltmarktpreisniveaus, keine gestützten Preise, teils hohe Produktionskosten bei der Kultivierung und der Bedarf der Industrie an großen einheitlichen Mengen verschiedenartiger Pflanzen verantwortlich. Das größte Problem bei den Abnehmern ist die Trägheit und Scheu vor dem Aufwand mit dem inländischem Anbau, wobei eine standortnahe Kultivierung viele Vorteile bringt: einen hohen Qualitätsstandard bei Anbau, Ernte und Aufbereitung, zusätzlich einen hohen Hygienestatus und strenge Pflanzenschutz-, Arznei- und Lebensmittelgesetze. Des

Weiteren stellen der Anbau und die dazu erforderlichen Schritte eine willkommene Einkommensalternative für Landwirte dar. Außerdem können die Produkte auf dem Feld einer schnellen und einfachen Überprüfung und Dokumentation unterzogen werden. Weitere Vorteile sind die Transparenz der zu erwartenden Erntemenge und die genauere Festlegung der Lieferzeitpunkte. Es ergeben sich verhältnismäßig kurze Wege zwischen Produzenten und Abnehmer, eine effektive Forschungs- und Beratungstätigkeit und eine Risikostreuung. Somit gewährleistet man die Versorgung des Verbrauchers mit qualitativ hochwertigen Arznei- und Würzmitteln und die Schonung der Wildbestände bedrohter Arten [BOMME 2004].

Es treten jedoch auch Probleme im Feldbau auf: Es gibt keine Absatzsicherung und hinzu kommen noch stark schwankende Preise. Meistens fehlen die geeigneten Sorten für den Anbau (nur mit Wildpflanzencharakter) und als problematisch erweisen sich auch die Beikrautregulierung, Nährstoffversorgung und Schaderregerbekämpfung. Bei „neuen" Arten fehlen meistens die Erfahrungen bei den Anbautechniken. Erschwert wird der Anbau von Heil- und Gewürzpflanzen auch durch einen hohen Handarbeitsaufwand, die zunehmende Mechanisierung von Ernte und Aufbereitung und durch eine produktspezifisch erforderliche Trocknung [BOMME 2004].

Außerdem gehen aus der Literatur verschiedene Methoden zu dieser doch komplexen Fragestellung hervor, die sich öfters widerlegen und so einer weiteren Überprüfung als Grundlage dienen sollten. Die Unterschiede in der Methodik beziehen sich generell auf das Entwicklungsstadium der Pflanze zum Schnittzeitpunkt, beispielsweise ob im Knospenstadium [BOLLI 2003, BOMME & RINDER 2002, BOMME & al. 2005] oder in voller Blüte geschnitten wird, aber z.B. auch auf die Tageszeit des Pflanzenschnitts [BOMME & al. 2005], die verwendeten Pflanzenteile (ob nun mit Blüten, ganzes Kraut, nur Blätter, o. ä.), die der Extraktion der ätherischen Öle vorangehende Behandlung des Pflanzenmaterials, wie z.B. Trocknen [BÖTTCHER & al. 2002, BOMME & al. 2005] bzw. Welken [ESDORN 1950, FRANZ & WÜNSCH 1972, HEFENDEHL 1964], Unterschiede in der Zusammensetzung der ätherischen Öle bedingt durch den Einfluss der Herkunft [BOMME & HILLEMEYER 2001] bzw. unterschiedlicher Standorte, z.B. semi-aride Klimate [RAJESWARA 1999], Uruguay [LORENZO & al. 2002] und Indien [SRIVASTAVA & al. 2002]. Auch die Bewässerung bzw. das Wasserpotenzial im Boden hat einen Einfluss auf die Ölausbeute, ebenso wie der Erntezeitpunkt zu Erhöhungen bzw. Reduktionen einzelner Komponenten führen kann [MARCUM & HANSON 2006].

Höchste Mengen an Menthol sollen kurz vor der Vollblüte erreicht werden, da Menthol aus der Vorstufe Menthon erst dann in größeren Mengen gebildet wird [BOLLI 2003].

1.3.1 Allgemeines zu den ätherischen Ölen

Der charakteristische Geruch vieler Pflanzen basiert auf dem Gehalt an ätherischen Ölen. Eines der wichtigsten Merkmale ist, dass es sich um leicht flüchtige und stark riechende Stoffgemische handelt, die in Wasser auf Grund ihrer ölartigen Konsistenz schwer löslich sind [HÄNSEL & HÖLZL 1996] und komplex aus vielen Einzelkomponenten aufgebaut sind [BUCHBAUER 2004]. Als weitere Definition gilt: Ätherische Öle sind flüssige, leicht flüchtige, stark riechende, lipophile Pflanzeninhaltsstoffe [MORCK 1978].

Chemisch handelt es sich um heterogene Gemische niedermolekularer Stoffe. Insgesamt konnten aus ätherischen Ölen über 500 chemisch zu definierende Substanzen isoliert werden. Die Hauptgruppen stellen Mono-, Sesqui- und Diterpene, sowie Vertreter der Phenylpropane dar. Außerdem findet man aliphatische Kohlenwasserstoffe und deren sauerstoffhaltige Derivate, Phenole, Äther, schwefel- sowie stickstoffhaltige Verbindungen und oxygenierte Formen, also Alkohole, Aldehyde, Ester, Ether, Ketone, Phenole und Oxide [MORCK 1978, SVOBODA & HAMPSON 1999]. Von den Pflanzen als Sekundärmetabolite produzierte Komponenten sind Alkaloide, Flavonoide, Phenole, Terpene und Quinone [KHANUJA & al. 1999]. Die Funktion der ätherischen Öle für die Pflanzen liegt in der Abschreckung von Arthropoden, jedoch ist der Duft vieler ätherischer Öl für viele Höhere Tiere (und auch den Menschen) angenehm [WEILER & NOVER 2008].

Bisher wurden im Laufe von verschiedenen Projekten 295 Pflanzenfamilien auf ihre Produktion von ätherischem Öl untersucht und 87 Familien beinhalten ölführende Arten. Fast ausschließlich Öl-liefernde Pflanzen finden sich in den folgenden Familien: Apiaceae, Lamiaceae, Lauraceae, Myrtaceae, Pinaceae, Piperaceae, Rutaceae und Zingiberaceae [HÄNSEL & HÖLZL 1996].

Es konnten schon zahlreiche Einzelbestandteile in ätherischen Ölen nachgewiesen werden, z.B. ätherisches Rosenöl mit etwa 270 einzelnen Verbindungen [BUCHBAUER 2004]. Die Zusammensetzung der Öle variiert sehr stark, so kann z.B. eine Substanz vorherrschend sein, wie z.B. Methylcharvicol bei Basilikum mit einem Anteil von 75 %. Es können aber auch verschiedene Bestandteile nur in Spuren vorkommen und trotzdem können eben diese sowohl Geruch und Geschmack, als auch die biologische Aktivität dieses Öls stark beeinflussen. Die Aktivität der ätherischen Öle als pharmakologisches Präparat beruht auf ihren aktiven und inaktiven Komponenten. Die inaktiven Bestandteile können unter anderem die Resorption, Reaktionsrate und Verfügbarkeit der aktiven beeinflussen [SVOBODA & HAMPSON 1999].

Die Zusammensetzung der ätherischen Öle hängt außerdem vom Erntezeitpunkt und Gewinnungsverfahren ab und wirkt sich in Folge direkt auf die biologische Wirksamkeit aus. Zusätzlich beeinflussende Faktoren stellen der Genotyp, Chemotyp, geographische Herkunft der Pflanzen und die vorherrschenden Umweltbedingungen und –einflüsse (Klima, Boden, etc.) dar. Dadurch entscheiden sich viele pharmazeutische Firmen für synthetische bzw. halbsynthetische Substanzen: dabei handelt es sich um leichter zu kontrollierende Verbindungen bezüglich Reproduzierbarkeit, Patentierfähigkeit und ökonomischen Brauchbarkeit.

Das ätherische Öl von *M. arvensis* L. (Japanische Ölminze) hat vor allem einen signifikant hohen Gehalt an Menthol, der sich zwischen 80 und 95 % einpendelt [SHANKER & al. 1999] und seine native (unrektifizierte) Form wird dadurch auch für die Gewinnung von natürlichem Menthol verwendet [HÄNSEL & HÖLZL 1996]. Weitere maßgebliche Komponenten sind (Iso-) Menthon und Menthylacetat [SHANKER & al. 1999].

Das ätherische Öl von *M. x piperita* L. (Pfefferminze) kann in einem Ausmaß von 0,8 % bis 4 % aus den getrockneten Blättern gewonnen werden [BOLLI 2003, HÄNSEL & HÖLZL 1996]. Als charakteristischer Hauptbestandteil gilt (-)-Menthol; zusammen mit Menthon und Menthylacetat machen diese Komponenten einen Anteil von 50-70 % des Öls aus. Auf Grund des hohen Preises wird Pfefferminzöl oft verfälscht, z.B. durch Verschnitt mit rektifizierten Minzöl, welches bei der Menthol-Gewinnung als Nebenprodukt anfällt [HÄNSEL & HÖLZL 1996].

Typisch für das ätherische Öl der Minzen ist das Vorkommen von Monoterpenen. Dabei handelt es sich um leicht flüchtige C_{10}-Kohlenwasserstoffe, welche Hauptbestandteil des ätherischen Öles sind [BOLLI 2003].

TERPENE

Ätherische Öle und damit auch viele Terpene besitzen antimikrobielle Wirksamkeit, die fast in allen Kulturkreisen bekannt war. Einige Terpene wirken als Pflanzenwachstumsregulatoren und sind wichtige Mediatoren der Wechselwirkung zwischen Pflanzen und Insekten. Generell gelten Terpene als Hauptbestandteile ätherischer Öle. Terpene lassen sich formal als Oligomere des Kohlenwasserstoffs Isopren auffassen und aus C_5-Einheiten, Isopentylen- oder Isopreneinheiten [*Isoprenoide*] zusammensetzen. Je nach Zahl dieser Basiseinheiten teilt man sie in Monoterpene (C_{10}, 2 Isopreneinheiten), Sesquiterpene (C_{15}, 3 Isopreneinheiten), Diterpene (C_{20}, 4 Isopreneinheiten), Triterpene (C_{30}), Tetraterpene (C_{40}), Oligo- und Polyterpene ein. Es gibt außerdem eine Reihe von Pheromonen, Hormonen, Alkaloiden, Chlorophyllen und Vitaminen mit Isoprenoidstruktur [WEILER & NOVER 2008, www.chemie.uni-erlangen.de].

Terpene und Terpenoide sind Naturstoffe, die von flüchtigen, niedermolekularen bis zu hochmolekularen, polymeren Verbindungen reichen. Unter ihnen findet man acyclische, mono-, bi-, tri- und tetracyclische und kondensierte Systeme, Kohlenwasserstoffe, Alkohole, Ketone, Aldehyde, Epoxide, heterocyclische Verbindungen, Ether, Carbonsäuren und Ester [www.chemie.uni-erlangen.de].

Der Baustein Isopentenylpyrophosphat (IPP) kann auf zwei unterschiedlichen Wegen entstehen (Abbildung 5). Ein Weg ist die Bildung aus drei Acetat-Einheiten, wobei als Zwischenprodukt die Mevalonsäure anfällt. Dieser Vorgang wird auch als Mevalonat-Weg bezeichnet, geschieht im Cytoplasma der Pflanzen und ist auch typisch für Pilze. IPP kann sich aber auch aus Pyruvat und D-3-Phosphoglycerinaldehyd bilden. Als Intermediat tritt hier 1-Desoxyxylulose-5-phosphat (DXP) auf. Dabei handelt es sich um einen Zucker. Der DXP-Weg läuft in den Plastiden ab und ist typisch für Prokaryoten. In beiden Synthesewegen (Abbildung 5) entsteht vorerst IPP, das mit Dimethylallylpyrophosphat (DMAPP) enzymatisch im Gleichgewicht ist [WEILER & NOVER 2008].

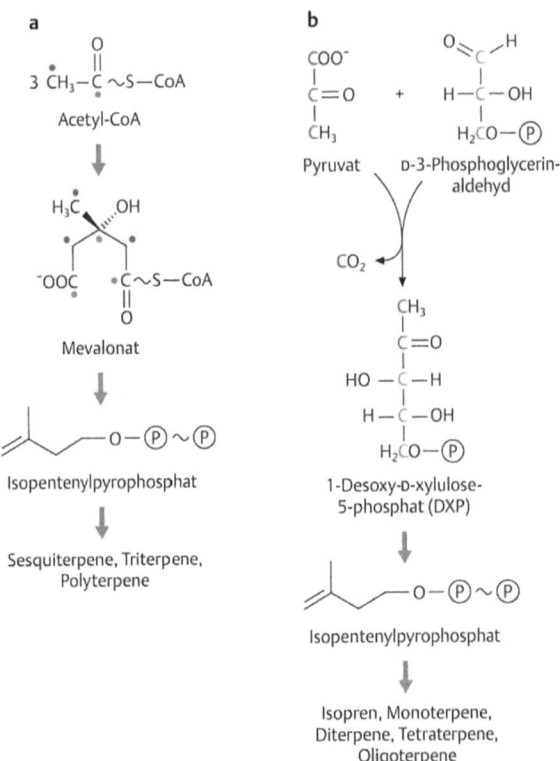

Abbildung 5: Bildung von IPP (Isopentenylpyrophosphat) und Ableitung der wichtigsten Terpenoid-Klassen (a: Mevalonat-Weg, b: DXP-Weg) [WEILER & NOVER 2008]

Die Addition von C_5-Einheiten erfolgt durch die sogenannte „Kopf-Schwanz"-Addition, bei der das Dimethylallyl-Kation die Δ^3-Doppelbindung von IPP angreift. Durch diesen Prozess können variabel viele IPP-Moleküle angehängt werden. Es können auch zwei Moleküle Farnesylpyrophosphat unter Eliminierung beider Pyrophosphate durch Spaltung der C-O-Bindung zu einem C_{30}-Körper, dem Squalen, und dem ähnlich zwei Moleküle Geranylgeranylpyrophosphat zu einem C_{40}-Körper, dem Phytoën, verbunden werden. Diese Reaktionen sind unter „Schwanz-Schwanz"-Additionen bekannt. Diese offenkettigen Moleküle bilden den Ausgang zur Synthese aller Terpenoid-Klassen (Abbildung 6).

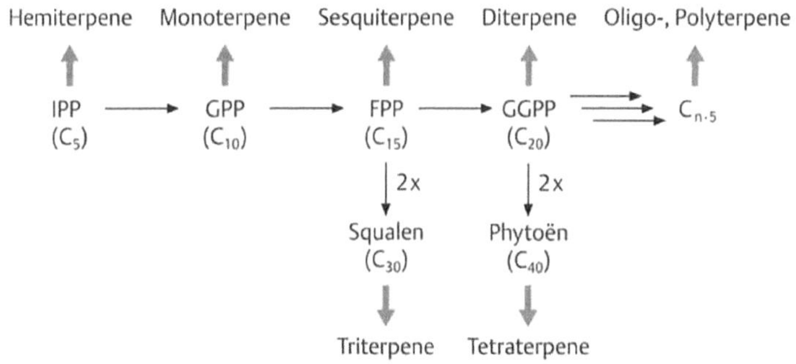

Abbildung 6: Klassifizierung der Terpene [WEILER & NOVER 2008]

Monoterpene

Die Monoterpene sind Bestandteile der Gymnospermenharze, bilden oft zusammen mit den Sesquiterpenen den Hauptbestandteil der ätherischen Öle und bedingen durch ihre Flüchtigkeit oft den typischen Geruch von Pflanzen und Pflanzenölen. Ihre industrielle Bedeutung liegt vor allem in ihrer Verwendung als Riech- bzw. Aromastoffe [WEILER & NOVER 2008, www.chemie.uni-erlangen.de].

Neben offenkettigen kommen monocyclische und bicyclische, gesättigte und ungesättigte Verbindungen vor, die sich alle aus der C_{10}-Vorstufe Geranylpyrophosphat ableiten [WEILER & NOVER 2008]. Einfache und mehrfache Umlagerung und Substitution bzw. Protonabstraktion führen beispielsweise zu Linalool und zu Nerol bzw. zu Myrcen [www.chemie.uni-erlangen.de].

Acyclische Monoterpene

Zu den acyclischen Monoterpenen zählen die Kohlenwasserstoffe **Myrcen** und die stereoisomeren (*Z*)- und (*E*)-**Ocimen**, Alkohole wie z.B. Geraniol, Nerol, Citronellol, **Linalool** und Myrcenol, die Aldehyde Geranial, Neral, Citronellal und die Geraniumsäure [www.chemie.uni-erlangen.de].

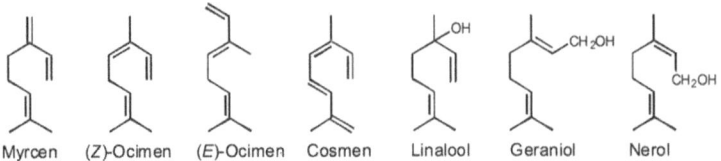

Abbildung 7: Strukturformeln acyclischer Monoterpene [www.chemie.uni-erlangen.de]

Myrcen und die **Ocimene** (Abbildung 7) werden in teils hohen Konzentrationen in ätherischen Ölen von Gewürzpflanzen gefunden. Myrcen und (E)-Ocimen wurden in *Ocimum basilicum*-Ölen identifiziert. Im Öl von *Ocimum gratissimum* aus Taiwan konnten neben 8 % Myrcen bis zu 30 % Ocimen nachgewiesen werden. In industriellem Maßstab wird Myrcen durch Pyrolyse von **β-Pinen** aus amerikanischem Terpentinöl hergestellt und dient als Rohstoff für die Riechstoffsynthese [www.chemie.uni-erlangen.de].

Der acyclische Monoterpenalkohol **Linalool** (Abbildung 7) kommt vorwiegend als Acetat bis zu 50 % im Lavendelöl (*Oleum Lavendulae*) vor. (-)-Linalool ist der Hauptanteil von amerikanischem Basilikum-Öl (~50 %) und wird aus Rosenholzöl (von *Cayenne linaloe*) gewonnen, das Öl der Korianderfrüchte (*Coriandrum sativum*) besteht aus 60-70 % (+)-Linalool [www.chemie.uni-erlangen.de].

Monocyclische Monoterpene

Der Grundkörper der monocyclischen Monoterpene ist das p-Menthan, die wichtigsten Verbindungen dieser Reihe sind die Menthadien-Kohlenwasserstoffe **α-Terpinen, γ-Terpinen, Limonen, Terpinolen** (Abbildung 8), α- und β-Phellandren und das aromatische *p*-Cymol [www.chemie.uni-erlangen.de].

Limonen (Abbildung 8) ist der Hauptbestandteil der Citrusschalenöle, riecht zitronenartig und besitzt als technischer Riechstoff Bedeutung. Beide Stereoisomeren findet man in der Natur. (+)-Limonen kommt im Kümmelöl (aus *Carum carvi*) vor, (-)-Limonen im Fichtennadelöl. Limonen ist eines der klassischen Beispiele für chirales Erkennen durch den Geruchsinn. Während (S)(-)-Limonen die Grundlage (bis zu 97 %) für Agrumenöle (Parfumgrundstoffe) bildet, besitzt das (R)(+)-Limonen eine Fehlaroma-Note [www.chemie.uni-erlangen.de].

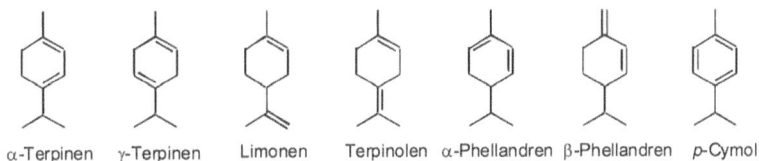

α-Terpinen γ-Terpinen Limonen Terpinolen α-Phellandren β-Phellandren p-Cymol

Abbildung 8: Strukturformeln weiterer Monoterpene [www.chemie.uni-erlangen.de]

Als Sauerstoffverbindungen der p-Menthanreihe kennt man die Alkohole α-Terpineol, Menthol, Piperitol, Pulegol, Dihydrocarveol und Carveol, die terpenoiden Phenole Carvacrol und Thymol, die Ketone Menthon, Piperiton, Pulegon und Carvon und den eher seltenen Cuminaldehyd [www.chemie.uni-erlangen.de].

Thymol und **Carvacrol** kommen u.a. im ätherischen Öl des Thymians [*Thymus vulgaris*] und in Ölen von Majoran- und Oregano-Arten vor und haben als Desinfektionsmittel in der Zahnmedizin Bedeutung. **Menthon** kommt zu etwa 20 % im Pfefferminzöl [*Oleum Menthae piperitae*] vor, **Piperiton** neben **Piperitol** in zahlreichen Eukalyptusölen und **(+)-Pulegon** ist z.B. Hauptbestandteil des Poleiöls (von *Mentha pulegium*). **Carvon** ist Hauptkomponente von Kümmelöl (*Oleum Carvi*) und dem Öl von Dill (*Anethum graveolens*). Während (*R*)(-)-Carvon jedoch Minzaroma besitzt, ist das (*S*)(+)-Carvon die Aromaleitsubstanz des Kümmels.

Menthol kommt in freier Form und als Acetat als Hauptkomponente im Pfefferminzöl (aus *Mentha piperita*) vor. Es besitzt drei Chiralitätszentren und es existieren acht optisch-aktive Isomere (= 4 Enantiomerenpaare), die Menthol, Neomenthol, Isomenthol und Neoisomenthol heißen (Abbildung 9). Eine starke geruchliche Diskriminierung wurde unter allen vier diastereomeren Mentholen gefunden, auch die enantiomeren Menthole riechen unterschiedlich. Während natürliches (-)-Menthol den charakteristischen Pfefferminz-Geschmack und -Geruch mit erfrischendem Kühleffekt besitzt, wird das (+)-Enantiomer als staubig, krautig und weniger minzig empfunden (Abbildung 9) [www.chemie.uni-erlangen.de].

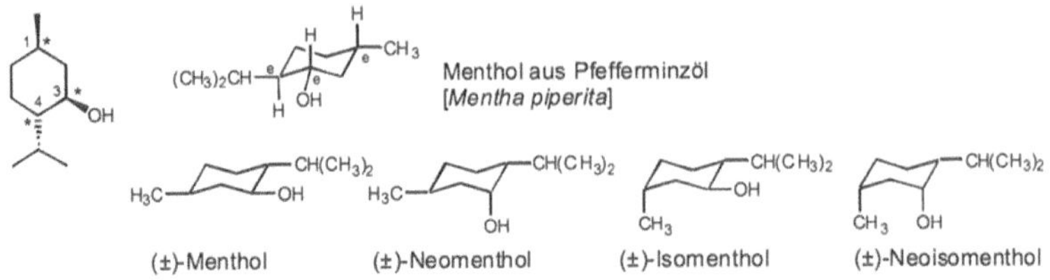

Abbildung 9: Menthol und seine Isomere [www.chemie.uni-erlangen.de]

(-)-Menthol besitzt Bedeutung für die Herstellung von Zahnpasten, Mundwasser, Kaugummi, Zigaretten, Kosmetika und pharmazeutische Präparate. Der Weltverbrauch wurde für 1988 auf 5.600 t geschätzt [www.chemie.uni-erlangen.de].

Bicyclische Monoterpene

Grundkörper der bicyclischen Monoterpene sind die Kohlenwasserstoffe Thujan, Caran, Pinan, Camphan, Isobornylan, Isocamphan und Fenchan. Aus der Thujangruppe kommen α-Thujen und Sabinen in Ölen vor. Thujon findet sich im Salbeiöl (aus *Salvia officinalis*) und in Wermutölen (aus *Artemisia absinthium*) und wirkt als Nervengift [www.chemie.uni-erlangen.de].

Sesquiterpene

Die Sesquiterpene bestehen aus mehr als 2.000 natürlich vorkommenden Repräsentanten und stellen die größte Gruppe der isoprenoiden Naturstoffe. Mehr als 100 verschiedene Kohlenstoffgerüste sind bekannt und obwohl etwa 500 Sesquiterpene in Gerüchen und Aromen gefunden werden, besitzen nur etwa 20 Bedeutungen als Riech- und Aromastoffe (Abbildung 10). Die Sesquiterpene bestehen aus drei Isopreneinheiten (C_{15}) und entstehen durch eine weitere Addition von aktivem Isopren IPP an Geranylpyrophosphat GPP [www.chemie.uni-erlangen.de].

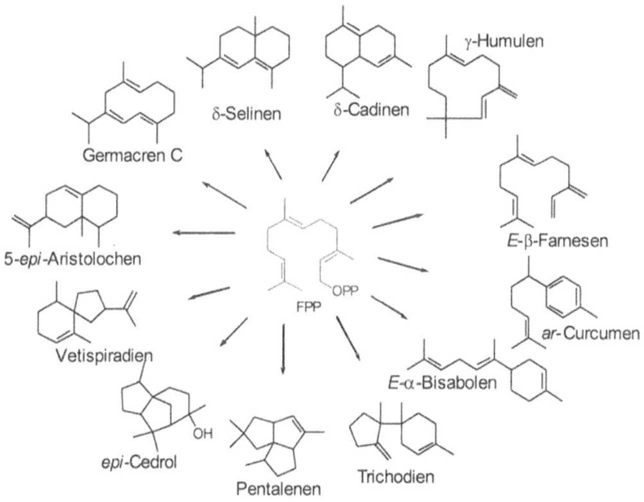

Abbildung 10: Beispiele für Sesquiterpene und ihre Struktur [www.chemie.uni-erlangen.de]

Acyclische Sesquiterpene

Während Farnesol, Nerolidol und der entsprechende Aldehyd Farnesal bereits seit langer Zeit als natürliche Aromasubstanzen bekannt waren, ist die Bedeutung der Farnesene erst in neuerer Zeit erkannt worden. α-Farnesen, erstmals im Hopfenöl gefunden, ist inzwischen aus einer Vielzahl von Aromen isoliert worden. Die stereoisomeren (E,E)- und (Z,E)-α-Farnesene sind ständige Begleiter von Agrumenölen, scheinen eine wichtige Rolle als Aromakomponenten in Äpfeln zu spielen und sind Attraktivstoffe für Larven des Apfelwicklers [*Laspeyresia pommonella*, Lepidoptera]. **(E)-β-Farnesen** (Abbildung 10) wurde in Sekreten einiger Blattlausarten identifiziert und dient den Insekten als Alarmpheromon [www.chemie.uni-erlangen.de].

Monocyclische Sesquiterpene

Aus Farnesylpyrophosphat entstehen durch Pyrophosphatabspaltung nicht-klassische Carbeniumionen, die durch Cyclisierung zu monocyclischen Carbokationen mit 6-gliedriger Bisabolan-, 10-gliedriger Germacran- und 11-gliedriger Humulanstruktur reagieren. Hydrid- und Methylverschiebungen, Cyclisierungen, WAGNER-MEERWEIN-Umlagerungen und anschließende Protoneliminierung oder Hydroxyladdition bilden die verschiedenen Sesquiterpenkohlenwasserstoffe oder -alkohole.

Das monocyclische Sechsring-Sesquiterpen **Zingiberen** wird zusammen mit **Caryophyllen** und **δ-Cadinen** von Blatthaaren der Kartoffelpflanzen bei Verletzung sekretiert und wirkt besonders toxisch auf den Kartoffelkäfer (LD 7.2 µg/Käfer) [www.chemie.uni-erlangen.de].

Bicyclische Sesquiterpene

Zu den bicyclischen Sesquiterpenen gehören u.a. das wohl häufigste $C_{15}H_{24}$-Sesquiterpen **Caryophyllen**, die häufig vorkommenden **Cadinene**, die Sesquiterpene vom Eudesman- und Eremophilantyp, sowie die verschiedenen Verbindungen mit Azulenstruktur. (-)-Caryophyllen [β-Caryophyllen] kommt im Nelken- und Hopfenöl vor und ist in Aromen weitverbreitet, seine Riechschwelle beträgt in wäßriger Lösung 64 ppb.

Die Cadinene sind die bekanntesten und am weitesten verbreiteten Sesquiterpene. Hauptvertreter ist das β-Cadinen [www.chemie.uni-erlangen.de].

Diterpene

Diterpene werden nur in den hochsiedenden Anteilen ätherischer Öle gefunden, häufiger jedoch in Balsamen, Extrakten und Harzen. Sie entstehen durch eine weitere Kondensation von aktivem Isopren an Farnesyldiphosphat unter Bildung von Geranylgeranyldiphosphat, dessen Hydrolyse Geranylgeraniol ergibt [www.chemie.uni-erlangen.de].

Triterpene und Tetraterpene

Die Vorstufen der Tri- und Tetraterpene bilden sich durch „Schwanz-Schwanz"-Additionen. Als Ausgangssubstanz für die Triterpene gilt Squalen, das sich aus zwei Molekülen Farnesylpyrophosphat zusammensetzt, Ausgangssubstanz für Tetraterpene ist das Phytoën, das sich seinerseits aus zwei Molekülen Geranylgeranylpyrophosphat bildet (Abbildung 6). Beispiele für Triterpene sind Limonin und Steroide. Zu den Tetraterpenen zählen unter anderem die Carotinoide [WEILER & NOVER 2008].

1.3.1.1 Charakteristika des ätherischen Öles der Pfefferminze (*Mentha x piperita* L.)

Das ätherische Öl der Pfefferminze, *Menthae piperitae aetheroleum*, befindet sich in den Blättern und der Gehalt variiert je nach Sorte, Herkunft und Anbaubedingungen zwischen 0,5 – 4 % [MARQUARD & KROTH 2001, ROTH & KORMANN 1996] bzw. 1,2 ml/100g für die Droge aus ganzen Blättern und 0,9 ml/100g für die geschnittene Droge [EUROPÄISCHES ARZNEIBUCH 1997]. Das ätherische Öl ist farblos bis grünlich-gelb. Die Extraktion erfolgt meist durch Wasserdampfdestillation des blühenden Krautes [MARQUARD & KROTH 2001, ROTH & KORMANN 1996], wobei in der Literatur auch häufig auf Ausbeuteunterschiede bei Destillationen der Pflanzenteile in unterschiedlichen Entwicklungsstadien, z.B. des Krautes im Knospenstadium [BOMME & al. 2005, BUNDESSORTENAMT 2002], eingegangen wird. Nach einer Arbeit von ESDORN 1950 soll eine mehrtägige Nachlagerung, bei der es zu einer natürlichen Welke bzw. Trocknung kommt, zu einer so genannten „postmortalen Ölneubildung" führen. Des Weiteren wurde auch von FRANZ & WÜNSCH 1972 eine Zunahme an ätherischem Öl an welkenden Pfefferminzblättern innerhalb von 48 Stunden festgestellt. Auch MORCK 1978 beschreibt die Gewinnung des ätherischen Öles aus dem einen Tag lang angewelkten Kraut.

Tabelle 1: Gehalt der Inhaltsstoffe laut unterschiedliche Quellen

Bestandteil	BOMME & al. 2005, BÖTTCHER & al. 2002 MARQUARD & KROTH 2001	EUROPÄISCHES ARZNEIBUCH 1997	SCHILCHER & al. 2007
Menthol	35 – 45 %	30 – 55 %	44 %
Menthon	15 – 20 – 24 %	14 – 32 %	15 – 32 %
Isomenthon	keine Angabe	1,5 – 10 %	keine Angabe
Limonen	keine Angabe	1 – 5 %	keine Angabe
Cineol	6 – 8 %	3,5 – 14 %	keine Angabe
Menthofuran	4 %	1 – 9 %	keine Angabe
Menthylacetat	4 %	2,8 – 10 %	3 – 10 % Ester
Pulegon	keine Angabe	max. 4 %	keine Angabe
Carvon	keine Angabe	max. 1 %	keine Angabe

Zu den Hauptkomponenten des Pfefferminzöls zählen Menthol, Menthon, Cineol, Menthofuran, Menthylacetat und Neo- und Isomenthon, Limonen und Pulegon, wobei deren Konzentration und vor allem ihr Verhältnis zueinander über pharmakologische und aromatisierende Wirkung entscheiden [BOMME & al. 2005, BÖTTCHER & al. 2002, MARQUARD & KROTH 2001]. Das EUROPÄISCHE ARZNEIBUCH 1997 gibt auch für die Inhaltsstoffe Limonen mit 1,0 bis 5,0 %, Isomenthon mit 1,5 bis 10,0 %, Pulegon mit höchstens 4,0 % und Carvon mit höchstens 1,0 % Richtwerte vor (Tabelle 1) [BUNDESSORTENAMT 2002].

Laut SCHILCHER & al. 2007 enthält durch Wasserdampfdestillation gewonnenes ätherisches Öl mindestens 44 % freien Alkohol, berechnet als Menthol, mindestens 15 bis maximal 32 % Ketone, wie z.B. Menthon, und drei bis zehn % Ester wie z.B. Menthylacetat (Tabelle 1). Die chemische Struktur der wichtigen Inhaltsstoffe Menthol, Menthon, Menthofuran und Jasmon ist in Abbildung 11 dargestellt.

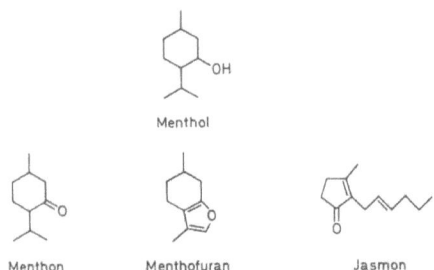

Abbildung 11: Chemische Struktur ausgewählter Inhaltsstoffe [MORCK 1978]

Kennzeichnend für Pfefferminzöl im Vergleich zum Minzöl der Japanischen Ölminze (*M. arvensis* L. f. *piperascens* MALINV. ex HOLMES) sind (+)-Thujanol-4 und Viridiflorol, ein Sesquiterpen [HÄNSEL & HÖLZL 1996]. Mit einem Gehalt von 90 % liegt im Minzöl der Gehalt an Menthol weit über dem offizinell gebrauchten Wert. Außerdem weist dieses ätherische Öl einen unangenehm bitteren Geschmack auf und wird für die Gewinnung des D(-)-Menthols DAB 7 verwendet [MORCK 1978]. Das Verhältnis des Cineol- zum Limonengehalt soll größer als zwei sein [BUNDESSORTENAMT 2002]. Das halbsynthetische racemische Menthol kann neben dem linksdrehenden Menthol aus Thymol, Piperiton, α-Pinen oder anderen Monoterpenen gewonnen werden [MORCK 1978].

Im ätherischen Öl der Pfefferminze sind zusätzlich ca. 4 % Gerbstoffe, Flavonglykoside und ca. 0,1 % Rosmarinsäure enthalten. Als Qualitätsanforderung gilt laut DACHLER & PELZMANN 1999 ein Gehalt von weniger als 5 % an Menthofuran und der Gehalt an Jasmon muss unter 0,1 % liegen. Die Ester des Menthols, also Menthylacetat und Menthylisovalerat, bestimmen mit Jasmon erheblich die Geruchsqualität [MARQUARD & KROTH 2001], wobei Menthylacetat für den frischen Geruch ausschlaggebend ist [BUNDESSORTENAMT 2002]. Im Gegensatz dazu verschlechtert der Gehalt an Menthofuran, der vor allem bei Schädlingsbefall erhöht ist, den Geruch bzw. den Geschmack [MORCK 1978]. Weiters ausschlaggebend für die Qualität ist das Verhältnis von freiem zu verestertem Menthol; das Verhältnis soll bei 5-6:1 liegen [MARQUARD & KROTH 2001].

Den Hauptproduzenten des Pfefferminzöles stellt mit 2000 bis 3000 Tonnen/Jahr die USA dar. Obwohl in Europa ätherisches Öl hoher Qualität hergestellt wird, nimmt die Produktion stetig ab [ROTH & KORMANN 1996]. Dieser Trend ist wahrscheinlich durch die hohen Preise für Pfefferminzöl, weswegen dieses auch oft mit rektifiziertem Minzöl verfälscht wird, aufgetreten. Rektifiziertes Minzöl fällt in großen Mengen bei der Menthol-Gewinnung als Nebenprodukt an [HÄNSEL & HÖLZL 1996]. Verfälschungen mit Minzöl von *M. arvensis* L. *var. piperascens* MALINV. ex HOLMES können am Inhaltsstoff Isopulegol erkannt werden. Dieser ist in Pfefferminzöl mit maximal 0,1 %, in Minzöl jedoch mit Gehalten zwischen 1,2 bis 2,7 % enthalten [MARQUARD & KROTH 2001].

1.3.1.2 Charakteristika des ätherischen Öles der Grünen Minze (*Mentha spicata* L.)

Die für die Gewinnung des ätherischen Öles der Grünen Minze verwendeten Pflanzenteile sind die Blätter mit einer Ausbeute von ca. 0,7 %. Größtenteils bekannt ist das ätherische Öl der Krausen Minze (*M. spicata* L. *var. crispa* (BENTH.) DANERT), jedoch decken sich die Eigenschaften fast gänzlich. Die Hauptproduktion findet sich wiederum in den USA mit über 1500 Tonnen/Jahr. Das farblose bis gelbgrüne Öl wird durch Wasserdampfdestillation der frischen, blühenden Zweigspitzen gewonnen. Zu den Hauptkomponenten zählen Carvon, Limonen, Pinen und Dihydrocarveol, die zum Teil verestert sind, und (-)-Menthan. Carvon ist in *M. x piperita* L. dagegen nur in geringen Konzentrationen vorhanden. Es handelt sich um linksdrehendes, also L(-)-Carvon, und nicht um das im ätherischen Öl von Kümmel und Dill enthaltene D(+)-Carvon [BUNDESSORTENAMT 2002].

1.3.1.3 Charakteristika des ätherischen Öles der „Japanischen Ölminze" (*Mentha arvensis* L. var. *piperascens* MALINV. ex HOLMES)

Bei Minzöl handelt es sich um eine farblose bis gelbliche Flüssigkeit. Die Öl-Ausbeute liegt in den Blättern zwischen 1 und 3 % [ROTH & KORMANN 1996]. Da das Öl einen unangenehm bitteren Geschmack aufweist, wird es von den meisten Arzneibüchern gemieden [MORCK 1978].

Das ätherische Öl der „Japanischen Ölminze" enthält mindestens 42 % freien Alkohol, berechnet als Menthol, mindestens 25 % und maximal 40 % Ketone, berechnet als Menthon, mindestens 3 % und maximal 17 % Ester, berechnet als Menthylacetat. Das Arzneibuch-Minzöl ist durch 9 Monoterpen-Derivate gaschromatographisch charakterisiert [SCHILCHER & al. 2007]. Eine Unterscheidungsmöglichkeit zum Pfefferminzöl liegt in dem für Minzöl typischen Isopulegol und in einer geringen Konzentration an Menthofuran [HÄNSEL & HÖLZL 1996].

1.3.2 Verwendung ätherischer Öle

Die Charakteristik und therapeutische Verwendung eines ätherischen Öles wird meist von wenigen höher konzentrierten Substanzen bestimmt. Bei unsachgemäßer Lagerung können ätherische Öle verharzen, vor allem jene, in denen ungesättigte Kohlenwasserstoffverbindungen enthalten sind. Dieser Vorgang kann durch Autoxidation, Polymerisation und Esterhydrolyse auf Grund von Feuchtigkeit, Wärme, Luftsauerstoff und Licht hervorgerufen werden [MORCK 1978].

Die von Heil- und aromatischen Pflanzen produzierten Sekundärmetabolite, wozu auch ätherische Öle gezählt werden, können in den unterschiedlichsten Industriezweigen eingesetzt und weiterverarbeitet werden. Zu diesen Zweigen zählen die Nahrungsmittel- und pharmazeutische Industrie, Aroma- und Phytotherapeutika, die Herstellung von Pestiziden, Bereiche der Kosmetik und Parfümerie, aber auch die Verwendung als Gewürz und Rohstoffquelle [BUCHBAUER 2004, KHANUJA & al. 1999]. Der pharmazeutische Einsatz ist weit gestreut, wobei es sich niemals um Einzelwirkungen, sondern um mehrere Wirkungen an der Gesamtwirkung handelt. Von sehr großem technischem und pharmazeutischem Interesse sind vor allem jene Pflanzen mit Ölausbeuten zwischen 0,01 % und 10 %.

Ätherische Öle sind Exkrete bzw. sekundäre Pflanzenstoffe, die für die Pflanze diverse Aufgaben erfüllen. Zu diesen Aufgaben zählen

- ➢ Schutz vor Tierfraß
- ➢ Lockstoff für Insekten
- ➢ Transpirationsschutz
- ➢ in manchen Fällen antibiotische Wirkung [MORCK 1978, WEILER & NOVER 2008].

Die meisten ätherischen Öle stimulieren den Geruchsinn und rufen so einen Gefühlseindruck hervor, aber sie haben auch zusätzlich eine pharmakologische Wirkung. Die wichtigsten Effekte, die beispielsweise von ätherischem Lavendelöl ausgelöst werden, sind: angstlösend, entspannend, schlaffördernd und sedierend [BUCHBAUER 2004].

1.3.2.1 Medizinische Verwendung ätherischer Öle

Ätherische Öle können auf die Haut appliziert, direkt aufgenommen oder inhaliert werden, wobei sie oft die Schleimhäute der Atemwege reizen [HÄNSEL & HÖLZL 1996, SVOBODA & HAMPSON 1999]. Durch ihre lipophilen Anteile reagieren ätherische Öle mit den Lipiden der Zellmembranen und verändern damit die Aktivität der Calcium-Ionenkanäle. Ab einer bestimmten Dosis ist die Membran dann gesättigt und zeigt einen Effekt, der dem einer lokalen Anästhesie ähnlich ist. Außerdem können Öle generell durch ihre physiochemischen Eigenschaften und ihre Form mit der Zellmembran interagieren und somit Enzyme, Carrier, Ionenkanäle und Rezeptoren beeinflussen [SVOBODA & HAMPSON 1999]. Die meisten ätherischen Öle wirken in den geeigneten Konzentrationen antibakteriell, antimykotisch und virozid. In Form von keimtötenden Dämpfen werden sie auch für die Luftdesinfektion verwendet, z.B. Aerosole („Medizinal-Raumsprays") [HÄNSEL & HÖLZL 1996].

Pfefferminzöl: Für die innere Anwendung eignet sich Pfefferminzöl gegen krampfartige Beschwerden im oberen Gastrointestinaltrakt und der Gallenwege, gegen Reizdarm, Katarrhe der oberen Luftwege und Mundschleimhautentzündungen. Bei Myalgien und neuralgiformen Beschwerden ist eine äußere Anwendung vorgesehen. Auf Grund von klinischen Studien ist bekannt, dass Pfefferminzöl auch gegen Kopfschmerzen, v. a. Spannungskopfschmerzen und Migräne, und bei stumpfen Verletzungen eingesetzt werden kann. Zu den Kontraindikationen zählen Verschluss der Gallenwege, Gallenblasenentzündungen und schwere Leberschäden. Bei Gallensteinleiden darf nur nach Rücksprache mit dem Arzt eine Anwendung erfolgen. Bei Säuglingen und Kleinkindern nicht im Bereich des Gesichts, speziell der Nase, anwenden, da es, wie auch bei der Verwendung von Minzöl, zum Kratschmer-Reflex (Glottiskrampf) mit Atemdepression bis zum Ersticken kommen kann. Bei sachgemäßer Anwendung besteht diese Gefahr jedoch nicht. Zu den Nebenwirkungen zählen bei empfindlichen Personen auch Magenbeschwerden [SCHILCHER & al. 2007].

Pfefferminzöl soll auf Grund von Erfahrungsberichten eine subjektiv günstige Beeinflussung der oberen Atemwege zur Folge haben. Bewirkt wird dieser Effekt durch eine Reizung der nasalen Kälterezeptoren mit dem Wirkstoff Menthol. Es wird somit eine leichtere Durchgängigkeit der verstopften Nase vorgetäuscht [HÄNSEL & HÖLZL 1996]. Außerdem wirkt das ätherische Öl leicht betäubend und kann daher gegen Juckreiz eingesetzt werden [MARQUARD & KROTH 2001].

Minzöl: Für innere Anwendungen wird *Mentha arvensis* L. gegen funktionelle Magen-, Darm-, und Gallebeschwerden eingesetzt; für innere und äußere Anwendungen in Form von Nasensalben gegen Katarrhe der oberen Luftwege. Die äußeren Anwendungen beschränken sich auf Myalgien und neuralgischen Beschwerden. Nach Erfahrungen ist Minzöl auch bei juckenden Dermatosen einsetzbar. Zu den Kontraindikationen zählen bei innerer Anwendung Gallensteinleiden, Verschluss der Gallenwege, Gallenblasenentzündungen und schwere Leberschäden. Bei der äußeren Anwendung sollte beachtet werden, das Präparat nicht direkt auf Schleimhäute oder verletzte Haut aufzutragen und nicht in die Augen zu bringen. Bei Säuglingen und Kleinkindern nicht im Bereich des Gesichts, besonders der Nase auftragen, da es zum so genannten Kratschmer-Reflex (Glottiskrampf) kommen kann. Bei sachgerechter Anwendung besteht diese Gefahr nicht [SCHILCHER & al. 2007].

1.3.2.2 Physiologische Effekte

Ätherische Öle werden auf Grund ihrer Lipophilie leicht über Haut und Nasenschleimhaut aufgenommen und zeigen außerdem eine hohe Affinität zum Zentralnervensystem [BUCHBAUER 2004]. Auf der Haut direkt aufgetragen können sie eine mehr oder weniger starke örtliche Reizung bewirken. Diese erscheint hyperämisierend bis entzündungserregend und wird auch für therapeutische Zwecke genutzt. Auch innerlich haben sie lokal wirkende Reizungen zur Folge, hauptsächlich im Bereich von Mund und Magen-Darm-Trakt, welche sich in scharfem, brennendem Geruch und Wärmegefühl, vom Magen ausgehend, äußern [HÄNSEL & HÖLZL 1996]. Außerdem kann eine Stimulation des Gehirns, eine antidepressive Wirkung und erhöhter cerebraler Blutfluss beobachtet werden; zusätzlich auch ein Einfluss des Geruchs auf Erinnerung und Stimmung [SVOBODA & HAMPSON 1999].

Für die Beschreibung der Aktivität von ätherischen Ölen wurden Versuche mit Mäusen, Ratten und Kröten durchgeführt, wobei auch auf die Wirkung von Pfefferminzöl in Zusammenhang mit dem Intestinaltrakt von Ratten eingegangen wurde [BEESLEY & al. 1996]. Die gute Resorbierbarkeit der ätherischen Öle vom Magen-Darm-Trakt durch die lipophilen Substanzen wird auch bei HÄNSEL & HÖLZL 1996 angeführt. In der Arbeit von BUCHBAUER 2004 wird hauptsächlich auf die bereits weiter oben erwähnte Wirkung auf das Nervensystem (entspannend, sedativ, Antistress und krampflösend) und auf die immer mehr forcierten Versuche in Richtung der Antikrebs-Forschung, sowie auch ihre penetrationsfördernden Effekte eingegangen. Als wichtigste Substanzen werden dabei d-Limonen, Hauptinhaltsstoff des ätherischen Orangenschalenöls und auch in Schalen von Zitrusfrüchten vorhanden, und sein wichtigster Metabolit Perillylalkohol hervorgehoben; bei beiden Substanzen handelt es sich um Terpenalkohole. Die Versuche dazu wurden wiederum an Mäusen und Ratten durchgeführt. Monoterpene, wie die zwei bereits angeführten, besitzen demnach chemopräventive Eigenschaften gegenüber Pankreas-, Leber- und Lungenkrebs und verringern die Entwicklung von Kolonkarzinomen. Aber auch andere Terpenalkohole wie Geraniol, Carveol, Farnesol, Nerolidol, β-Citronellol, Linalool und Menthol zeigten bei den Experimenten hemmende Eigenschaften auf das Entstehen von bösartigem Gewebe in allen Darm-Abschnitten [BUCHBAUER 2004].

1.3.2.3 Zusammenfassung der wichtigsten Wirkungen von ätherischen Ölen

Die medizinischen und physiologischen Wirkungen können wie folgt zusammengefasst werden [MORCK 1978, SCHILCHER & al. 2007]:

- Hautreizmittel: Viele ätherische Öle verursachen eine Rötung und ein Wärmegefühl auf der Haut. Dies ist ein Zeichen für stärkere Durchblutung. Dieser Effekt wird unter anderem in Salben bei rheumatischen und neuralgischen Schmerzen genutzt.
- Antiphlogistica (Entzündungshemmer): Bei einigen Inhaltsstoffen, hauptsächlich aus der Gruppe der Terpene, wird eine Antihistaminwirkung beobachtet. Diese erklärt die entzündungshemmenden Eigenschaften.
- Expectorantia: Bei dieser Indikation wird durch die Reizwirkung auf die Bronchien eine erhöhte Sekretion und Sekretolyse von Schleim aus den oberen Atemwegen hervorgerufen.
- Stomachica: Hierbei führt die Reizwirkung im Magen zur erhöhten Magensaftsekretion und erhöht die Magenmotorik. Dies führt schließlich zu einer besseren Verdauung.
- Geschmackskorrigenz und Gewürz: Die Reizwirkung im Magen kann auch reflektorisch durch den Geruch und Geschmack ausgelöst werden. Darin liegt auch begründet, dass gut gewürzte Speisen durch den Geruch den Appetit anregen und weiters auch besser verdaut werden.
- Spasmolytika (krampflösende Arzneimittel): Einige ätherische Öle haben eine nachweisliche Wirkung auf die glatte Muskulatur des Magen-Darm-Traktes. Sie wirken erschlaffend, andererseits aber durch die Reizwirkung auch tonussteigernd. Diese Wirkung macht sie zu geeigneten Carminativa (Mittel gegen Blähungen) [Morck, 1978]. Pfefferminzöl und auch Minzöl weisen unter anderem diese Eigenschaften auf [SCHILCHER & al. 2007].
- Diuretica (harntreibend): Auch hier ist die Reizwirkung Ursache, denn resorbierte ätherische Öle werden z.B. über die Nase ausgeschieden, verursachen hier eine Reizung und damit eine erhöhte Diurese.
- Cholagoga (galletreibend, heute „Cholekinetika"): Hier spielt die Reizung auf die Gallenblase eine Rolle. Diese führt zum erhöhten Gallenfluss und beeinflusst wiederum positiv die Verdauung.

- Desinfektionsmittel und Antiseptika: Viele ätherische Öle haben neben den oben beschriebenen Wirkungen auch die Eigenschaft, Bakterien entweder abzutöten oder in ihrem Wachstum und ihrer Vermehrung zu hemmen. Diese Indikation wird oder wurde teils in der Zahnmedizin und bei infektiösen Harnwegserkrankungen angewandt.
- Anthelmintica (Wurmmittel) und Wirkung gegen Parasiten: Als Sonderwirkung ist die antiparasitäre Eigenschaft zu nennen, die sich von Eingeweidewürmern bis hin zu Läusen und Krätzmilben erstreckt [MORCK 1978].

1.3.3 Synthese und Akkumulierung von ätherischen Ölen

Ätherische Öle befinden sich laut MORCK 1978 in den Pflanzen in abgegrenzten Orten, die in vier Gruppen unterteilt werden (Abbildungen 12 und 13):

- Lysigene Ölbehälter entstehen durch Auflösung einer Zelle und treten z.B. bei Coniferae und Rutaceae auf.
- Schizogene Ölbehälter entstehen durch Auseinanderweichen von Zellkomplexen, z.B. bei den Apiaceae.
- Ölzellen sind durch eine Suberinlamelle vom übrigen Gewebe abgeschlossen und speichern ätherisches Öl (z.B. Zingiberaceae).
- Hautdrüsen: Bei Hautdrüsen wird das ätherische Öl von den Epidermiszellen oder den aus ihnen hervorgegangenen Anhangsgebilden, wie Drüsenhaare oder –schuppen (Abbildung 12), nach außen abgegeben und sammelt sich zwischen Cuticularschicht und Zellwand [Morck 1978].

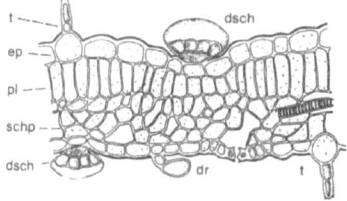

Abb. 300 *Mentha x piperita* L. Blatt im Querschnitt. t Haaransatz, dsch Drüsenschuppe, ep Epidermis, pl Palisadenparenchym, schp Schwammparenchym, dr Drüsenhaar. Aus Karsten, Weber, Stahl; nach Tschirch

Abbildung 12: Schematische Zeichnung von Drüsenschuppen und Drüsenhaaren bei *Mentha x piperita* L. [HOHMANN & al. 2001]

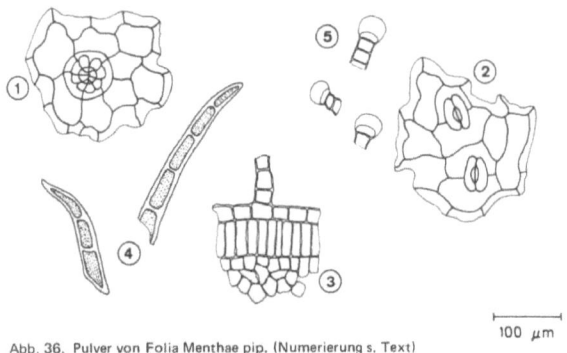

Abb. 36. Pulver von Folia Menthae pip. (Numerierung s. Text)   100 μm

Abbildung 13: Schematische Darstellung des Pulvers von *Mentha x piperita* L. [Morck 1978]. 1: obere Epidermis mit vereinzelten achtzelligen Drüsenschuppen; 2: untere Epidermis mit diacytischen Spaltöffnungen, die bei den Lamiaceae des öfteren anzutreffen sind; 3: Teilquerschnitte mit Palisadengewebe, die z. T. Hesperidinsphärite aufweisen, und lockerem mehrschichtigen Schwammparenchym; 4: lange, einreihige, bis acht- und mehrzellige, spitze, dünnwandige Gliederhaare mit körniger Kutikula; 5: Drüsenhaare, zwei- bis dreizellig, mit mehr oder weniger kugeliger Endzelle.

Auch laut aktuellerer Literatur findet die Biosynthese und Akkumulation des ätherischen Öles hauptsächlich in Öldrüsen und Drüsenhaaren (Abbildungen 12 und 13) statt. Es gibt zwei verschiedene Typen von Öldrüsen: „peltate" und „capitate" [KHANUJA & al. 1999, MAFFEI & al. 1986]. In diesen Strukturen kommt es zur ersten Mono- und Sesquiterpen-Synthese, wobei auch ein direkter Zusammenhang zwischen der Anzahl der Drüsenhaare und Ölproduktion besteht [GERSHENZON & al. 1989, KHANUJA & al. 1999, MAFFEI & al. 1989]. Die Öldrüsen treten sowohl auf der abaxialen, als auch auf der adaxialen Blattoberfläche auf. Der größte Anteil an ätherischem Öl wird nach einer Studie von KHANUJA 1999 in jungen Blättern produziert.

1.3.4 Extraktion von ätherischem Öl mit Hilfe der Wasserdampfdestillation

Die Destillation von ätherischen Ölen ist bereits seit 3000 vor Christus bekannt [BOMME & RINDER 2002]. Zur Gewinnung der Öle wird am häufigsten eine Wasserdampfdestillation durchgeführt [BÖTTCHER & al. 2002, BOMME & RINDER 2002, BOMME & al. 2005, MAFFEI & MUCCIARELLI 2003, RAJESWARA RAO 1999, SHANKER & al. 1999], da es sich bei diesem Verfahren gegenüber anderen Methoden, wie z.B. SFE (supercritical fluid extraction) und „superheated water extraction", um die effektivste und schonendste Art handelt, um ätherisches Öl zu produzieren [AMMANN & al. 1999]. In der Arbeit von BOMME & RINDER 2002 für das Forum Essenzia in München wird mit frischen Pflanzenteilen gearbeitet. Für eine erfolgreiche Destillation sollten einige Grundvoraussetzungen erfüllt werden:

- geeignetes genetisches Ausgangsmaterial,
- optimale Standort- und Wachstumsbedingungen,
- richtiger Erntetermin,
- eine quetschungsarme Ernte,
- eine grobe, gleichmäßige Zerkleinerung und
- in weiterer Folge auch die gleichmäßige, schichtweise Befüllung des Destillationsbehälters.

Außerdem darf kein tropfnasses Erntegut eingefüllt werden, da dies zu einer schlechten Wärmeübertragung und Abtropfverlusten führt; in diesem Fall wäre angewelktes Material besser. Zusätzlich sollte für eine optimale Wasserdampfdestillation die richtige Füllhöhe berücksichtigt werden, da feuchtes Erntegut höher und trockenes niedriger ist. In diesem Versuch von BOMME & RINDER 2002 wurde die Ernte in den ersten beiden Standjahren der Pflanzen im Knospenstadium bzw. zu Blühbeginn durchgeführt.

Für die Gewinnung ätherischer Öle stehen verschiedene Verfahren zur Verfügung, wobei, wie bereits erwähnt, die am häufigsten angewandte Methode die Wasserdampfdestillation darstellt (siehe Kapitel Material & Methoden **2.6.1 Extraktion ätherischer Öle mittels Wasserdampfdestillation**).

Weiters sind folgende Varianten zur Gewinnung von ätherischen Ölen möglich [MALLE & SCHMICKL 2005, MORCK 1978]:

- ❖ Lösungsmittelextraktion: Dabei werden ätherische Öle mit Hilfe von leicht flüchtigen organischen Lösungsmitteln, wie z.B. Hexan, Petroläther oder Tetrachlorkohlenstoff, aus dem Pflanzenmaterial extrahiert. Anschließend wird das Lösungsmittel mittels Vakuumdestillation abgedampft. Es entsteht eine feste, wachsartig duftende Masse, die Concretes genannt wird. Concretes kann beispielsweise direkt für Seifen verwendet werden, wird aber meist weiterverarbeitet. Im nächsten Schritt wird mit Ethanol erhitzt und der Alkohol verdampft, dabei entsteht Absolues. Dieses ist ein zähes Öl. Die Methode wird hauptsächlich für die Parfumindustrie, in der es auf den ursprünglichen Geruch ankommt, angewendet, da es sich um ein teures Verfahren handelt.
- ❖ Die Möglichkeit einer Kaltextraktion besteht hauptsächlich bei Zitrusfrüchten und wenigen anderen Vertretern. Dabei werden die ätherischen Öle mechanisch aus dem ölhältigen Material ausgepresst. Bei der erhaltenen Flüssigkeit handelt es sich meist um eine Wasser-Öl-Mischung, aus der das reine ätherische Öl durch verschiedene Manipulationen gewonnen werden kann. Je nach angewandter Reinigungsmethode ist das ätherische Öl von besserer Geruchsqualität als jenes durch die Wasserdampfdestillation extrahierte ätherische Öl.
- ❖ Enfleurage: Die Enfleurage ist das teuerste Verfahren und wird nur bei einer kleinen Anzahl wertvoller Blüten, wie z.B. Jasmin, mit einer geringen Ölausbeute angewandt. Es finden sich zwei Varianten: eine Kaltextraktion oder Enfleurage à froid und eine Extraktionsmöglichkeit unter Wärmeanwendung, als Enfleurage à chaud bezeichnet. Das frisch gepflückte Blütenmaterial wird auf eine Schicht Rindertalg oder Schweinefett gestreut und ein bis drei Tage kalt extrahiert (Enfleurage à froid) oder eine Viertelstunde unter Rühren bei 50 bis 80°C erhitzt (Enfleurage à chaud). Nach Entfernen des Pflanzenmaterials wird das ölhaltige Fett, auch Pomade genannt, mit Alkohol extrahiert und nach Abdampfen des Alkohols im Vakuum entsteht das Blütenöl. Diese Methode wird noch für Demonstrationen angewendet [MALLE & SCHMICKL 2005, MORCK 1978].

Die Qualität des Geruchs wird durch Esterverseifungen und Hydrolyse labiler Stoffe beeinträchtigt [MORCK 1978]. Diverse Umweltgifte und Schadstoffe sind jedoch nicht flüchtig und können daher mit dieser Methode nicht in das ätherische Öl gelangen. Pestizide können allerdings nicht 100 %ig entfernt werden [MALLE & SCHMICKL 2005].

1.4 Gaschromatographische Analyse der Einzelkomponenten

Bei der Gaschromatographie (GC) handelt es sich um eine Trennungsmethode, die sowohl für qualitative und quantitative Analysen von Stoffgemischen und zur Gewinnung von reinen Substanzen verwendet wird. Die Detektion der Einzelsubstanzen bei der Analyse erfolgt über empfindliche und spezifische, substanzmengen-proportionale elektrische Signale (SCHOMBURG 1987).

Es gibt folgende Formen der GC:

→ Qualitative GC-Analyse: Bei der qualitativen GC handelt es sich um den Nachweis von bekannten und unbekannten Komponenten durch einen Vergleich von Retentions- und Intensitäts(Response)-Größen aus dem Chromatogramm nach einer Trennung mit ausreichender Auflösung, d.h. Trenneffizienz und Selektivität, und unter Einsatz von spezifischen Detektoren.

→ Quantitative GC-Analyse: Die quantitative GC ist die reproduzierbare und richtige Bestimmung bekannter oder chromatographisch bereits identifizierter oder charakterisierter Komponenten, vorzugsweise mit unspezifischer Detektion, und der Nachweis und die Quantifizierung von Komponenten, die in sehr kleiner Konzentration in einer Mischung vorliegen mit sehr niedrigen Nachweisgrenzen, vorzugsweise mit spezifischen Detektoren.

→ Präparative GC: Die präparative GC ist die Trennung und Isolierung kleinerer oder auch größerer Mengen von Mischungskomponenten. Ziel ist dabei die Gewinnung reiner oder je nach der Qualität der Trennung angereicherter Verbindungen für die spektroskopische Identifizierung oder für chemisch präparative Zwecke.

→ Kombination von GC mit spektroskopischen Methoden: Es handelt sich um eine Kopplung von gaschromatographischen Trennungen mit Massenspektrometrie zur Identifizierung unbekannter und bekannter Verbindungen, aber auch zu deren spezifischer Detektion bei niedrigen Nachweisgrenzen.

1.4.1 Verfahren

Die Trägergasversorgung enthält neben der eigentlichen Gasquelle die Druck- und/oder Strömungsregler. Im Probenaufgabeteil wird über eine mit selbstdichtendem Septum versehene Einspritzstelle das zu trennende gasförmige oder flüssige Stoffgemisch in geeigneter Menge in das unter Druck stehende inerte Trägergas eingebracht. Flüssige Proben werden dabei zunächst verdampft. Nach der Verdampfung gelangt die Probe nach Vermischung mit dem Trägergas in die Trennsäule, in der der eigentliche Trennvorgang beginnt. Die vom Trägergas durchströmte Trennsäule befindet sich im Säulenofen. Die in der Säule getrennten Komponenten kommen mit einem charakteristischen Konzentrationsprofil im Trägergas in den Detektor, der je nach zu erreichendem Analysenziel alle oder einzelne Vertreter bestimmter Substanzklassen spezifisch, unter Erzeugung eines mehr oder weniger intensiven Signals, anzeigt. Das Registriersystem liefert nach Bearbeitung der digitalisierten Rohdaten des Chromatogramms ein Digitalchromatogramm. Es handelt sich dabei um einen Analysenbericht mit numerischen Werten, also Zahlen für die Positionen und Flächen oder auch Höhen aller oder ausgewählter Peaks oder die entsprechend aus diesen erhaltenen normierten oder standardisierten Größen.

Alle chromatographischen Trennverfahren beruhen auf multiplikativer Verteilung der zu trennenden Komponenten einer Mischung zwischen zwei Phasen in dynamischer Arbeitsweise. Dabei ist eine Phase flüssig oder fest (= stationär). Die zweite, gasförmige, mobile Phase bzw. das Trägergas bewegt sich an der stationären Phase vorbei. Die mobile Phase durchströmt die Trennsäule und übernimmt den Transport der Komponenten der eingespritzten Probe. Die einzelnen Komponenten werden von der stationären Phase gelöst oder adsorbiert. Dies geschieht entsprechend den chemischen Eigenschaften der Komponente („Solute") und der stationären Phase („Solvent") und beruht somit auf der intermolekularen Wechselwirkung zwischen Komponente und stationärer Phase. Der Transport von Komponenten erfolgt nur in der mobilen Phase und der Aufenthalt einer Komponente in der Säule wird bei gegebener Länge umso schneller beendet, je häufiger bzw. insgesamt länger eine Substanz sich während des Ablaufs des Elutionsvorgangs in der Gasphase aufhält. Andererseits hängt die Qualität der Trennung davon ab, ob sich die zu trennenden Komponenten auch ausreichend oft und insgesamt genügend lang in der stationären Phase aufhalten. Dort stehen sie mit der stationären Phase in stärkerer oder schwächerer intermolekularer Wechselwirkung. Verbindungen mit hohem Dampfdruck über der stationären Phase und/oder schwacher intermolekularer Wechselwirkung mit dieser werden früh eluiert und haben daher eine kurze Retentionszeit. Die Retentionszeit ist bei gegebener Strömung der mobilen Phase und Menge an stationärer Phase in der Säule von der intermolekularen Wechselwirkung der gelösten Komponente abhängig. Diese wird bestimmt durch die Molekülstruktur, d.h. besonders durch die funktionellen Gruppen, aber auch durch die Geometrie des Molekülaufbaus. Somit entsteht eine starke Abhängigkeit der Retentionszeit einer Komponente von ihrer eigenen Struktur und von derjenigen der stationären Phase. Die getrennten Komponenten werden durch das Trägergas in verschiedenen Zonen durch die Säule gespült („eluiert").

Die Einzelkomponenten des aus den Minzen gewonnenen Öles wurden in dem Versuch von BOMME & RINDER 2002 mittels Gaschromatographie ermittelt. Die genaue Bestimmung der Substanzen erfolgt durch den Vergleich der Retentionszeiten und Massenspektren mit Referenzsubstanzen. Die hier untersuchten Ölkomponenten sind in Tabelle 2 dargestellt.

Tabelle 2: Untersuchte Komponenten des ätherischen Öles [BOMME & RINDER 2002]

α-Pinen	l-Limonen	Isomenthon	Piperiton
Sabinen	Cineol	(+)-Neomenthol	Menthylacetat
β-Pinen	Ocimen	Menthol	β-Caryophyllen
Myrcen	Linalool	Isomenthol	α-Humulen
3-Octanol	Menthon	Pulegon	
α-Terpinen	Menthofuran	(-)-Carvon	

Der Anteil der Ölkomponenten wird stark durch das Pflanzenstadium beeinflusst, jedoch nach diesen Untersuchungen nicht gravierend durch Schnitt oder Standjahr. Weiters steht fest, dass der genetische Hintergrund seinen Einfluss auf die Zusammensetzung behält, unabhängig von der Destillation der Blätter oder der Droge. In dieser Arbeit konnten von keiner der getesteten Pfefferminz-Herkünfte alle vorgeschriebenen Wertebereiche für das ätherische Öl eingehalten werden. Es wird in weiterer Folge ein möglicher Zusammenhang zwischen Menthol-reich und hellgrünen Typen der Pfefferminze erwähnt [BOMME & RINDER 2002].

1.5 Mikroskopie

Für die genauen Analysen der Oberflächen von nicht ausdifferenzierten und ausdifferenzierten Blättern, wird Pflanzenmaterial fixiert und die Strukturen an Hand von Licht- und Rasterelektronenmikroskop dokumentiert.

1.5.1 Rasterelektronenmikroskop (REM)

Ein Rasterelektronenmikroskop baut sich aus einer elektronenoptischen Säule und einem elektronisch steuerbaren Vakuumsystem auf. Der erzeugte Elektronenstrahl wird durch Kondensorlinsen gebündelt und trifft durch Objektivlinsen als kleiner Punkt mit einem Durchmesser von 4 nm auf die Probenoberfläche. Die in den Objektivlinsen befindlichen Ablenkspulen erzeugen ein Magnetfeld, wodurch der gebündelte Elektronenstrahl gelenkt und damit entlang der Probe bewegt werden kann. Beim Auftreffen kommt es zur Streuung. Der Festkörper, aus dem der Elektronenstrahl austritt und gerichtet beschleunigt wird, ist ein Dreielektrodensystem. Dieses setzt sich aus einer Elektronenstrahlquelle (Kathode), einem Wehneltzylinder (Strahlsteuerelektrode) und einem Beschleunigungsfeld (Anode) zusammen.

Aus der Probe treten wiederum Sekundär- und Rückstreuelektronen aus. Bei Sekundärelektronen handelt es sich um Primärelektronen, die direkt aus der Probe freigesetzt werden. Primärelektronen, die Energie verloren bzw. ihre Richtung verändert haben, bezeichnet man als Rückstreuelektronen. Die Rückstreuelektronen werden mit Hilfe eines Rückstreuelektronendetektors eingefangen und treffen eine Aussage über die Dichte des Objektes. Je mehr Rückstreuelektronen, umso höher die Dichte. Sekundärelektronen haben eine geringe Reichweite und werden von einem Sekundärelektronendetektor erfasst, wodurch sich die Oberflächen abbilden lassen. Die dabei ebenfalls entstehenden Röntgenstrahlen werden mit einem weiteren Detektor gemessen.

Die gesammelten Daten aller Detektoren werden in ein Videosignal umgewandelt. Das Signal spiegelt einen momentanen Wert wider. Dieser steht für die Wechselwirkung zwischen Elektronenstrahl und der bestrahlten Objektivstelle. Durch eine Erhebung auf der Probenoberfläche kommt es zu einer starken Streuung von Sekundärelektronen, die detektiert werden und als heller Punkt abgebildet werden. Tiefe Punkte der Probenoberfläche führen zu einer geringen Emission und damit zu einem dunklen Punkt. Die Abbildung entspricht dem Sekundärelektronenbild [KOLB 2002, LANGE & BLÖDORN 1981].

1.5.2 Lichtmikroskop (LM)

Das optische System eines Lichtmikroskops baut sich aus dem Okular und den Objektiven auf. Das Okular besteht aus Linsen und einer ringförmigen Sehfeldblende. Wichtige Parameter bei Objektiven sind die Vergrößerung, die numerische Aperatur, die Tubuslänge [mm] und die Deckglasdicke [nm]. Als Faustregel gilt: umso höher die Vergrößerung, desto größer die numerische Aperatur und umso geringer ist die Schärfentiefe [BRAUNE & al. 1987, EGGER 2010].

Durch das Einlegen des Objektes in das LM fällt Licht durch die Probe. In einem ersten Arbeitsschritt wird vom LM ein Zwischenbild in einer sogenannten Zwischenebene gespeichert, wobei es sich um ein vergrößertes Bild des Objektes handelt. Im zweiten Arbeitsschritt wird dieses Zwischenbild vom Okular durch Linsen noch einmal vergrößert. Um ein scharfes Bild zu erhalten, muss man das durch das Auftreffen am Objekt gebeugte Licht sammeln. Die Beugung des Lichts nimmt zu, je kleiner die beobachteten Objekte unter dem Mikroskop sind. Ein Objektiv mit einem größeren Raumwinkel kann mehr gebeugtes Licht sammeln [WANNER 2004].

1.6 Phytopathologie

Wie aus einem Teil des Projektes der Fachhochschule Erfurt „Effiziente Produktion pflanzlicher Inhaltsstoffe" unter der Leitung von PROF. DR. DERCKS hervorgeht, handelt es sich beim Anbau von Heil-, Duft- und Gewürzpflanzen um eine verhältnismäßig geringe Fläche. Dadurch ist auch das Interesse an diesen Kulturen seitens der Pflanzenschutzindustrie nicht groß und es stehen nur wenige Pflanzenschutzmittel zur Bekämpfung von Schadorganismen zur Verfügung. Im Folgenden wird auf die beiden häufigsten, an Minzen auftretenden Schadorganismen, den Echten Mehltau (*Erysiphe biocellata* EHRENB.) und den Minzrost (*Puccinia menthae* PERS.), eingegangen.

1.6.1 Echter Mehltau (*Erysiphe biocellata* EHRENB.)

Echte Mehltaupilze sind obligate Parasiten und vor allem an Kulturpflanzen bedeutende Krankheitserreger. Es werden zwei Familien unterschieden: Perisporiaceae, ein dunkler Mehltau der tropischen Wälder, und Erysiphaceae, der weiße Mehltau. Die Familie der Erysiphaceae enthält 13 Gattungen, von denen sieben in Europa heimisch sind und ungefähr 1750 Nährpflanzen befallen. Bei diesen sieben Gattungen handelt es sich um *Sphaerotheca*, *Podosphaera*, *Erysiphe*, *Microsphaera*, *Uncinula*, *Phyllactinia* und *Leveillula*. Die Unterscheidung dieser erfolgt über den Habitus der Anhängsel ihrer Perithecien und der Anzahl der Asci. *Erysiphe*, zu der auch der Echte Mehltau *E. biocellata* EHRENB. zählt, haben myzelartige, verkrümmte und manchmal unregelmäßig verzweigte Anhängsel, ähnlich denen der Gattung *Leveillula*, jedoch gehören die Konidien von *Leveillula* zum Oidiopsis-Typus und die Konidien von *Erysiphe* zum Oidium-Typ [BEDLAN 1988].

Die Erysiphaceae besitzen eine Haupt- und eine Nebenfruchtform (Abbildung 14). Die Nebenfruchtform entspricht der Konidienform und wird wiederum in drei Gruppen unterteilt: Oidium-, Ovulariopsis- und Oidiopsis-Typus.

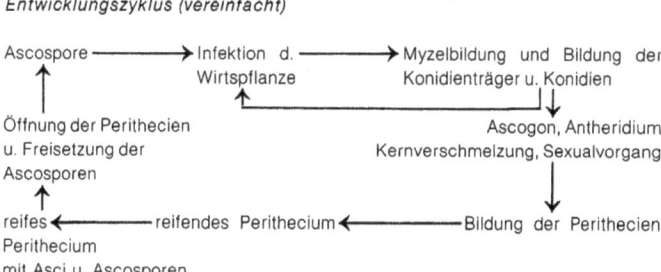

Abbildung 14: Entwicklungszyklus der *Erysiphales* [BEDLAN 1988]

Der Oidium-Typ besitzt Konidienträger mit einer maximalen Länge von 50 µm und Konidien, die in Ketten abgegliedert werden. Die Fußzelle ist mehr oder weniger verdickt, wobei es bei den einzelnen Gattungen zu geringfügigen Abweichungen vom typischen Habitus kommen kann. Die Konidien sind etwa 30 µm x 20 µm groß und ellipsoid bis zylindrisch. Zu diesem Typus zählen neben der Gattung *Erysiphe* auch die Gattungen *Sphaerotheca*, *Podosphaera*, *Microsphaera* und *Uncinula*.

Die Gruppe des Ovulariopsis-Typus besitzt Konidienträger mit einer Länge von 50 µm bis 150 µm. Der Fuß der Träger ist schlanker und mehrzellig. Meist sitzt am Träger nur eine Konidie, die auch größer ist als beim Oidium. Die Konidien haben eine Größe von 50 µm bis 100 µm x 20 µm bis 30 µm. Der Ovulariopsis-Typus stellt die Nebenfruchtform der Gattung *Phyllactinia* dar.

Die Konidienträger des Typus Oidiopsis wachsen meist aus den Spaltöffnungen heraus, sind etwa 200 µm lang und breiter als die des Ovulariopsis-Typus. Die Konidien sind ellipsoid-zylindrisch, teils auch hantelförmig. Oidiopsis ist die Nebenfruchtform der Gattung *Leveillula*.

Die Hauptfruchtform entsteht nach einem Sexualvorgang. Mit Hilfe der Perithecien können Echte Mehltaupilze überdauern. Es handelt sich dabei um Fruchtkörper, die sich nach dem Übertritt des Antheridien-Zellkerns in das Ascogon bilden. Die Perithecien verfärben sich im Alter dunkelbraun bis schwärzlich und sind dickwandig. Im Inneren der Perithecien werden Asci gebildet, die Ascosporen in einer charakteristischer Anzahl enthalten. Die Perithecien öffnen sich und entlassen die Asci mit den Ascosporen. Die Infektion und Keimung der Konidien wird durch Wasser erschwert. Erfolgt eine Infektion mittels Keimschläuchen von den Konidien, so werden innerhalb der Wirtszellen Haustorien gebildet, die in weiterer Folge auch vermehrt werden. Es entsteht schließlich ein Myzel, in dem auch die Konidienträger mit den Konidien entstehen. Perithecien werden im Spätsommer und Herbst gebildet und entstehen bevorzugt bei Luft- und Bodentrockenheit. Die im Frühjahr entlassenen Ascosporen rufen wiederum Infektionen hervor [BEDLAN 1988]. Für die Keimung der Sporen benötigt der Pilz Feuchtigkeit. Als Überdauerungsorgane bildet der Echte Mehltau Kleistothecien, dickwandige Sporenbehälter [BEDLAN & al. 1992]. Den größten Infektionsdruck erreicht der Echte Mehltau durch seine Konidienform [BEDLAN 1988].

Beim Echten Mehltau (*E. biocellata* EHRENB.) handelt es sich um einen obligaten Parasiten, der an den Blattoberseiten und Stielen der betroffenen Pflanzen einen weißen, mehlartigen Belag hinterlässt [BEDLAN & al. 1992]. Zu Beginn des Befalls zeigen sich meist runde oder unregelmäßige weiße Flecken auf den Blattoberseiten, seltener auch an den Blattunterseiten, Stängeln, Trieben und Früchten. Die Flecken fließen schließlich zu größeren Einheiten zusammen. Der Belag besteht aus dem Myzel, den Konidienträgern und den Oidien [BEDLAN 1988]. Echter Mehltau tritt im Freiland bei trockenem und warmem Wetter beispielsweise an Erbsen und Gurken gegen Kulturende im Spätsommer auf. Auf Grund des späten Entwicklungszeitpunktes halten sich die Schäden im Gemüsebau in Grenzen.

1.6.2 Minzrost (*Puccinia menthae* PERS.)

Die Produktion von Pfefferminzöl ist industriell weltweit von Bedeutung. Wichtig sind dabei die gleich bleibende Qualität und ein rentabler Ertrag. Der Befall mit Minzrost (*Puccinia menthae* PERS.) hat bereits Einbußen von bis zu 50 % weniger Ölgehalt und einer verringerten Qualität des ätherischen Öl verursacht [EDWARDS 1999]. Minzrost tritt hauptsächlich im zweiten Aufwuchs auf und kann nicht bekämpft werden [BUNDESSORTENAMT 2002].

Minzrost verursacht unter anderem vermehrten Blattfall und eine signifikante Verringerung des Blattfrischgewichts, des Gehaltes an ätherischem Öl, des Stamm- und Wurzeltrockengewichtes und der Anzahl von Stolonen. Es konnten auch Langzeitwirkungen beobachtet werden. Unternimmt man nichts gegen die Pathogene, so wird nach drei bis vier Jahren das Absterben des Bestandes beobachtet [EDWARDS 1999].

Die Familie der Uredinales wird auf Grund der Farbe ihrer Sporen auch als Rostpilze bezeichnet und umfasst 100 Gattungen mit ca. 4000 Arten. In Mitteleuropa kommen 28 Gattungen vor. Der Minzrost zählt zur Gattung *Puccinia*, deren Merkmal gemeinsam mit den beiden Gattungen *Cummisiella* und *Gymnosporangium* zweizellige Teleutosporen darstellen. Mit Hilfe der Teleutosporen können Rostpilze überdauern. Diese sind daher meist dickwandig, trocken- und hitzeresistent und braun bis schwarz gefärbt. Sie keimen entweder sofort oder nach einer Ruheperiode zu Basidien und Basidiosporen. Aus den einzelnen Zellen der Teleutosporen keimen je vierzellige Basidien, die eine Basidiospore je Zelle bilden. Diese Sporen keimen auf den Wirtspflanzen aus, wobei als Folge Spermogonien und Aecidien entstehen. Spermogonien befinden sich meist auf den Blattoberseiten. In diesen Sporenlagern werden sehr kleine Sporen, ca. 2 µm x 5 µm, gebildet, die in klebrigen Tropfen nach außen abgegeben und meist von Insekten verbreitet werden. Aecidiosporen werden in Ketten gebildet. Bei „echten" Aecidien verkleben die obersten Sporen im Lager zu einer Hülle, die das Lager abdeckt, die so genannte Pseudoperidie. Bei der Reifung der Aecidienanlage reißt diese Hülle in charakteristischer Becherform nach außen auf [BEDLAN 1988].

Der Entwicklungszyklus der Rostpilze ist schematisch in Abbildung 15 dargestellt. Wie beschrieben, findet nicht der gesamte Lebenszyklus des Minzrost (*Puccinia menthae* PERS.) auf der infizierten Pflanze statt. Es treten über das ganze Jahr Sommersporen, so genannte Urediniosporen, auf. Unter Feldbedingungen reduziert sich der Krankheitsgrad erst ab Temperaturen, die 35 °C überschreiten [EDWARDS 1999].

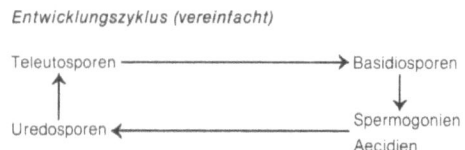

Abbildung 15: Entwicklungszyklus von *Puccinia* [BEDLAN 1988]

In der Regel sind Spermogonien, Aecidien und Uredi gelblich bis orange oder hellbraun gefärbt, Teleutosori sind dunkelbraun bis schwarz. Spermogonien sind meist blattoberseits zu finden, manchmal auch zwischen den Aecidien blattunterseits. Uredo- und Teleutosori befinden sich in der Regel blattunterseits [BEDLAN 1988].

1.6.3 Zusätzliche Schadbilder und „Besucher"

Weiter Schaderreger, wie z.B. *Rhizoctonia, Phoma, Alternaria, Fusarium* und *Verticillium*, treten bei feuchtwarmer Witterung und unzureichendem Fruchtwechsel auf [BOMME 1984, MARQUARD & KROTH 2001]. Auch die Pfefferminzanthraknose (*Sphaceloma menthae*) und die Blattfleckenkrankheit (*Cercospora sp.*) konnten in anderen Arbeiten beschrieben werden. Saugschäden an den Blättern werden durch die Schwarzpunktzikade (*Eupteryx atropunctata*), Loch- und Blattrandfraß von Minzeblattkäfern (*Chrysomela menthastri* oder *Chrysomela coerulans*) und den Grünen Schildkäfern (*Cassida viridis*) verursacht [DACHLER & PELZMANN 1999, MARQUARD & KROTH 2001].

1.7 Fragestellungen dieser Dissertation

- ❖ Dokumentation der Anbaueignung der Vertreter für die klimatischen Voraussetzungen in der Steiermark
- ❖ Unterscheidung der acht ausgewählten Vertreter aus der Gattung *Mentha* an Hand von leicht nachvollziehbaren, morphologischen Merkmalen (Farbe, Blüte, Blattform in ausdifferenzierten und nicht ausdifferenzierten Blattstadien, Wuchshöhe, usw.)
- ❖ Ertragsauswertung für Frisch- und Trockengewicht in den Versuchsjahren 2007 und 2008
- ❖ Untersuchungen an den einzelnen Arten und Sorten im nicht ausdifferenzierten und ausdifferenzierten Entwicklungsstadium zu einer möglichen Unterscheidung auf Grund der Behaarung
    - Visuelle Beurteilung der Behaarungsintensität und Dokumentation mittels digitaler Fotografie
    - Fixieren von Blattmaterial in nicht ausdifferenzierten und ausdifferenzierten Blattstadium für Untersuchungen im Lichtmikroskop
    - Fixieren von Blattmaterial in nicht ausdifferenzierten und ausdifferenzierten Blattstadium für Untersuchungen im Rasterelektronenmikroskop
    - Beobachtungen, ob es in den unterschiedlichen Entwicklungsstadien zu verschieden starker Ausbildung von Trichomen kommt bzw. ob Abweichungen bei den auftretenden Trichomtypen beobachtet werden können
- ❖ Extraktion und Quantifizierung der ätherischen Öle
- ❖ Analyse der ätherischen Öle an Hand der Gaschromatographie (in Folge als GC bezeichnet) und Gaschromatographie-Massenspektrometrie (in Folge als GC-MS bezeichnet)
- ❖ Beobachtung der Anfälligkeit für pilzliche und tierische Schaderreger bzw. Zuflug von diversen „Besuchern"

2 Material und Methoden

2.1 Pflanzenmaterial und Anzuchtbedingungen

2.1.1 Produktion der Jungpflanzen

Neben dem Auslegen von Stolonen gibt es auch eine zweite Möglichkeit der Anzucht. Dafür werden Kopfstecklinge von Pflanzen aus geschütztem Anbau, aber auch aus Freilandbeständen entnommen. Die Pflanzung der bewurzelten Stecklinge kann im Frühjahr oder im Herbst bis Anfang Oktober durchgeführt werden. 50.000 bis 60.000 Stecklinge sind für die Bepflanzung von einem Hektar Fläche nötig [MARQUARD & KROTH 2001]. In dieser Arbeit erfolgt die Anzucht der Jungpflanzen aus Kopfstecklingen der Mutterpflanzen aus dem Gewächshaus. Die Schnittflächen werden in das Pflanzenstärkungsmittel Rhizovital (auch als FZB 42 bekannt) getaucht und in biologisches Vermehrungssubstrat der Firma Floragard gesteckt. Das Substrat muss für optimale Kulturbedingungen feucht und vor allem nährstoffarm sein. Die Bewurzelung der Stecklinge erfolgt im Halbschatten bei hoher Luftfeuchtigkeit. Nach drei bis vier Wochen werden die Jungpflanzen bei 15°C akklimatisiert und können ausgepflanzt werden.

2.1.2 Anlage des Feldversuchs - die Versuchsstation für Spezialkulturen Wies

Die acht ausgewählten Arten und Sorten wurden im Frühjahr 2006 angezogen und in drei Wiederholungen auf einem biologisch zertifizierten Feld auf dem Gelände der Versuchsstation für Spezialkulturen in Wies angelegt (Abbildungen 16 und 17).

Das Referat für Spezialkulturen ist Teil des Landwirtschaftlichen Versuchszentrums (Land Steiermark - Fachabteilung 10B) und liegt im voralpinen Klimagebiet auf 400 m Seehöhe. Die Jahresdurchschnittstemperatur liegt bei 8,1°C bei einem durchschnittlichen Jahresniederschlag von 1178 l/m². Der Durchschnittswert für die jährliche Sonnenscheindauer liegt bei 1802 Stunden, jener für die Einstrahlung bei 401931 Joule/cm².

Das Hauptaugenmerk der Institution liegt, neben Fragestellungen im Gemüse- und Zierpflanzenbau, in der Produktion von biologisch kultivierten Arznei- und Gewürzpflanzen und dem Demonstrationsanbau in Form eines Heilpflanzen- und Gewürzkräuterquartiers. Es werden in den Monaten Jänner bis Mai ungefähr 170 Arten und Sorten von Kräutern produziert und verkauft. Der Kundenstamm reicht von Gartenbaubetrieben und einer Vielzahl von Kräutervereine in Österreich und dem umliegenden Ausland bis hin zu Hobbygärtnern.

Abbildung 16: Versuchsfeld im Juni 2006 (Pflanzung Mai 2006)

Abbildung 17: Versuchsanlage im Oktober 2007

Tabelle 4 zeigt die Anordnung der drei Wiederholungen, die nach einem randomisierten Setzschema nach SCHUSTER & LOCHOW 1979 erfolgte.

Zu den Pflegemaßnahmen zählt während der gesamten Kulturzeit die Beikrautregulierung, die sich pro Vegetationsperiode aus mehrmaligem mechanischen Hacken und ergänzendem Jäten zusammensetzt [BOMME 1984, DACHLER & PELZMANN 1999, MARQUARD & KROTH 2001].

2.1.3 Auswahl der Arten und Sorten

Weltweit gibt es eine große Vielfalt an Minzen, die sich in ihrer Morphologie und inhaltlichen Zusammensetzung stark unterscheiden. Die Auswahl der für diese Versuchsanstellung herangezogenen Vertreter erfolgte in Zusammenarbeit mit Hr. Ing. Pelzmann, dem nun pensionierten Leiter des Referats für Spezialkulturen. Die Auswahl fiel auf fünf Sorten und Varietäten der Art *Mentha x piperita* L. (Pfefferminze) und je einem Vertreter der Arten *Mentha villosa* HUDS. (Apfelminze), *Mentha spicata* L. (Grüne Minze) und *Mentha arvensis* L. var. *piperascens* MALINV. ex HOLMES (Japanische Ölminze) (Tabellen 3 und 4).

Tabelle 3: Auflistung der ausgewählten Arten und Sorten

Art	Bezeichnung	Sorte bzw. Varietät
Mentha x piperita L.	Pfefferminze	„Pfälzer Minze"
		„BP 83"
		„Medicka"
		„Multimentha"
		„Ukrainische 541"
Mentha arvensis L. var. *piperascens* MALINV. ex HOLMES	„Japanische Ölminze"	
Mentha spicata L.	Grüne Minze	„Scotch"
Mentha villosa HUDS.	„Apfelminze"	

Tabelle 4: Aufstellung des Feldversuches in 3 Wiederholungen (nach SCHUSTER & LOCHOW 1979)

Reihe a	Reihe b	Reihe c
Pfälzer Minze	Apfelminze	Medicka
Mentha x piperita L.	*Mentha villosa* HUDS.	*Mentha x piperita* L.
Japanische Ölminze	Grüne Minze	Ukrainische 541
Mentha arvensis L. var. *piperascens* MALINV. ex HOLMES	*Mentha spicata* L.	*Mentha x piperita* L.
BP 83	Multimentha	Pfälzer Minze
Mentha x piperita L.	*Mentha x piperita* L.	*Mentha x piperita* L.
Medicka	Ukrainische 541	Apfelminze
Mentha x piperita L.	*Mentha x piperita* L.	*Mentha villosa* HUDS.
Multimentha	BP 83	Grüne Minze
Mentha x piperita L.	*Mentha x piperita* L.	*Mentha spicata* L.
Apfelminze	Pfälzer Minze	Japanische Ölminze
Mentha villosa HUDS.	*Mentha x piperita* L.	*Mentha arvensis* L. var. *piperascens* MALINV. ex HOLMES
Ukrainische 541	Medicka	BP 83
Mentha x piperita L.	*Mentha x piperita* L.	*Mentha x piperita* L.
Grüne Minze	Japanische Ölminze	Multimentha
Mentha spicata L.	*Mentha arvensis* L. var. *piperascens* MALINV. ex HOLMES	*Mentha x piperita* L.

2.1.3.1 *Mentha x piperita* L. - Pfefferminze

→ "Multimentha" (Abbildung 18) ist als Sorte eingetragen, seit 1958 im Handel und wurde durch die Firma Pharmaplant in Artern vertrieben [BUNDESSORTENAMT 2002]. Sie gilt als Standardsorte der „Mitcham"-Typen, der dunkelgrünen Pfefferminzen (*M. x piperita* L. f. *rubescens* CAMUS) und weist für den mitteleuropäischen Bereich eine Resistenz gegen den Minzrost (*Puccinia menthae* PERS.) auf. Bei „Multimentha" handelt es sich um eine im Anbau weit verbreitete, polyploide Sorte [BESCHREIBENDE SORTENLISTE 1996].

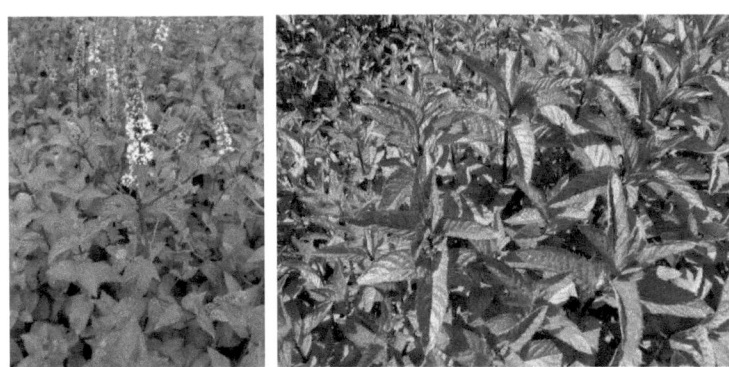

Abbildung 18: "Multimentha" blühend im August 2006 und im Bestand Mai 2008

→ "BP 83": Bei „BP 83" handelt es sich ebenfalls um eine dunkellaubige Pfefferminze des „Mitcham"-Typs (*M. x piperita* L. f. *rubescens* CAMUS), jedoch um eine nicht einheimische Varietät aus Serbien (Abbildung 19). Die Herkunft ist die Region Vojvodina, genauer die Gemeinde Backi Petrovac.

Abbildung 19: „BP 83" blühend 2006 und im Bestand im Mai 2008

→ „Medicka": Eine weitere dunkellaubige *M. x piperita* L. *f. rubescens* CAMUS – Varietät, die aus der Ukraine stammt (Abbildung 20).

Abbildung 20: „Medicka" blühend 2006 und im Bestand 2008

→ „Pfälzer Minze": Diese Sorte ist seit 1770 bekannt. Es handelt sich dabei um eine helllaubige Pfefferminze (*M. x piperita* L. *f. pallescens* CAMUS) (Abbildung 21). Die Sorte ist weniger robust und bevorzugt wärmere Lagen. Die „Pfälzer Minze" wird vermehrt in Oberösterreich kultiviert.

Abbildung 21: „Pfälzer Minze" blühend 2006 und im Bestand im Mai 2008

→ „Ukrainische 541": Dabei handelt es sich ebenfalls um einen aus der Ukraine stammenden Vertreter des helllaubigen *M. x piperita* L. f. *pallescens* CAMUS – Typs (Abbildung 22). In die Versuchsstation für Spezialkulturen gelangte diese Varietät aus Korneuburg.

Abbildung 22: „Ukrainische 541" blühend 2006 und im Bestand im Mai 2008

2.1.3.2 *Mentha spicata* L. - Grüne Minze "Scotch" (syn. *M. x viridis* L.)

Die Blätter der Grünen Minze „Scotch" sind hell- bis mittelgrün, schmal eiförmig und weisen einen stark gesägten Blattrand auf (Abbildung 23). Diese Sorte ist weiters charakterisiert durch eine sehr starke Stolonenbildung (BESCHREIBENDE SORTENLISTE 1996).

Abbildung 23: Grüne Minze „Scotch" blühend 2006 und im Bestand im Mai 2008

2.1.3.3 *Mentha arvensis* L. var. *piperascens* MALINV. ex HOLMES - „Japanische Ölminze"

Es gibt nur eine Varietät der *M. arvensis* L. var. *piperascens* MALINV. ex HOLMES am Betrieb und die wird als „Japanische Ölminze" bezeichnet (Abbildung 24). Auffallend ist die erhöhte Anfälligkeit gegenüber pilzlichen Schaderregern.

Abbildung 24: „Japanische Ölminze" blühend 2006 und im Bestand im Mai 2008

2.1.3.4 *Mentha villosa* HUDS. - „Apfelminze"

Die „Apfelminze" kommt in der Literatur nur selten vor. Es handelt sich um den einzigen Vertreter dieser Art am Referat für Spezialkulturen (Abbildung 25).

Abbildung 25: „Apfelminze" blühend 2006 und im Bestand im Mai 2008

2.2 Dokumentation

2.2.1 Fotodokumentation

Die Einzelparzellen und Pflanzenmerkmale, sowie Beobachtungen von etwaigen „Besuchern" werden während des dreijährigen Feldversuches mit Hilfe von digitaler Fotografie festgehalten. Die hierfür verwendete Kamera ist eine Olympus C-5060 Wide Zoom. Zusätzlich werden im Rahmen einer Diplomarbeit für die Fachschule für Land- und Ernährungswirtschaft der Schulschwestern Graz von Fr. Strein Aufnahmen der Blüten und Feldbestände der vertretenen Arten und Sorten gemacht.

2.2.2 Scan

Da die Morphologie der ausgewählten Vertreter der Gattung *Mentha* sehr vielfältig ist und die Blattform bzw. der Blattrand der nicht ausdifferenzierten und ausdifferenzierten Blätter ein wichtiges Unterscheidungsmerkmal darstellt, werden Blätter im juvenilen und adulten Entwicklungsstadium entnommen. Diese werden einerseits mit Nadeln fixiert und abgebildet, jedoch erweisen sich die Ergebnisse als nur mäßig zufriedenstellend. Daraufhin werden die Proben mit einem Scanner (Hewlett Packard ScanJet 6300 C) aufgenommen, um eine gesamte Blattaufnahme zu bekommen.

2.3 Mikroskopische Methoden

2.3.1 Rasterelektronenmikroskop (REM)

Bei dem verwendeten Mikroskop handelt es sich um ein Philips XL 30 ESEM. Für die benötigten Arbeitsschritte wird ein High Vakuum (HV) angelegt. Das Hochvakuum mit einem Druck von 10^{-4} bis 10^{-7} Torr ist für die Erzeugung des Elektronenstrahls notwendig [FLEGLER & al. 1995].

Für die Untersuchungen wird frisches Pflanzenmaterial in Form von Triebspitzen mit nicht ausdifferenzierten Blättern und fünf weiteren ausdifferenzierten Blattpaaren in 70 %igem Ethanol fixiert und bei 5°C dunkel gelagert.

Die Proben werden einer Kritisch-Punkt-Trocknung unterzogen. Das dafür verwendete Gerät ist ein Balzers BAL-TEC CPD 030. Das Pflanzenmaterial muss mit Hilfe von Aceton oder Ethanol vollkommen entwässert werden. Dafür wird das in 70 %igem Ethanol gelagerte Pflanzenmaterial mehrmals mit 90 %igem und 100 %igem Ethanol gespült, um dieses anschließend durch Kohlendioxid ersetzen und somit trocknen zu können. Kohlendioxid wird deswegen verwendet, weil es durch die Temperatur und den vorherrschenden Druck während der Trocknung wenige Schäden an den Proben hervorruft. Der kritische Punkt von Kohlendioxid liegt bei einer Temperatur von 31°C und einem Druck von 73,8 bar. Ethanol geht dabei in die gasförmige Phase über und die Probe trocknet ohne hohe Oberflächenspannung, die das Objekt schädigen würde. Der Vorgang bis zum vollständig getrockneten Pflanzenmaterial dauert etwa drei Stunden.

Pro Vertreter werden insgesamt zwei Probenteller mit einer Probe mit juvenilem und einer Probe adultem Blattmaterial präpariert. Anschließend werden die Proben im Agar Sputter-Coater durch einen Kathodenzerstäuber mit einer Goldschicht bedampft und so leitend gemacht. Dabei trägt die Kathode das benötigte Metall, in diesem Fall Gold, und die Probe wird von der Anode getragen. Goldatome werden durch Inertgasionen herausgespritzt und treffen auf die Probenoberfläche [LANGE & BLÖDORN 1981].

2.3.2 Lichtmikroskop (LM)

Für diese Arbeit wird das Lichtmikroskop Axiophot 2 der Firma Zeiss verwendet. Mögliche Vergrößerungen an diesem Gerät sind 5x, 10x, 20x, 40x, 63x und 100x.

Auch für die Lichtmikroskopie wird das benötigte Pflanzenmaterial in 70 %igem Ethanol fixiert und bei 5°C dunkel gelagert. Es werden händisch Stängelquerschnitte, Blattstielquerschnitte, Blattquerschnitte und Blattflächenschnitte von nicht ausdifferenzierten und ausdifferenzierten Blättern und Triebteilen der einzelnen Arten und Sorten angefertigt und miteinander verglichen.

2.4 Phytopathologie

Das Gebiet der Phytopathologie umfasst die beiden am häufigsten auftretenden pilzlichen Schaderreger, den Echten Mehltau (*Erysiphe biocellata* EHRENB.) und den Minzrost (*Puccinia menthae* PERS.), aber auch zahlreiche „Besucher", auf die im Kapitel Ergebnisse **3.4.3. Zusätzliche Schadbilder und „Besucher"** eingegangen wird.

2.4.1 Echter Mehltau (*Erysiphe biocellata* EHRENB.)

Es erfolgen regelmäßig Beobachtungen der Pflanzenbestände im Freiland und fotografische Dokumentationen. Außerdem wird frisches Blattmaterial in 70 %igem Ethanol fixiert und mit Hilfe von REM und LM auf Anzeichen eines Befalls, bzw. Blätter, die einen Befall aufweisen, auf Besonderheiten untersucht. Wie ein Befall mit Echtem Mehltau im Bestand aussieht, ist in Abbildung 26 an der „Apfelminze" ersichtlich.

Abbildung 26: Echter Mehltau (*Erysiphe biocellata* EHRENB.) an „Apfelminze"

2.4.2 Minzrost (*Puccinia menthae* PERS.)

Die Dokumentation des Minzrostes erfolgt ebenfalls regelmäßig durch Beobachtungen und fotografische Dokumentationen. Auch dieser Schadorganismus kann mit Hilfe von REM und LM an fixiertem Blattmaterial identifiziert werden.

In der Entwicklung des Minzrostes bilden sich orangerote Sporenlager auf der Blattober- bzw. -unterseite, später können sich beulenartige, rötlich-gelbe Wucherungen bilden [MARQUARD & KROTH 2001] (Abbildung 27).

Abbildung 27: Saugstellen der Schwarzpunktzikade (*Eupteryx atropunctata*) und orange Sporenlager des Minzrostes (*Puccinia menthae* PERS.) an der Blattober- und -unterseite der „Japanischen Ölminze" (*M. arvensis* L. *var. piperascens* MALINV. ex HOLMES)

2.5 Ertragsauswertungen

Für die Ertragsauswertung werden die Einzelparzellen jeweils im Knospenstadium und nach drei Tagen Sonnenschein manuell mit einer Heckenschere oder einem speziellen Kräuterertegerät mit Auffangnetz (Super Cut) beerntet. Geschnitten wird bis auf eine Höhe von 10 cm, wobei die kahlen Stielanteile in Bodennähe nicht mit getrocknet und verworfen werden. Vom Kraut der einzelnen Parzellen wird das Frischgewicht gemessen. Die Trocknung erfolgt vor Ort in der Kräutertrocknungsanlage der Versuchsstation für Spezialkulturen bei 38 °C bis zu einer Restfeuchtigkeit von 8-12 %. Anschließend wird das Trockengewicht ermittelt und der Ertrag berechnet.

2.6 Ätherische Öle

Ätherische Öle werden an abgegrenzten Orten in den Pflanzen produziert und akkumuliert (siehe Kapitel Einleitung **1.3.3 Synthese und Akkumulierung von ätherischen Ölen**).

2.6.1 Extraktion ätherischer Öle mittels Wasserdampfdestillation

Bei der Wasserdampfdestillation handelt es sich um die einfachste, am häufigsten eingesetzte und schonendste Gewinnungsmethode für ätherische Öle. Es wird in einem Gefäß heißer Dampf erzeugt, der durch die Droge bzw. zerkleinerte Pflanzenteile geleitet wird und dabei leicht flüchtige Substanzen mitreißt [MALLE & SCHMICKL 2005]. Wasser hat einen Siedepunkt von ungefähr 96 °C, wobei die einzelnen Bestandteile von ätherischen Ölen einen Siedepunkt zwischen 150 °C und 300 °C aufweisen. Voraussetzung für den Übergang der Komponenten in den Wasserdampf ist die Wasserunlöslichkeit jener Stoffe [MORCK 1978]. Nach dem anschließenden Abkühlen des Dampfes durch eine Kühlung kondensiert das Gemisch und man erhält das Destillat. Das Destillat teilt sich in zwei Phasen, wobei sich die Ölphase in den meisten Fällen an der Flüssigkeitsoberfläche befindet. Die zweite, wässrige Phase wird als Hydrolat bezeichnet und enthält noch einen geringen Abteil von fünf bis acht Prozent ätherisches Öl (Abbildung 28) [MALLE & SCHMICKL 2005].

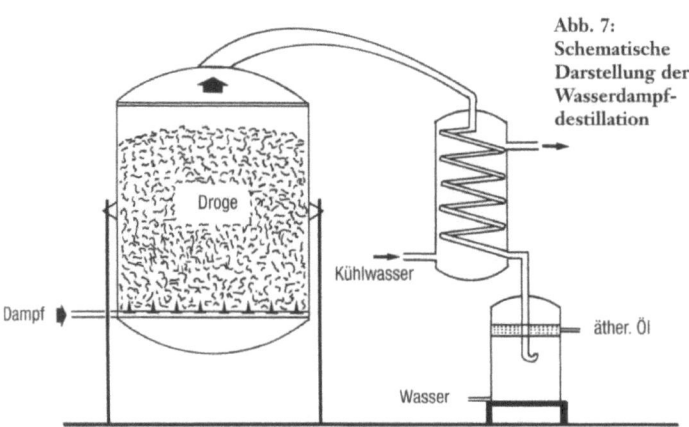

Abbildung 28: Schematische Darstellung einer Wasserdampfdestillation [DACHLER & PELZMANN 1999]

Für die Extraktion wird eine Leonardo-Kupfer-Destille verwendet. Das getrocknete Pflanzenmaterial wird vor der Extraktion grob händisch abgestreift. Der Extraktionsvorgang dauert ungefähr drei Stunden. Direkt im Anschluss wird die Ausbeute ermittelt, das ätherische Öl mit einer Spritze abgesaugt und kühl und dunkel gelagert.

2.6.2 Gaschromatographische Untersuchungen

Die Gaschromatographie (GC) dient der qualitativen und quantitativen Analyse der durch die Wasserdampfdestillation extrahierten ätherischen Öle. Es handelt sich um eine Trennmethode, die sowohl zur Gewinnung reiner Stoffe als auch zur Durchführung qualitativer und quantitativer Analysen von Stoffgemischen eingesetzt werden kann. Es geht sowohl um den Nachweis bekannter Verbindungen, als auch um die Strukturaufklärung unbekannter Verbindungen. Ihre größte Bedeutung hat die GC bei der quantitativen Analyse von Mischungen. GC-Analysen sind anderen Verfahren durch ihre Reproduzierbarkeit, Richtigkeit und den geringen zeitlichen Aufwand überlegen.

Die GC wird, wie auch die Flüssigchromatographie (LC oder HPLC), fast immer zusammen mit spektroskopischen Methoden, wie z.B. Massen-Spektroskopie (MS) eingesetzt. Die spektroskopischen Methoden dienen in erster Linie der Identifizierung oder auch der Strukturaufklärung von unbekannten Verbindungen, die in reiner oder zumindest stark angereicher Form vorliegt. Als Charakteristikum der GC gegenüber spektroskopischen Verfahren gilt, dass die Informationen der Proben erst nach vorheriger Trennung der einzelnen Mischkomponenten und ohne deren Zerstörung gewonnen werden. Außerdem können nur ausreichend flüchtige oder ohne Zersetzung oder Umwandlung bei höheren Temperaturen verdampfbare Verbindungen gaschromatographisch analysiert werden [SCHOMBURG 1987].

Die Trennung erfolgt durch multiplikative Verteilung zwischen einer gasförmigen mobilen und einer flüssigen oder festen stationären Phase. Als Ziel gilt der Nachweis getrennter Komponenten im Eluat der Trennsäule durch die Erzeugung konzentrations- und massenstromabhängiger elektrischer Signale, die mit verschiedenartigen unspezifischen oder spezifischen Detektoren erfasst werden können.

Das Gaschromatogramm enthält wichtige Informationen über den Ablauf in der Säule zwischen Probenaufgabe und Detektion. Es liefert auch analytische Daten über die Zusammensetzung der getrennten Probe. Solange nur Trägergas aus der Säule in den Detektor gelangt, wird die Basislinie registriert. Sobald jedoch eine getrennte Komponente mit dem Trägergas die Säule verlässt und in den Detektor gelangt, steigt das Signal entsprechend der Konzentration oder dem Massenstrom bis zu einem Maximum an und fällt danach wieder auf die Basislinie ab. Es kann auch eine Überlappung durch eine nachfolgende Komponente stattfinden. Dies führt zu einem zeitverzögertem Auftreffen des Signals auf der Basislinie. Auf diese Weise entsteht für jede eluierte Komponente ein Peak. Die Summe aller Peaks bildet das Chromatogramm [SCHOMBURG 1987].

Die Peakform oder das Konzentrationsprofil des Peaks oder die Zone erlauben Rückschlüsse auf den Ablauf der Verteilungs- und Transportvorgänge in der Säule. Die Flächen, aber auch die Höhen der Peaks liefern Informationen über die Menge der eluierten Komponente. Das Gaschromatogramm beginnt am Einspritzpunkt zu dem Zeitpunkt, in dem die flüssige Probe in das Trägergas mit der Spritze eingeführt und dort verdampft wird. Es endet, wenn die letzte Komponente eluiert und im Detektor angelangt ist.

Für die Kombination GC-MS muss das Eluat aus der Säule bzw. ein Teil desselben direkt oder über ein Interface in die unter Vakuum stehende Ionenquelle des MS geleitet werden. Das MS als gaschromatographischer Detektor ist konzentrationsabhängig [SCHOMBURG 1987].

2.7 Datenauswertung

Die Datendarstellung und -auswertung erfolgte mit Hilfe von Microsoft Office Excel 2003 und die Bildbearbeitung mit Corel Draw X4.

3 Ergebnisse

Die Pflanzung erfolgte, mit Ausnahme der drei Parzellen der Grünen Minze „Scotch" (*M. spicata* L.), am 23. Mai 2006. Bei der Grünen Minze „Scotch" kam es bei der Anzucht der Jungpflanzen zu großen Verlusten. Somit konnten diese Parzellen erst am 09. Juni 2006 nachgepflanzt werden. Bei den ersten Pflegemaßnahmen handelte es sich um die Beikrautregulierung am 22. Juni 2006. Dieser Vorgang wurde nach Bedarf mehrmals wiederholt. Nach dem letzten Rückschnitt gegen Ende September wurden die Erntegassen gefräst. Für einen gleichmäßigen, von der Basis ausgehenden und buschigen Wuchs wäre ein schneller Formschnitt notwendig gewesen, konnte aber auf Grund der klimatischen Bedingungen nicht durchgeführt werden. Durch die vorherrschende Trockenheit und Hitze hätte ein erhöhter Ausfall die Folge sein können. Beim Erscheinungsbild, der Wüchsigkeit und dem Habitus der Pflanzen in der ersten Vegetationsperiode konnten die Pfefferminzen „Multimentha" und „BP 83" (beide *M.* x *piperita* L. *f. rubescens* CAMUS) und die „Apfelminze" (*M. villosa* HUDS.) überzeugen.

Das Anbaujahr 2006 wurde für morphologische Untersuchungen, Beobachtungen und das Sammeln praktischer Erfahrungen mit den Versuchspflanzen herangezogen. Dafür wurden alle Parzellen in Vollblüte um 2/3 zurückgeschnitten, um einen schöneren Austrieb zu bekommen. Zusätzlich wurden im Rahmen einer Diplomarbeit von Frau Strein die unterschiedlichen Varietäten fotografiert und dokumentiert. Dies erfolgte am 20.09.2006. Hierfür wurden jeweils nicht ausdifferenzierte Blätter (fixiert mit dem 2. Blattpaar nach der Knospe) und ausdifferenzierte Blätter (fixiert mit dem 5. Blattpaar nach der Knospe) frisch geschnitten. In dieser Arbeit lagen die Schwerpunkte auf der Blattober- und -unterseite und die Zähnung der Blattränder der unterschiedlichen Blattstadien. Zusätzlich wurden hierfür in Kooperation mit der K-F-Uni Graz lichtmikroskopische Untersuchungen der Epidermis, Flächenschnitte der Blattoberflächen und Stängelquerschnitte durchgeführt.

Das Ernten des Blattmaterials für die Fixierung für diverse mikroskopische Untersuchungen erfolgte am 22.09.2009. Fixiert wurde das Pflanzenmaterial in 70 %igem Ethanol. Diese Methode ist sowohl für Lichtmikroskopie (LM) als auch für Rasterelektronenmikroskopie (REM) ausreichend. Die Proben wurden bis zu den Untersuchungen bei ± 5 °C dunkel gelagert.

Bei der Ernte von Frischmaterial musste beachtet werden, dass die „Japanische Ölminze" eine hohe Anfälligkeit auf den Minzrost (*Puccinia menthae* PERS.) aufweist und daher früher als die übrigen Varietäten zurückgeschnitten werden musste. Dasselbe galt für die „Apfelminze" und den Befall mit Echtem Mehltau (*Erysiphe biocellata* EHRENB.).

Das Schneiden der einzelnen Parzellen erfolgte mit Hilfe eines „Supercut", das ist ein motorbetriebenes Gerät, das speziell für die Kräuterernte konzipiert ist, oder einer Heckenschere. Bei Verwendung eines Supercut sammelt sich das geschnittene Pflanzenmaterial in einem Fangsack und wird bei dieser Methodik nur geringfügig gequetscht. Dies führt bei einer schnellen Trocknung zu einem hochqualitativen Endprodukt. Der Schnitt für die Gewinnung von ätherischen Ölen wurde im Knospenstadium nach mindestens drei Tagen Sonnenschein durchgeführt. Im Herbst erfolgte ein Winterrückschnitt, der allerdings auf Grund der unterschiedlichen Entwicklungsstadien der einzelnen Arten und Sorten nicht zur Auswertung herangezogen wurde.

Das geerntete Pflanzenmaterial wurde in der Trocknungsanlage der Versuchsstation für Spezialkulturen bei einer Temperatur von 38°C über einen Zeitraum von 40 bis 50 Stunden getrocknet. Die Trocknungsdauer ist von der Auslastung der Anlage und dem Anteil an stark feuchtigkeitshältigen Pflanzenteilen, wie z.B. grobem Stängelmaterial, abhängig. Die Lagerung des Krautes erfolgte bis zur Weiterverwendung in doppelwandigen Papiersäcken im Kräuterkeller der Versuchsstation.

In den Versuchsjahren 2007 und 2008 wurden die Krauterträge frisch und trocken ermittelt, weiters die ätherischen Öle aus dem getrockneten, grob gerebelten Kraut extrahiert und diese Öle mit Hilfe der Gaschromatographie auf ihre Einzelkomponenten untersucht. Außerdem wurden Blätter der acht Vertreter im juvenilen und adulten Entwicklungszustand für die Analyse der unterschiedlichen Behaarungstypen im Lichtmikroskop und Rasterelektronenmikroskop fixiert.

Der Winter 2006/2007 war sehr mild. Dies führte zu einer guten und vor allem frühen Entwicklung der einzelnen Arten und Sorten am Versuchsfeld, ermöglichte aber auch einen raschen Aufwuchs der Beikräuter. Vor dem ersten Schnitt Anfang Juni musste zweimalig händisch gehackt werden und zusätzlich die Erntegassen, vor allem auf Grund der starken Ausläuferbildung einzelner Varietäten, gefräst werden.

3.1 Auswahl der Arten und Sorten

Um die ausgewählten Vertreter der Gattung *Mentha* vergleichen zu können, wurde nicht nur regelmäßig die Morphologie, sondern auch die Entwicklung der Blätter in unterschiedlichen Stadien beobachtet, fotografisch dokumentiert und die Einzelblätter eingescannt. Eine vergleichende Übersicht der eingescannten Blattober- und -unterseiten sowohl von nicht ausdifferenzierten und ausdifferenzierten Entwicklungsstadien findet sich in den Abbildungen 29, 30, 31 und 32.

Abbildung 29: Blattober- (obere Zeile) und -unterseiten (untere Zeile) von nicht ausdifferenzierte Blätter Teil I (v. l. n. r.: „Medicka", „BP 83", „Japanische Ölminze" und „Pfälzer Minze")

Abbildung 30: Blattober- (obere Zeile) und -unterseite (untere Zeile) von nicht ausdifferenzierte Blätter Teil II (v. l. n. r.: „Multimentha", „Apfelminze", „Ukrainische 541" und Grüne Minze „Scotch")

Als nicht ausdifferenziertes Blattstadium wurde das zweite Blattpaar inklusive Knospe gewählt. Bereits in diesem Stadium wird deutlich, dass es große Unterschiede in der Entwicklung und dem Erscheinungsbild gibt (Abbildungen 29 und 30). Bis auf „Medicka" (*M. x piperita* L. *f. rubescens* CAMUS) und die „Apfelminze" (*M. villosa* HUDS.) weisen alle Vertreter eher schlanke, lanzettliche Blattformen auf, die sich teilweise stark durch die Gestaltung der Blattränder voneinander unterscheiden. Vor allem der Blattrand der „Ukrainischen 541" (*M. x piperita* L. *f. pallescens* CAMUS) ist stark gesägt, während die „Japanische Ölminze" (*M. arvensis* L. *var. piperascens* MALINV. ex HOLMES) und die Grüne Minze „Scotch" (*M. spicata* L.) die geringste Blattrandzähnung zeigen. Es wird an allen Pfefferminz-Varietäten (*M. x piperita* L.) eine stärker ausgeprägte Sägung der Blattränder als an den weiteren Vertretern der Gattung *Mentha* beobachtet. Die „Apfelminze" (*M. villosa* HUDS.) fällt durch stark verbreiterte Blattbasen auf.

Abbildung 31: Blattober- (obere Zeile) und -unterseiten (untere Zeile) von ausdifferenzierte Blätter Teil I (v. l. n. r.: „Medicka", „BP 83", „Japanische Ölminze" und „Pfälzer Minze")

Abbildung 32: Blattober- (obere Zeile) und -unterseiten (untere Zeile) von ausdifferenzierte Blätter Teil II (v. l. n. r.: „Multimentha", „Apfelminze", „Ukrainische 541" und Grüne Minze „Scotch")

Die Auswahl der ausdifferenzierten Blätter wurde mit dem fünften Blattpaar, ausgehend von der Knospe festgelegt (Abbildungen 31 und 32). In der vergleichenden Aufstellung kann beobachtet werden, dass lediglich die „Apfelminze" (*M. villosa* Huds.) eine stark unterschiedliche Blattform, nämlich annähernd rund und leicht zugespitzt, bei einer gleichmäßigen, mitteltiefen Zähnung des Blattes aufweist. Die größten Blätter bilden die beiden helllaubigen Pfefferminzen „Pfälzer Minze" und „Ukrainische 541" (*M. x piperita* L. f. *pallescens* CAMUS) aus, wobei die „Ukrainische 541" eine feinere Zähnung des Blattrandes besitzt. Geringe Sägung bzw. Zähnung des Blattrandes können auch an „BP 83" (*M. x piperita* L. f. *rubescens* CAMUS) und der Grünen Minze „Scotch" (*M. spicata* L.) beobachtet werden. Bei der Abbildung der „Japanischen Ölminze" (*M. arvensis* L. *var. piperascens* MALINV. ex HOLMES) fällt vor allem an der Blattunterseite die Ausbildung von Sporenlagern des Minzrostes (*Puccinia menthae* PERS.) auf (Abbildung 31).

Eine Gesamtübersicht der fotografierten Blattober- und Unterseiten nicht ausdifferenzierter Blätter findet sich in Abbildung 33, die der ausdifferenzierten Blätter in Abbildung 34.

Abbildung 33: Blattunterseiten von nicht ausdifferenzierten Blättern (1. Reihe v.l.n.r.: „Pfälzer Minze", „Japanische Ölminze", „BP 83", „Medicka"; 2. Reihe v.l.n.r.: „Multimentha", „Apfelminze", „Ukrainische 541", Grüne Minze „Scotch")

Wie auch bereits bei der Gegenüberstellung der eingescannten Blätter, werden auch hier dieselben Unterschiede und Möglichkeiten zur Differenzierung, vor allem innerhalb der einzelnen Arten, deutlich. Auffallend ist die bereits in diesem Stadium deutlich stärkere Behaarung der „Japanischen Ölminze" (*M. arvensis* L. var. *piperascens* MALINV. ex HOLMES) und der „Apfelminze" (*M. villosa* HUDS.). Das juvenile Blatt der Grünen Minze „Scotch" (*M. spicata* L.) ähnelt in der lanzettlichen Form, Färbung und Zähnung Blättern der Pfefferminze (*M. x piperita* L.), wobei die Blattunterseite eine stärkere, netzartige Ausbildung der Blattnerven und damit ein intensiveres Relief zeigt (Abbildung 33). Im nicht ausdifferenzierten Entwicklungszustand sind die Blätter von „Medicka" (*M. x piperita* L. f. *rubescens* CAMUS) breiter als jene der übrigen Pfefferminz-Sorten (Abbildung 33), jedoch ist dies an den adulten Blättern nicht mehr so deutlich erkennbar (Abbildung 34). Die Zähnung der übrigen Varietäten der Pfefferminzen unterscheidet sich nicht deutlich voneinander. Einen markant rot überlaufenen Blattrand weist die dunkellaubige Pfefferminz-Sorte „Multimentha" (*M. x piperita* L. f. *rubescens* CAMUS) auf, aber überraschenderweise auch der helllaubige Vertreter „Ukrainische 541" (*M. x piperita* L. f. *pallescens* CAMUS).

Abbildung 34: Blattoberseiten von ausdifferenzierten Blättern (1. Reihe v.l.n.r.: „Pfälzer Minze", „Japanische Ölminze", „BP 83", „Medicka"; 2. Reihe v.l.n.r.: „Multimentha", „Apfelminze", „Ukrainische 541", Grüne Minze „Scotch")

Die bei den Abbildungen der nicht ausdifferenzierten (Abbildung 33) deutlich starke Behaarung an der „Japanischen Ölminze" (*M. arvensis* L. var. *piperascens* MALINV. ex HOLMES) und der „Apfelminze (*M. villosa* HUDS.) geht an den ausdifferenzierten Blättern visuell nicht mehr hervor (Abbildung 34), wobei die Blätter der „Apfelminze" im Laufe der Anbaujahre an Behaarungsintensität verloren. An der geringen Ausprägung des Blattrandes bei „BP 83" (*M.* x *piperita* L. *f. rubescens* CAMUS) und der Grünen Minze „Scotch" (*M. spicata* L.) verändert sich auch im adulten Entwicklungsstadium nichts, während die beiden helllaubigen Pfefferminzen „Pfälzer Minze" und „Ukrainische 541" (*M.* x *piperita* L. *f. pallescens* CAMUS) einen gleichmäßigen, verhältnismäßig stark gesägten Blattrand aufweisen. Ebenfalls auffallend ist das satte, glänzende Dunkelgrün von „Multimentha" im Vergleich zu den beiden weiteren dunkellaubigen Vertretern „BP 83" und „Medicka" (alle *M.* x *piperita* L. *f. rubescens* CAMUS), die im Vergleich in ihrer Färbung matt wirken.

3.1.1 „Pfälzer Minze" (*Mentha x piperita* L. *f. pallescens* CAMUS)

Die „Pfälzer Minze" gehört zum helllaubigen Pfefferminz-Typ und ist als Sorte eingetragen. Eine Detail-Aufsicht der „Pfälzer Minze" im Bestand und eine Seitendarstellung des Bestandes zeigt Abbildung 35. Abbildung 36 enthält den Habitus der „Pfälzer Minze" bei der Pflanzung, eine Darstellung der Knospe und einen Bestand in Blüte. Blattdetails an juvenilen und adulten Blättern können an Hand der Detail-Fotografien der Blattober- und -unterseiten in unterschiedlichen Entwicklungsstadien in den Abbildungen 37 und 38 aufgezeigt werden.

2006: Das Erscheinungsbild war über die gesamte Vegetationsperiode gut, die Pflanzen wuchsen nach einem Rückschnitt gleichmäßig aus. Die Stiele waren teilweise nahe der Basis kahl und die Triebe zu Kulturbeginn nicht so stark ausgebildet wie vergleichsweise bei „Multimentha" (*M.* x *piperita* L. f. *rubescens* CAMUS) oder der „Apfelminze" (*M. villosa* HUDS.).

Abbildung 35: Aufsicht der Pfefferminze „Pfälzer Minze" im Bestand und Bestand im Mai 2008

Abbildung 36: „Pfälzer Minze" nach der Pflanzung, im Knospenstadium und in Blüte

2007: Die „Pfälzer Minze" trieb im Frühjahr schnell durch und hinterließ einen sehr gesunden Eindruck mit einem satten Grünton. Die auftretenden leicht roten Blattränder, vor allem im Knospenbereich, sind normalerweise ein Merkmal der dunkellaubigen Sorten *M.* x *piperita* L. f. *rubescens* CAMUS, kamen aber auch hier vor. Der Bestand blieb geschlossen und war sehr hoch. Die durchschnittliche Wuchshöhe betrug 86,25 cm in der ersten, 88,75 cm in der zweiten und 86 cm in der dritten Wiederholung. Gemeinsam mit der „Ukrainischen 541", ebenfalls eine helllaubige Pfefferminze-Varietät, war sie die höchste im Vergleich aller ausgewählten Arten und Sorten. An den Blättern gab es geringfügige Fraß- und Saugspuren, jedoch keine Anzeichen für Raupen oder Schnecken.

Abbildung 37: Aufsicht nicht ausdifferenziertes Blatt der „Pfälzer Minze"
(links Blattoberseite, rechts Blattunterseite)

Abbildung 38: Aufsicht ausdifferenziertes Blatt der „Pfälzer Minze"
(links Blattoberseite, rechts Blattunterseite)

2008: Der Bestand war auch im dritten Standjahr gleichmäßig und hoch. Die Pflanzen hatten eine sehr schöne und intensive Färbung. Es traten, wie auch im Kulturjahr 2007, geringfügige Fraß- bzw. Saugschäden auf, die auch weitestgehend auf die Schwarzpunktzikade (*Eupteryx atropunctata*) zurückgeführt werden konnten. Zusätzlich wurden Marienkäferlarven beobachtet (→ **3.4.3 Zusätzliche Schadbilder und „Besucher"**). Die durchschnittliche Wuchshöhe betrug in den drei Wiederholungen 69,2 cm. Bei einer Bonitur in Vollblüte im Juli 2008 begannen die Bestände in der Mitte wegzubrechen. Die Pflanzen waren im unteren Pflanzenbereich kahl, trotzdem wiesen sie nur einen geringen Anteil an gelben und braun gefleckten Blattpartien auf. Es wurden nur wenige Insekten auf diesen Parzellen beobachtet.

3.1.2 „Japanische Ölminze" (*Mentha arvensis* L. *var. piperascens* MALINV. ex HOLMES)

In den Abbildungen 39, 40, 41 und 42 sind unterschiedliche Ansichten und Aufsichten der „Japanischen Ölminze" dargestellt. Abbildung 39 zeigt eine Detail-Aufsicht und eine Seitenansicht der Parzelle. Den Habitus der Jungpflanze und eine Knospe stellt Abbildung 40 dar. Details an Blättern in unterschiedlichen Entwicklungszuständen können in den Abbildungen 41 und 42 verglichen werden.

2006: Bereits bei der Pflanzung waren die Pflanzen ungleichmäßig und vergilbten in den unteren Blattbereichen vermehrt. Anfang August konnte bereits ein Befall mit Minzrost (*Puccinia menthae* PERS.) festgestellt werden. Der hohe Befallsdruck war auch die Ursache für ein Übergreifen auf die benachbarten Parzellen der Grünen Minze „Scotch" (*M. spicata* L.). Charakteristisch dafür sind die hellgrünen, gelblichen, meist runden Flecken an den Blattoberseiten. An den Blattunterseiten kann man kreisrunde, rötlich braune Sporenlager erkennen, die als typisches Symptom für Minzrost gelten. Blätter mit besonders hohem Infektionsdruck verfärbten sich noch an den Pflanzen von den Blattspitzen ausgehend schwarz. Als einzige wirksame und biologisch auch zugelassene Pflanzenschutzvariante ist das radikale Zurückschneiden der infizierten Parzellen bekannt. Der Befall soll laut Literatur keinen Einfluss auf das Aroma der betroffenen Art haben, jedoch wird das Kraut bei der Trocknung braun bis schwarz und kann somit nicht mehr vermarktet werden. Nach dem Rückschnitt erholten sich die Pflanzen wieder, der Infektionsdruck ließ sich aber nicht gänzlich eindämmen und führte so zu einem neuerlichen Ausbruch.

Abbildung 39: Aufsicht der „Japanischen Ölminze" im Bestand und Bestand im Mai 2008

Abbildung 40: Habitus und Knospenstadium der „Japanischen Ölminze"

2007: Der Bestand war sehr uneinheitlich und die Blätter wiesen zahlreiche Fraß- und Saugspuren auf. Entgegen dem Vorjahr waren für lange Zeit keine Anzeichen des Minzrostes (*Puccinia menthae* PERS.) zu beobachten; leichte Symptome zeigten sich lediglich auf den ältesten Blättern der zweiten Wiederholung. Die durchschnittliche Höhe betrug 67,50 cm in der ersten, 54,80 cm in der zweiten und 69,50 cm in der dritten Wiederholung. Durch die Behaarung wiesen die Pflanzen ein gedämpftes Mittelgrün auf und waren vor allem im Bereich der Basis kahl und stark gelb-bräunlich verfärbt. Auf Grund des hohen Risikos eines neuerlichen Minzrost-Befalls wurden die Parzellen trotz nicht eingetretenem Knospenstadium in der dritten Juni-Woche geschnitten.

Abbildung 41: Aufsicht nicht ausdifferenzierte Blatt der „Japanischen Ölminze"
(links Blattoberseite, rechts Blattunterseite)

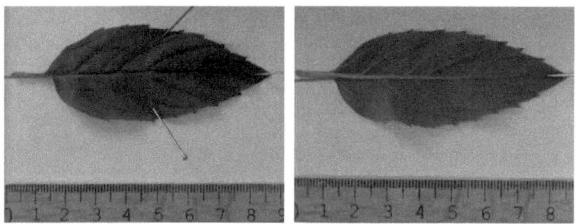

Abbildung 42: Aufsicht ausdifferenzierte Blatt der „Japanischen Ölminze"
(links Blattoberseite, rechts Blattunterseite)

2008: Der Bestand war auch im dritten Anbaujahr ungleichmäßig und wies starke Vergilbungen der Blätter in Bodennähe auf. Durchschnittlich erreichte die „Japanische Ölminze" eine Bestandeshöhe in allen drei Wiederholungen von 50,30 cm. Bei einer Bonitur im Knospenstadium Mitte Juli wiesen die Pflanzen abermals einen Befall mit Minzrost (*Puccinia menthae* PERS.) auf, weswegen die Parzelle nach der Bonitur sofort zurückgeschnitten werden musste. Die Pflanzen waren, wie auch in der bisherigen Kulturzeit, weitestgehend kahl und haben begonnen, seitlich wegzubrechen. Auf den Pflanzen dieser Parzelle konnten auch zahlreiche Insekten beobachtet werden, unter anderem Marienkäfer-Larven (→ **3.4.3 Zusätzliche Schadbilder und „Besucher"**). Auf Grund der starken Anfälligkeit auf Minzrost (*Puccinia menthae* PERS.) empfiehlt sich der Anbau in den klimatischen Breiten, in denen sich auch das Versuchsfeld befindet, nicht. In jedem der drei Versuchsjahre trat ein Befall auf.

3.1.3 „BP 83" *(Mentha x piperita* L. f. *rubescens* CAMUS*)*

„BP 83" ist ein Vertreter des dunkellaubigen Pfefferminz-Typs und stammt aus Serbien. Eine Detail-Aufsicht im Bestand und eine Seitenansicht der Parzelle sind in Abbildung 43 erkennbar. Abbildung 44 stellt den Habitus der „BP 83" bei der Pflanzung, eine Darstellung der Knospe und eine der Blüte dar. Blattdetails in unterschiedlichen Entwicklungsstadien werden in den Abbildungen 45 und 46 gezeigt.

2006: Diese Varietät wies im ersten Kulturjahr, neben der ebenfalls dunkellaubigen Pfefferminze „Multimentha" und der „Apfelminze" (*M. villosa* HUDS.), den schönsten Aufbau und ein schönes Erscheinungsbild auf. Die Wuchshöhe lag unter jener von „Multimentha", jedoch waren die Triebe sehr stark und hatten auch einen hohen Verzweigungsgrad. Die Stiele waren zum Teil auffallend rot überlaufen.

Abbildung 43: Aufsicht der Pfefferminze „BP 83" im Bestand und Bestand im Mai 2008

Abbildung 44: „BP 83" nach der Pflanzung, im Knospenstadium und in Blüte

2007: Der Bestand war einheitlich, aber während der Kulturzeit begann er in der Mitte wegzubrechen. Dadurch ergab sich eine schlechte Beerntbarkeit und eine starke Verschmutzung des Ernteguts nach Niederschlägen. Dies führte zu vermehrtem Arbeits- und Zeitaufwand. Die Sorte bestach durch ein sehr sattes Grün und hatte rot überlaufene Stängel, die für Vertreter der Spezies *M. x piperita* L. *f. rubescens* CAMUS typisch sind. „BP 83" bildete vermehrt Ausläufer, die in den benachbarten Parzellen auszuwachsen begannen. Es konnten zahlreiche Insekten beobachtet werden, aber es traten nur mäßig Fraß- und Saugspuren auf. Auch „BP 83" wies, wie die „Japanische Ölminze" (*M. arvensis* L. *var. piperascens* MALINV. ex HOLMES), einen hohen Anteil an kahlen Stängeln an der Basis auf. Die durchschnittliche Höhe betrug 88,50 cm in der ersten, 82 cm in der zweiten und 83 cm in der dritten Wiederholung.

Abbildung 45: Aufsicht auf das nicht ausdifferenzierte Blatt von „BP 83" (links Blattoberseite, rechts Blattunterseite)

Abbildung 46: Aufsicht auf das ausdifferenzierte Blatt von „BP 83" (links Blattoberseite, rechts Blattunterseite)

2008: Der Bestand war hoch, gleichmäßig und sehr gesund. Es waren Fraß- und Saugschäden und Blattverfärbungen erkennbar, zusätzlich konnten Insekten beobachtet werden (→ **3.4.3 Zusätzliche Schadbilder und „Besucher"**). Die durchschnittliche Wuchshöhe aller drei Wiederholungen betrug 61,20 cm. Die Pflanzen brachen während der Blüte zusammen.

3.1.4 „Medicka" (*Mentha x piperita* L. f. *rubescens* CAMUS)

„Medicka" gehört zum dunkellaubigen Pfefferminz-Typ und stammt ursprünglich aus der Ukraine. Abbildung 47 zeigt eine Detail-Aufsicht und eine Seitenansicht des Bestandes. Der Habitus von „Medicka" bei der Pflanzung, das Knospenstadium und die Blüte sind in Abbildung 48 dargestellt. Details von nicht ausdifferenzierten und ausdifferenzierten Blättern sind in den Abbildungen 49 und 50 vergleichbar.

2006: Das Ausgangsmaterial der Sorte war sehr ungleich. Auch diese Pfefferminze der Spezies *M. x piperita* L. f. *rubescens* CAMUS zeigte typisch rot überlaufene Stiele. In einer Parzelle konnte auch die Ausbildung von oberirdischen Wurzelausläufern beobachtet werden. Nach einem Rückschnitt blieb die Sorte niedrig, kriechend, ähnlich dem Bestand der Grünen Minze „Scotch" (*M. spicata* L.), und brach leicht seitlich weg.

Abbildung 47: Aufsicht der Pfefferminze „Medicka" im Bestand und Bestand im Mai 2008

Abbildung 48: „Medicka" nach der Pflanzung, im Knospenstadium und in Blüte

2007: „Medicka" war in der ersten Wiederholung durchschnittlich 73,30 cm, in der zweiten 81,75 cm und in der dritten 77 cm hoch und wies geringe Fraß- und Saugspuren auf. Der Bestand blieb sehr dicht und ausgeglichen. Die Pflanzen breiteten sich nicht stark über Wurzelausläufer in die umliegenden Parzellen aus, der Bestand begann aber in der Mitte wegzubrechen. Auch die Stängel dieser Sorte waren in Bodennähe vermehrt kahl.

Abbildung 49: Aufsicht auf das nicht ausdifferenzierte Blatt von „Medicka" (links Blattoberseite, rechts Blattunterseite)

Abbildung 50: Aufsicht auf das ausdifferenzierte Blatt von „Medicka" (links Blattoberseite, rechts Blattunterseite)

2008: „Medicka" winterte stark aus und erreichte nur eine geringe Wuchshöhe von durchschnittlich 28,20 cm. Die Pflanzen wiesen zwar Fraß- und Saugspuren auf, diese waren aber nicht stark ausgeprägt. Die ohnehin kleinen Pflanzen vergilbten in den Basisnahen Bereichen stark und waren vermehrt braun-fleckig. Bei einer Bonitur in Blüte handelte es sich um eine der wenigen Parzellen, deren Pflanzen nicht von der Mitte aus oder seitlich wegbrechen und war dadurch noch optimal beerntbar. Die Blätter waren sattgrün und dunkel.

3.1.5 „Multimentha" (*Mentha x piperita* L. f. *rubescens* CAMUS)

"Multimentha" zeichnet sich laut Literatur insbesondere durch hohe Gehalte an ätherischem Öl aus. Sie zählt zum dunkellaubigen Pfefferminz-Typ und ist als Sorte mit Rostresistenz eingetragen. Zu den Merkmalen zählen, wie bei allen dunkellaubigen Pfefferminzen, dunkelgrüne, große und breit eiförmige Blätter mit herzförmiger Basis. Der Blattrand ist mittelstark gesägt. Der Blütenstand ist sehr kurz und die Blüten sind violett. Die Sorte blüht spät bis sehr spät und weist eine geringe bis mittlere Stolonenbildung auf. Der Blattdrogenertrag ist hoch.

Eine Detail-Aufsicht im Bestand und eine Seitenansicht der Parzelle zeigt Abbildung 51. Abbildung 52 stellt den Habitus von „Multimentha" bei der Pflanzung, eine Knospe und einen Bestand in Blüte dar. Blattdetails in unterschiedlichen Entwicklungsstadien der Pflanzen sind in den Abbildungen 53 und 54 aufgelistet.

2006: „Multimentha" zeigte hinsichtlich Wuchshöhe, Wuchsstärke und Wuchsform die schönste Entwicklung. Es bildeten sich viele starke Ausläufer und die Pflanzen verzweigten sich üppig. Die Stiele und Blattränder waren auch bei diesem Vertreter typisch rot überlaufen. Nach einem Rückschnitt blieb der Bestand niedrig und die Blätter der Pflanzen verhältnismäßig klein.

Abbildung 51: Aufsicht der Pfefferminze „Multimentha" im Bestand und Bestand im Mai 2008

Abbildung 52: „Multimentha" nach der Pflanzung, im Knospenstadium und in Blüte

2007: „Multimentha" wies einen sehr gleichmäßigen, aber auch niedrigeren Bestand als im ersten Standjahr auf. Die durchschnittliche Wuchshöhe betrug 49,30 cm in der ersten, 48,75 cm in der zweiten und 42,75 cm in der dritten Wiederholung. Die Sorte hatte ein sattes Dunkelgrün, auffallend rot überlaufene Stängel und intensiv rote Blattränder. „Multimentha" zählte, gemeinsam mit „Medicka" (*M. x piperita* L. *f. rubescens* CAMUS) und der Grünen Minze „Scotch" (*M. spicata* L.), zu jenen Vertretern, die am wenigsten durch Fraß- und Saugstellen beschädigt waren. Das für das einheitliche Beernten der Arten und Sorten festgelegte Knospenstadium wurde erst vier Wochen nach dem ersten Schnitt der Grünen Minze „Scotch" erreicht.

Abbildung 53: Aufsicht auf das nicht ausdifferenzierte Blatt von „Multimentha" (links Blattoberseite, rechts Blattunterseite)

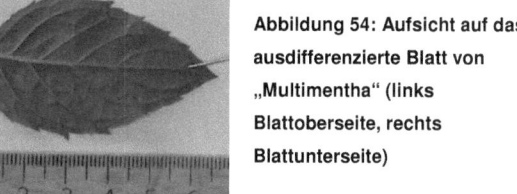

Abbildung 54: Aufsicht auf das ausdifferenzierte Blatt von „Multimentha" (links Blattoberseite, rechts Blattunterseite)

2008: Der Bestand war ähnlich den vorangegangenen Versuchjahren niedrig und ungleichmäßig. Die Blätter waren mäßig groß, dunkelgrün und mehr oder weniger intensiv an den Blatträndern und am Stängel rot überlaufen. Es wurden wiederum nur geringe Fraß- und Saugspuren beobachtet. Bereits vor dem Knospenstadium vergilbten die Blätter in den unteren Pflanzenbereichen. Die durchschnittliche Wuchshöhe betrug 55,20 cm. Bei einer Bonitur in Blüte wurde auch in dieser ohnehin niedrigen Sorte ein Wegbrechen der Triebe beobachtet. Die Einzeltriebe waren zum größten Teil kahl, wodurch nur wenig Ertrag erwirtschaftet werden konnte.

3.1.6 „Apfelminze" (*Mentha villosa* HUDS.)

Abbildung 55 zeigt eine Detail-Aufsicht im Bestand der „Apfelminze" und eine Seitenansicht der Parzelle. Abbildung 56 stellt den Habitus der „Apfelminze" bei der Pflanzung, ein Knospenstadium und einen Bestand in Blüte dar. Details an nicht ausdifferenzierten und ausdifferenzierten Blättern können an Hand der Detail-Fotografien der Blattober- und -unterseite in Abbildung 57 und 58 verglichen werden.

2006: Bei der Kultur der „Apfelminze" fiel auf, dass sie sehr schnell in Blüte geht. Bereits bei den ersten Kulturarbeiten hatten die Pflanzen dieser Parzellen Knospen. Die „Apfelminze" zeigte einen hohen Verzweigungsgrad, jedoch entwickelten sich die Parzellen ungleich. Auffallend war auch bereits Anfang August der Befall mit Echtem Mehltau (*Erysiphe biocellata* EHRENB.), der mit Netzschwefel behandelt werden musste. Die Behandlung wurde durch die anhaltenden Niederschläge jedoch verzögert und führte zu einem intensiven Befallsdruck.

Abbildung 55: Aufsicht der „Apfelminze" im Bestand und Bestand im Mai 2008

Abbildung 56: „Apfelminze" nach der Pflanzung, im Knospenstadium und in Blüte

2007: Der Bestand der „Apfelminze" war gleichmäßig, dicht und geschlossen und wies verhältnismäßig wenig Fraß- und Saugspuren auf, es konnten aber Schleimrückstände von Schnecken beobachtet werden. Die Pflanzen bildeten wenige Ausläufer, weswegen die Parzelle sehr homogen blieb und sich nicht in die umliegenden Parzellen ausbreitete. Die Pflanzen waren sehr stark behaart und erlangten durch die weißfilzige Blattoberfläche ein mattes, gräuliches Grün. Die durchschnittliche Höhe betrug in der ersten Wiederholung 63,30 cm, in der zweiten 63,25 cm und in der dritten 81 cm.

Abbildung 57: Aufsicht auf das nicht ausdifferenzierte Blatt der „Apfelminze" (links Blattoberseite, rechts Blattunterseite)

Abbildung 58: Aufsicht auf das ausdifferenzierte Blatt der „Apfelminze" (links Blattoberseite, rechts Blattunterseite)

2008: Der Bestand wurde im Laufe der Kulturdauer ungleichmäßig. Besonders auffallend war, dass die Blätter ein satteres Grün als in den vorangegangenen Kulturjahren aufwiesen; diese Veränderung in der Färbung kann in der Reduktion der Oberflächenbehaarung begründet sein, die auch visuell erkennbar war. Die Pflanzen wiesen viele Saugschäden und Fraßlöcher, unter anderem von Schnecken, auf. Es wurde eine durchschnittliche Wuchshöhe von 69,80 cm erreicht. Bei einer Bonitur in Vollblüte war der Bestand hoch, lediglich Einzeltriebe mit schweren Blüten neigten sich zur Seite. Durch die starken Triebe fiel ein hoher Stängelanteil an, der sich auch bei der Trocknung des Krautes nachteilig auswirkte. Außerdem war der Anteil an Blättern zweiter Qualität, z.B. durch Vergilbungen, hoch. Die Pflanzen wiesen wieder einen starken Befall mit Echtem Mehltau (*Erysiphe biocellata* EHRENB.) auf, weswegen keine gute Qualität mehr erzielt werden konnte.

3.1.7 „Ukrainische 541" (*Mentha x piperita* L. *f. pallescens* CAMUS)

Die „Ukrainische 541" gehört zum helllaubigen Pfefferminz-Typ und stammt ursprünglich aus der Ukraine. Sie kam aus Korneuburg in das Referat für Spezialkulturen nach Wies. Eine Detail-Aufsicht der „Ukrainische 541" und eine Seitenansicht des Bestandes sind in Abbildung 59 erkennbar. Abbildung 60 zeigt den Habitus der „Ukrainischen 541" bei der Pflanzung, eine Knospe und einen Bestand in Blüte. Blattdetails in unterschiedlichen Entwicklungsstadien sind in Form von Blatt-Fotografien in den Abbildungen 61 und 62 dargestellt.

2006: Die Entwicklung der „Ukrainischen 541" ließ sich mit jener der „Japanischen Ölminze" (*M. arvensis* L. var. *piperascens* MALINV. ex HOLMES) vergleichen. Die älteren Blätter vergilbten stark. Die Parzellen waren gleichmäßig und es traten, ähnlich wie bei der dunkellaubigen Pfefferminze-Varietät „Medicka" (*M. x piperita* L. *f. rubescens* CAMUS), oberirdische Ausläufer auf.

Abbildung 59: Aufsicht der Pfefferminze „Ukrainische 541" im Bestand und Bestand im Mai 2008

Abbildung 60: „Ukrainische 541" nach der Pflanzung, im Knospenstadium und in Blüte

2007: Die „Ukrainische 541" war mit einer durchschnittlichen Wuchshöhe von 92 cm in der ersten Wiederholung, 98 cm in der zweiten und 98,25 cm in der dritten die höchste der acht ausgewählten Vertreter. Trotz der genannten Wuchshöhe brachen die Pflanzen im Bestand nicht weg. Die Pflanzen waren mittelgrün, der Bestand war sehr dicht, gleichmäßig und zeigte unterschiedlich stark ausgeprägte Fraß- und Saugspuren: während in der ersten Wiederholung nur wenig Schäden beobachtet wurden, wiesen die Pflanzen der zweiten und dritten Wiederholung starke Schädigungen auf. Zusätzlich wuchsen Wurzelausläufer vermehrt in die Nachbarparzellen ein. Die „Ukrainische 541" erlangte nach der Grünen Minze „Scotch" (*M. spicata* L.) als zweiter Vertreter das erwünschte Erntestadium.

Abbildung 61: Aufsicht auf das nicht ausdifferenzierte Blatt der Pfefferminze „Ukrainische 541" (links Blattoberseite, rechts Blattunterseite)

Abbildung 62: Aufsicht auf das ausdifferenzierte Blatt der Pfefferminze „Ukrainische 541" (links Blattoberseite, rechts Blattunterseite)

2008: Der Bestand der „Ukrainischen 541" war sehr homogen. Die Blätter hatten eine intensive, helle Grünfärbung. Es gab nur wenige Fraß- und Saugschäden. Die durchschnittliche Wuchshöhe betrug 63,30 cm. Bei einer Bonitur in Vollblüte war der Bestand hoch und brach auch nicht zur Seite. Die Triebe waren allerdings etwa bis zur Hälfte kahl. Dies führte wiederum zu starken Ertragseinbußen. Außerdem vergilbten die Blätter stark.

3.1.8 Grüne Minze „Scotch" (*Mentha spicata* L.)

Die Blätter der Grünen Minze „Scotch" sind hell- bis mittelgrün, schmal eiförmig und weisen einen stark gesägten Blattrand auf (Abbildungen 65 und 66). Die Blütenfarbe ist weiß bis hellrosa und die Einzelblüten sitzen an einem mittellangen Blütenstand. Der Blühbeginn ist mittelfrüh. Die Sorte weist eine sehr starke Stolonenbildung auf. Der Blattdrogenertrag ist hoch bis sehr hoch und auch der Gehalt an ätherischem Öl ist hoch. Die Hauptkomponenten des Öles sind Menthol, Menthon und Menthylacetat.

Eine Detail-Aufsicht der „Scotch" und eine Seitenansicht des Bestandes sind in Abbildung 63 dargestellt. Abbildung 64 zeigt den Habitus und einen Bestand in Blüte. Blattdetails an nicht ausdifferenzierten und ausdifferenzierten Blättern können in den Abbildungen 65 und 66 verglichen werden.

2006: Auf Grund von Problemen bei der Jungpflanzenproduktion konnten die Pflanzen nicht gleichzeitig mit den anderen Parzellen gepflanzt werden und waren somit auch im ersten Kulturjahr nicht direkt mit den übrigen Vertretern vergleichbar. Die Pflanzen waren sehr zart, zeigten aber einen hohen Verzweigungsgrad. Der Bestand der Grünen Minze „Scotch" entwickelte sich nach dem Rückschnitt ähnlich dem von „Medicka" (*M. x piperita* L. *f. rubescens* CAMUS). Die Pflanzen knickten leicht seitlich weg und blieben niedrig und kriechend.

Abbildung 63: Aufsicht der Grünen Minze „Scotch" im Bestand und Bestand im Mai 2008

Abbildung 64: Grüne Minze „Scotch" nach der Pflanzung und in Blüte

2007: Bei der Grünen Minze „Scotch" handelte es sich um eine der wenigen Parzellen, in denen keine Fraß- und Saugspuren ersichtlich waren. Weiters fanden sich weder Anzeichen des Echten Mehltau (*Erysiphe biocellata* EHRENB.), noch des Minzrostes (*Puccinia menthae* PERS.), der die Parzellen im Jahr 2006 nach einem starken Befall der Nachbarparzellen der „Japanischen Ölminze" (*M. arvensis* L. *var. piperascens* MALINV. ex HOLMES) befallen hat. Die Blätter der Grünen Minze „Scotch" waren klein, hatten aber ein intensives hell- bis mittelgrün. Die Sorte erreichte eine durchschnittliche Wuchshöhe von

81 cm in der ersten, 82,50 cm in der zweiten und 87,25 cm in der dritten Wiederholung. Die Pflanzen begannen auf Grund ihrer beachtlichen Höhen und trotz zartem Wuchs im Knospenstadium in der Parzellenmitte wegzubrechen. Die Grüne Minze „Scotch" konnte während der gesamten Kulturdauer als erste der acht ausgewählten Vertreter beerntet werden.

Abbildung 65: Aufsicht auf das nicht ausdifferenzierte Blatt der Grünen Minze „Scotch" (links Blattoberseite, rechts Blattunterseite)

Abbildung 66: Aufsicht auf das ausdifferenzierte Blatt der Grünen Minze „Scotch" (links Blattoberseite, rechts Blattunterseite)

2008: Der Bestand war unregelmäßig, wobei in den drei Wiederholungen nur mehr eine Wuchshöhe von 42,75 cm erreicht wurde. Es waren nur wenig Fraß- und Saugspuren zu erkennen. Bei einer Bonitur in Vollblüte wurden vermehrt gelbliche Verfärbungen an den Blättern festgestellt. Die Triebe waren in Bodennähe bis zu einem Drittel kahl. Außerdem lief ein Minzrost-Befall (*Puccinia menthae* PERS.) an der „Japanischen Ölminze" rasch auf die Parzellen der Grünen Minze „Scotch" über. Obwohl der Bestand seitlich wegbrach, wirkten die Parzellen dennoch optisch gut.

3.3 Mikroskopie

Die mikroskopischen Analysen dienen der Identifizierung der unterschiedlichen Behaarungstypen und der oberflächlichen, visuellen Beurteilung der Behaarungsintensität. Zusätzlich wird auf Anzeichen von Schadorganismen geachtet. Es wurde zur Klärung dieser Aufgabenstellung mit einem Rasterelektronen- und einem Lichtmikroskop gearbeitet.

3.3.1 Rasterelektronenmikroskop (REM)

Nicht nur phänotypische Merkmale wie z.B. der Blattrand, sondern auch die divers gestaltete Blattoberfläche, insbesondere die Trichomtypen und Behaarungsintensität, ist ein wichtiges Kriterium für die Analyse verschiedener Arten und Sorten der Gattung *Mentha*.

Um eine Aussage darüber treffen zu können, ob sich die Quantität der Trichome nicht nur zwischen den einzelnen Arten und Sorten, sondern auch bei nicht ausdifferenzierten und ausdifferenzierten Blättern unterscheidet, wird fixiertes Blattmaterial mit Hilfe eines Rasterelektronenmikroskops (REM) untersucht.

3.3.1.1 Beschreibung der auftretenden Behaarungstypen

Trichome treten in verschiedenen Formen auf und erfüllen auch unterschiedliche Aufgaben. So unterscheidet MORCK 1978 zwischen Gliederhaaren und Drüsenhaaren. Gliederhaare sind lang, einreihig, bis acht- und mehrzellig, spitz und dünnwandig mit körniger Cuticula. Drüsenhaare sind zwei- bis dreizellig und besitzen eine mehr oder weniger kugelige Endzelle [MORCK 1978]. Bei den licht- und rasterelektronenmikroskopischen Untersuchungen können Borstenhaare, Drüsenschuppen und Drüsenhaare unterschieden werden.

Borstenhaare sind, wie von MORCK 1978 beschrieben, mehrzellige Trichome, deren Cuticula teils körnig, teils glatt erscheint. Borstenhaare treten in allen Entwicklungsstadien auf und kommen in allen untersuchten Arten und Sorten in unterschiedlicher Intensität vor. Die Länge der Haare variiert je nach Entwicklungsstadium und erreicht bis zu 250 µm und mehr. Als Besonderheit treten in einer Art, der „Apfelminze" (*M. villosa* HUDS.), verzweigte Formen dieses Haartyps auf.

Zwei Typen von Öldrüsen können laut unterschiedlichen Quellen [KHANUJA & al. 1999, MAFFEI & al. 1986, MAFFEI & MUCCIARELLI 2003, Morck 1978] unterschieden werden: so genannte peltate und capitate Trichome. Als peltate bezeichnet man Drüsenschuppen, als capitate Drüsenhaare. Bei beiden Typen handelt es sich um aus Epidermiszellen hervorgegangene Trichome, in denen das ätherische Öl zwischen Cuticularschicht und Zellwand gespeichert wird.

Drüsenschuppen sind acht- bzw. mehrzellig. Sie sind größer als Drüsenhaare und für den Großteil der Ölproduktion in Pfefferminzen verantwortlich [MAFFEI & MUCCIARELLI 2003]. Der Durchmesser beträgt 0,1 mm [BOLLI 2003], wobei in der vorliegenden Arbeit der Durchmesser durchschnittlich zwischen 50 und 60 µm liegt.

Drüsenhaare setzen sich aus zwei bis drei Zellen zusammen und weisen endständig eine mehr oder weniger runde Köpfchenzelle auf, in der ätherisches Öl gespeichert wird. Die Länge der Drüsenhaare beträgt, je nach Entwicklungsstadium und Form, ungefähr 30 µm.

Öldrüsen treten sowohl abaxial, als auch adaxial auf. In ihnen findet nicht nur die Akkumulierung, sondern auch die Biosynthese des ätherischen Öles statt. Die Anzahl der Öldrüsen ist zwischen Arten und Sorten unterschiedlich. Es soll allerdings ein direkter Zusammenhang zwischen der Anzahl der Drüsenhaare und der Ölproduktion bestehen.

3.3.1.2 Übersichten der Oberflächen von nicht ausdifferenzierten und ausdifferenzierten Blättern

Für die Betrachtung im REM wurden die Proben Kritisch-Punkt-getrocknet (siehe Kapitel Material & Methoden **2.3.1 Rasterelektronenmikroskopie**). Als Begründung zur Anwendung dieser Methodik wurde zum Vergleich auch luftgetrocknetes Material besputtert und ausgewertet (Abbildung 67). Die Oberflächen der Blätter werden bei einer herkömmlichen Luft-Trocknung bei 38°C „gefaltet" und somit für die Analyse im REM zerstört.

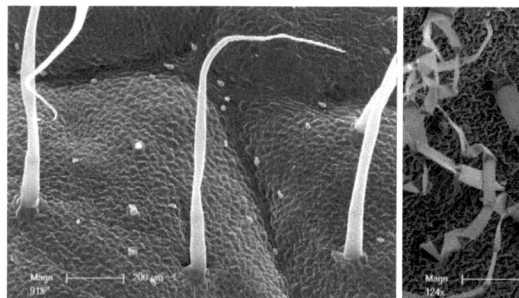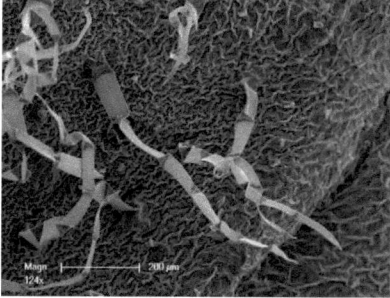

Abbildung 67: Vergleich eines Kritisch-Punkt-getrocknetem Präparates (linkes Bild) und einem luftgetrocknetem Präparat (rechtes Bild) („Apfelminze", Oberseite eines ausdifferenzierten Blattes)

In den Abbildungen 68, 69, 70 und 71 sind Übersichten der Blattoberflächen an den Ober- und Unterseiten der nicht ausdifferenzierten und ausdifferenzierten Blätter dargestellt. Dominierend waren sitzende Drüsenschuppen und Drüsenhaare, die beide der Synthese und Speicherung von ätherischem Öl dienen. Zusätzlich auffallend waren vermehrt Borsten- oder Gliederhaare. Alle auftretenden Trichom-Typen sind in **3.3.1.1 Beschreibung der auftretenden Behaarungstypen** näher beschrieben.

Im Vergleich der Aufnahmen der <u>Oberseiten von nicht ausdifferenzierten Blättern</u> (Abbildung 68) besaß die „Ukrainische 541" (*M. x piperita* L. *f. pallescens* CAMUS) eine hohe Anzahl an Drüsenschuppen und Drüsenhaaren (Abbildung 68 g), die meist ein- bis dreizellig waren und ein annähernd rundes Drüsenköpfchen besaßen. Markant war auch das vermehrte Auftreten von Borstenhaaren, die nicht der Ölspeicherung, sondern vorwiegend dem Schutz des Blattes dienen. Diese traten vor allem bei der „Japanischen Ölminze" (*M. arvensis* L. *var. piperascens* MALINV. ex HOLMES) (Abbildung 68 b) und „Apfelminze" (*M. villosa* HUDS.) (Abbildung 68 f) auf. Die übrigen Blattoberseiten waren einander in ihrer Struktur, den auftretenden Behaarungstypen und Behaarungsintensitäten ähnlich (Abbildungen 68 a, c, d, e und h).

Auf den <u>Unterseiten der nicht ausdifferenzierten Blätter</u> (Abbildung 69) kamen bei fast allen Arten und Sorten in unterschiedliche Anzahl Borstenhaare vor. Die höchste Anzahl war wieder in den Übersichtsbildern der „Japanischen Ölminze" (*M. arvensis* L. *var. piperascens* MALINV. ex HOLMES) (Abbildung 69 b) und der „Apfelminze" (*M. villosa* HUDS.) (Abbildung 69 f) zu beobachten, während diese bei „Medicka" (Abbildung 69 d) nur vereinzelt und bei „Multimentha" (beide *M. x piperita* L. *f. rubescens* CAMUS) (Abbildung 69 e) gar nicht vorkamen.

Drüsenschuppen und Drüsenhaare befanden sich vermehrt an den Oberflächen der „Pfälzer Minze" (*M. x piperita* L. *f. pallescens* CAMUS) (Abbildung 69 a), „Japanischen Ölminze" (Abbildung 69 b), „BP 83" (Abbildung 69 c) und „Multimentha" (beide *M. x piperita* L. *f. rubescens* CAMUS) (Abbildung 69 e).

Die <u>Oberflächen der ausdifferenzierten Blätter</u> wiesen nicht so große Unterschiede auf, wie die der nicht ausdifferenzierten Blätter. Auf den Oberseiten waren wiederum bei der „Japanischen Ölminze" (*M. arvensis* L. *var. piperascens* MALINV. ex HOLMES) (Abbildung 70 b) und der „Apfelminze" (*M. villosa* HUDS.) (Abbildung 70 f) eine große Zahl an Borstenhaaren erkennbar. Auf einer Übersicht der „Japanischen Ölminze" waren zusätzlich Hyphen eines pilzlichen Krankheitserregers erkennbar (Abbildung 109).

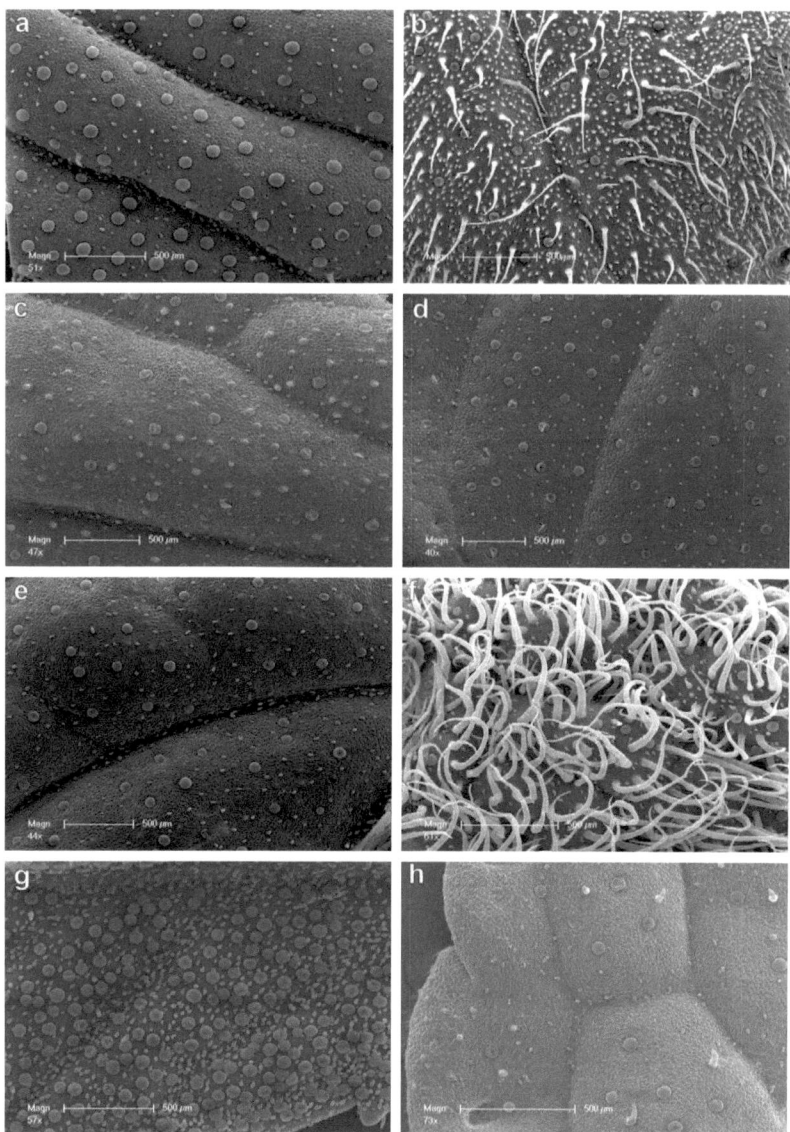

Abbildung 68: Übersicht über die Blattoberseiten von nicht ausdifferenzierten Blättern (a: „Pfälzer Minze", b: „Japanische Ölminze", c: „BP 83", d: „Medicka", e: „Multimentha", f: „Apfelminze", g: „Ukrainische 541", h: Grüne Minze „Scotch")

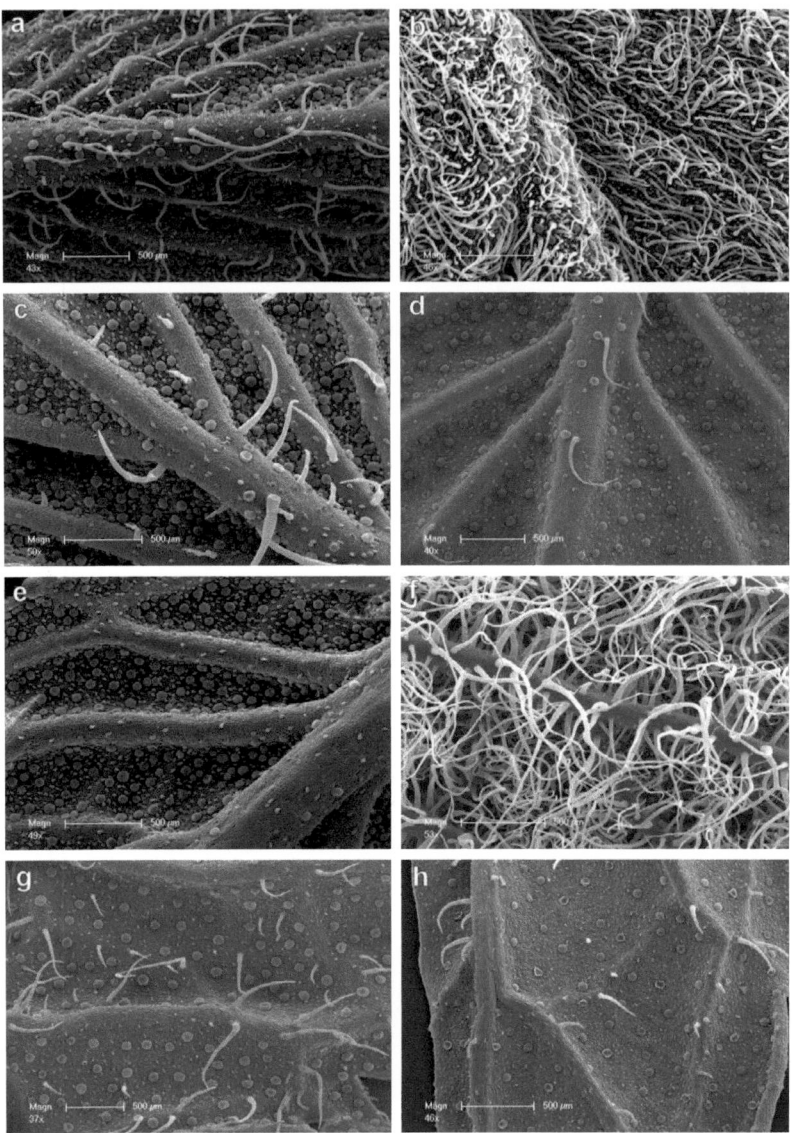

Abbildung 69: Übersicht über die Blattunterseiten von nicht ausdifferenzierten Blättern (a: „Pfälzer Minze", b: „Japanische Ölminze", c: „BP 83", d: „Medicka", e: „Multimentha", f: „Apfelminze", g: „Ukrainische 541", h: Grüne Minze „Scotch")

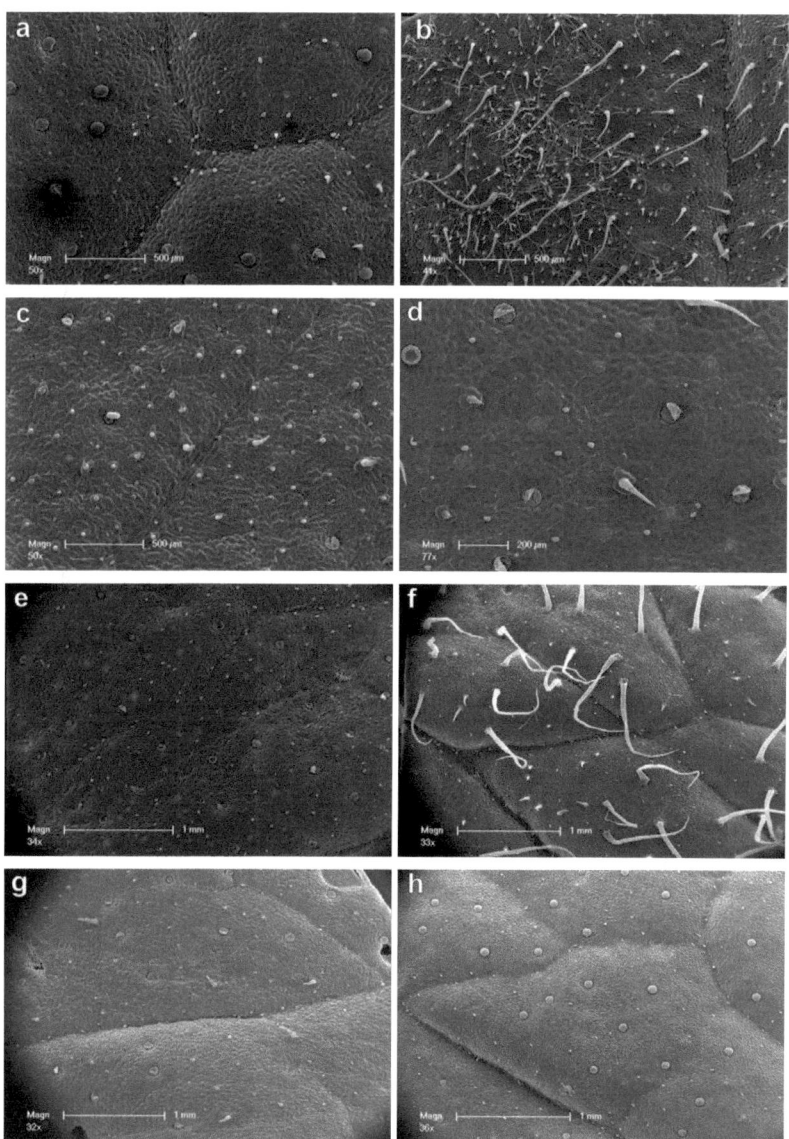

Abbildung 70: Übersicht über die Blattoberseiten von ausdifferenzierten Blättern (a: „Pfälzer Minze", b: „Japanische Ölminze", c: „BP 83", d: „Medicka", e: „Multimentha", f: „Apfelminze", g: „Ukrainische 541", h: Grüne Minze „Scotch")

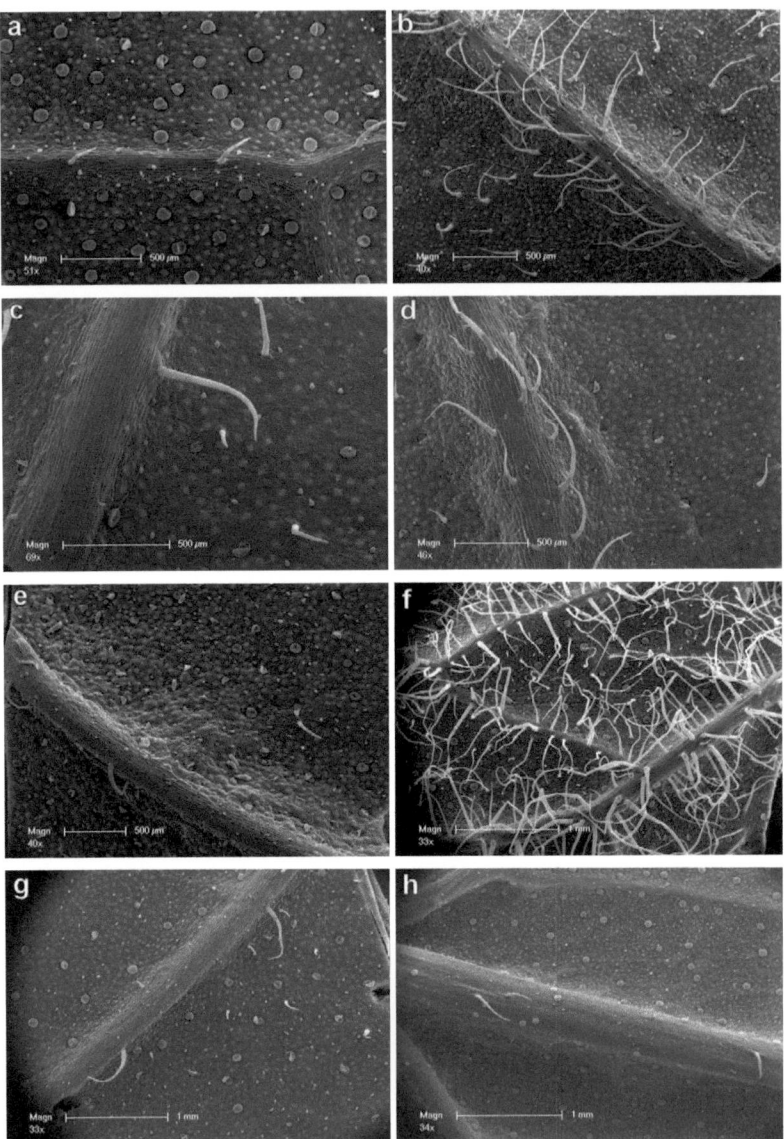

Abbildung 71: Übersicht über die Blattunterseiten von ausdifferenzierten Blättern (a: „Pfälzer Minze", b: „Japanische Ölminze", c: „BP 83", d: „Medicka", e: „Multimentha", f: „Apfelminze", g: „Ukrainische 541", h: Grüne Minze „Scotch")

Auch auf den Unterseiten der ausdifferenzierten Blätter wurden alle drei Typen von Trichomen in unterschiedlicher Anzahl beobachtet. Borstenhaare traten hier in allen Varietäten hauptsächlich entlang der Blattnerven auf. Die beiden Arten, in denen Borstenhaare auch in größerer Anzahl auf den Blattflächen vorkommen, waren, wie auch bereits in den Abbildungen 68, 69 und 70 ersichtlich, die „Japanische Ölminze" (Abbildung 70 b) und die „Apfelminze" (Abbildung 70 f).

3.3.1.3 Behaarung an nicht ausdifferenzierten Blattoberflächen

In Abbildung 72 ist die Entwicklung eines Borstenhaares in unterschiedlichen Stadien dargestellt, wobei das erste Stadium durch das Abheben von der Epidermiszelle (Abbildung 72 a) gekennzeichnet ist. Diesem folgen verschiedene Stadien des Streckungswachstums (Abbildungen 72 b, c und d) und zum Teil auch die Teilung zu mehrzelligen Borstenhaaren (Abbildung 72 e). Borstenhaare in unterschiedlichen Stadien zeigt auch Abbildung 72 f, wobei ausdifferenzierte, mehrzellige Haare leider nicht vollständig dargestellt werden konnten.

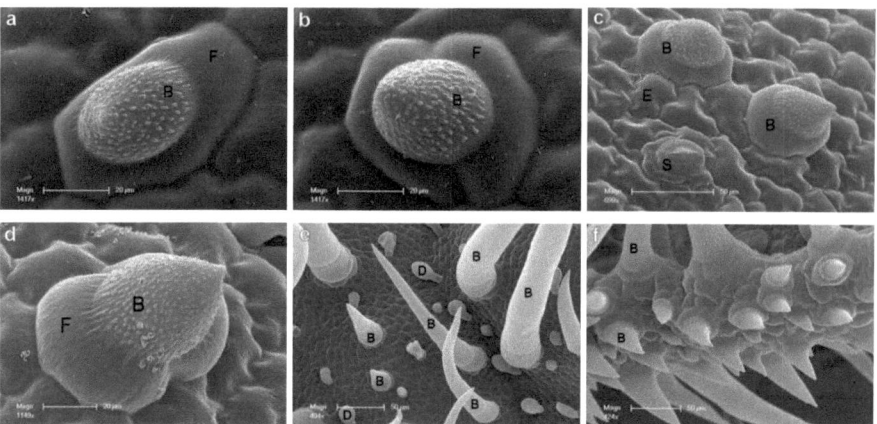

Abbildung 72: Entwicklung von Borstenhaaren an nicht ausdifferenzierten Blättern (a: Bildung eines Borstenhaares (B) aus der Fußzelle (F) an „Multimentha"; b: Borstenhaar (B) aus Fußzelle (F) mit leichtem Streckungswachstum an „Multimentha"; c: zwei nicht ausdifferenzierte Borstenhaare (B) und eine Spaltöffnung (S) der „BP 83", zusätzlich: Epidermiszellen (E); d: Borstenhaar (B) mit Fußzelle (F) bei „BP 83"; e: Borstenhaare (B) in unterschiedlichen Entwicklungsstadien und Drüsenhaare (D) auf der „Apfelminze"; f: Borstenhaare (B) in unterschiedlichen Entwicklungsstadien mit verstärkter Cuticula an der „Apfelminze")

OBERSEITE

Drüsenschuppen treten als Synthese- und Speicherorte ätherischer Öle in allen untersuchten Arten und Sorten auf. Sie scheinen sitzend und meist stark turgeszent (Abbildungen 73 a und c), in anderen Entwicklungsstadien kann man die Zellen, aus denen sie bestehen, erkennen (Abbildung 73 b). An den Begrenzungen der Drüsenschuppen können sich unter anderem Sporen des Minzrostes (*Puccinia menthae* PERS.) gut verankern (Abbildung 73 d).

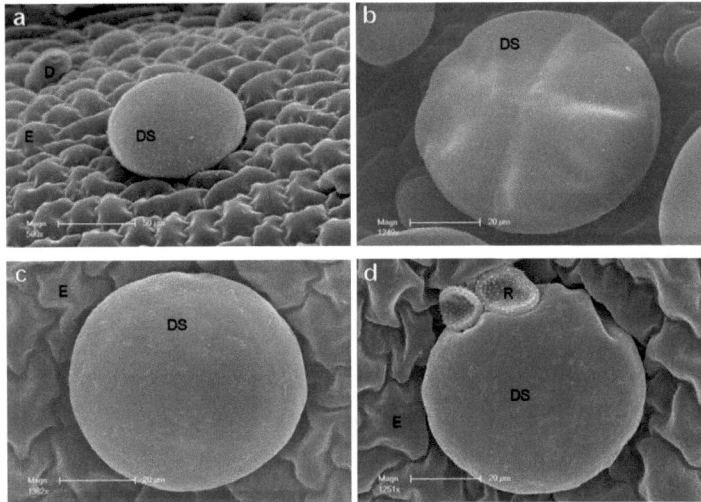

Abbildung 73: Drüsenschuppen (DS) (a: Drüsenschuppe und Epidermiszellen (E) der „Pfälzer Minze", im Hintergrund ein Drüsenhaar (D); b: Aufbau einer Drüsenschuppe aus acht sekretorischen Zellen erkennbar an der „Ukrainischen 541"; c: Drüsenschuppe und Epidermiszellen (E) der Grünen Minze „Scotch"; d: Drüsenschuppe und Epidermiszellen (E) der Grünen Minze „Scotch" mit Sporen (R) des Minzrostes (*Puccinia menthae* PERS.))

Auch Drüsenhaare kamen in allen Varietäten vor (Abbildung 74). Sie bestehen meist aus zwei bis drei Zellen und einem mehr oder weniger runden Drüsenköpfchen, in dem ebenfalls ätherisches Öl synthetisiert und akkumuliert wird.

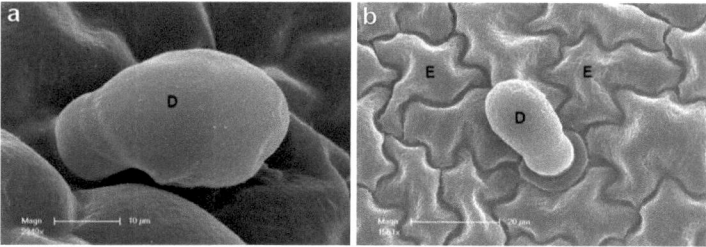

Abbildung 74: Drüsenhaare (D) (a: „BP 83"; b: Drüsenhaar und Epidermiszellen (E) der Grünen Minze „Scotch")

Ein weiterer Typus und vor allem in den Arten „Japanische Ölminze" (*M. arvensis* L. var. *piperascens* MALINV. ex HOLMES) und „Apfelminze" (*M. villosa* HUDS.) verstärkt auftretend sind Borstenhaare. Diese setzen sich, je nach Entwicklungsstadium aus einer unterschiedlichen Anzahl an Zellen zusammen (Abbildung 75). Bei der „Apfelminze" traten auch verzweigte Borstenhaare auf, die bei den übrigen Arten und Sorten nicht beobachtet werden konnten. Diese sind an dieser Stelle nicht dargestellt.

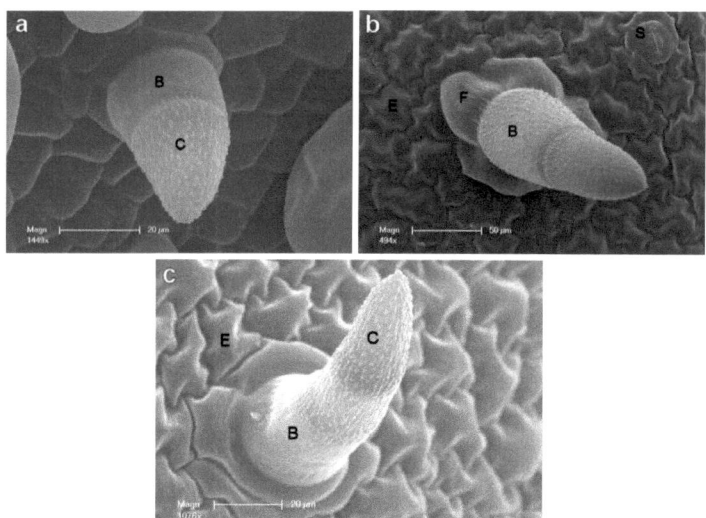

Abbildung 75: Borstenhaare (B) in unterschiedlichen Entwicklungsstadien (a: zweizelliges Borstenhaar mit verstärkter Cuticula (C) bei „BP 83"; b: zweizelliges Borstenhaar mit ausgeprägter Fußzelle (F) im Streckungswachstum an der „Ukrainischen 541", zusätzlich: Epidermiszellen (E) und Spaltöffnung (S); c: dreizelliges Borstenhaar mit verstärkter Cuticula (C) an der Grünen Minze „Scotch", zusätzlich: Epidermiszellen (E))

UNTERSEITE

Auf der Blattunterseite der nicht ausdifferenzierten Blätter befanden sich die gleichen Behaarungstypen, die auch auf der Blattoberseite beschrieben wurden. Beispiele der jeweiligen Vertreter finden sich in den Abbildungen 76, 77 und 78.

Drüsenschuppen traten in unterschiedlichen Entwicklungsstadien auf. Im ausdifferenzierten Stadium sind die Schuppen turgeszent (Abbildung 76 a) und es lassen sich teilweise die Einzelzellen erkennen (Abbildungen 76 b und d). An der Oberfläche können sich an den Drüsenschuppen leicht Rostsporen (*Puccinia menthae* PERS.) und andere Schaderreger anlagern (Abbildung 76 c). Ältere Drüsenschuppen erscheinen nicht mehr turgeszent und fallen zusammen (Abbildung 76 d).

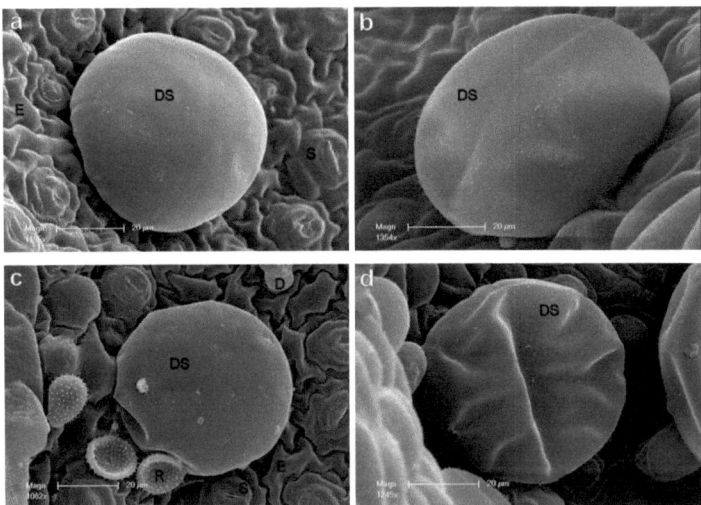

Abbildung 76: Drüsenschuppen (DS) an Blattunterseiten (a: DS der Grünen Minze „Scotch", zusätzlich: Spaltöffnungen (S) und Epidermiszellen (E); b: „Medicka"; c: DS mit Minzrost-Sporen (R) (*Puccinia menthae* PERS.), zusätzlich: Spaltöffnungen (S), Epidermis (E) und Drüsenhaar (D); d: nicht mehr turgeszente DS von „BP 83")

Drüsenhaare wurden an allen Unterseiten der nicht ausdifferenzierten Blätter beobachtet und wiesen auch ein ähnliches Erscheinungsbild auf. Je nach Platzangebot oder äußere Einflüsse können Drüsenhaare auch in gebogener Form auftreten (Abbildung 77 b). Die Drüsenhaare bestehen aus einer Fußzelle, einer Stielzelle und einem Drüsenköpfchen (Abbildungen 77 b, c und d), wobei dieses mehr oder weniger rund ist (Abbildung 77).

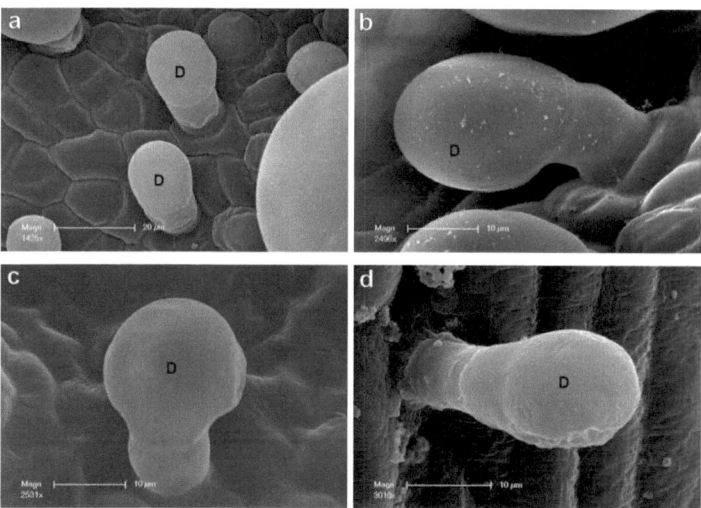

Abbildung 77: Drüsenhaare (D) an Blattunterseiten (a: zwei Drüsenhaare an „BP 83", b: gebogenes Drüsenhaar an „Multimentha", c: „Ukrainische 541", d: Grüne Minze „Scotch")

Es treten an den Unterseiten von nicht ausdifferenzierten Blättern in allen Varietäten Borstenhaare auf. Die „Apfelminze" (*M. villosa* HUDS.) stellt die einzige der untersuchten Arten und Sorten dar, in der sich die mehrzelligen Borstenhaare auch verzweigen (Abbildung 78 e). Die Oberflächen der beobachteten Borstenhaare erscheinen einerseits glatt (Abbildungen 78 a und c), können aber auch eine verstärkte Cuticula aufweisen (Abbildungen 78 b und d). Beim Vergleich der beiden Abbildungen 78 e und f ist auch die Häufigkeit der Borstenhaare an der „Apfelminze" im direkten Vergleich zur „Pfälzer Minze" (*M. x piperita* L. f. *pallescens* CAMUS) erkennbar. Während sich die Borstenhaare bei der „Pfälzer Minze" entlang des Mittelnervs befinden, ist die gesamte Oberfläche der „Apfelminze" nicht nur durch das Auftreten von längeren und stärkeren Haaren, sondern auch durch den starken Verzweigungsgrad bedeckt.

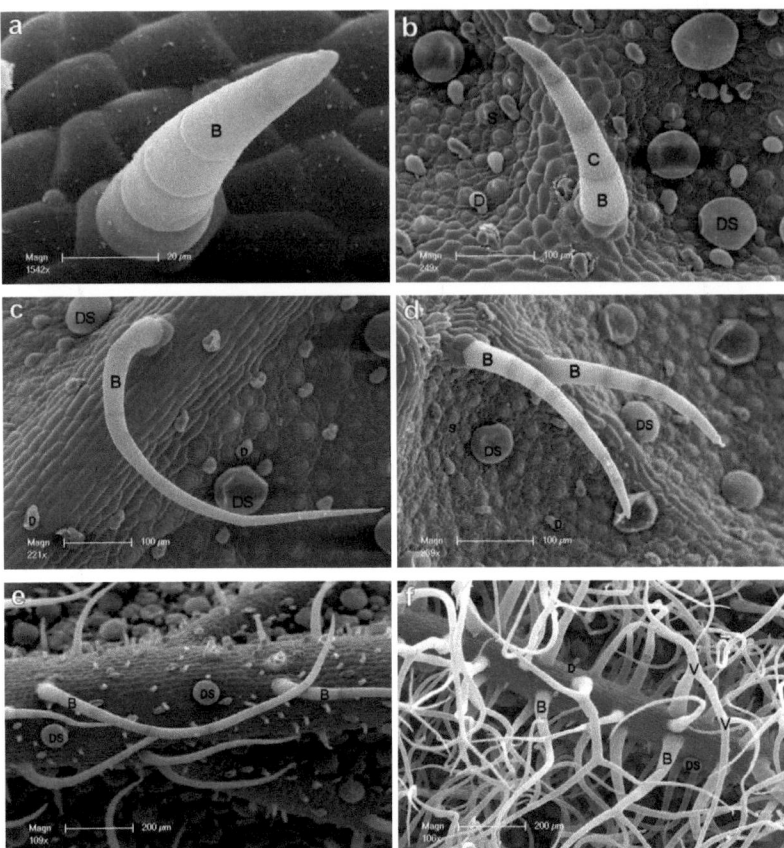

Abbildung 78: Borstenhaare (B) an den Blattunterseiten (a: junges 4-zelliges Borstenhaar der „Pfälzer Minze" mit glatter Cuticula; b: 5-zelliges Borstenhaar mit verstärkter Cuticula (C) an „BP 83", zusätzlich: Drüsenschuppen (DS), Drüsenhaare (D), Spaltöffnungen (S); c: vielzelliges Borstenhaar an „Medicka", zusätzlich: Drüsenschuppen (DS), Drüsenhaare (D); d: zwei Borstenhaare [sieben- und fünfzellig] der Grünen Minze „Scotch", zusätzlich: Drüsenschuppen (DS), Drüsenhaare (D) und Spaltöffnungen (S); e: vielzellige Borstenhaare entlang des Mittelnervs an „Pfälzer Minze", zusätzlich: Drüsenschuppen (DS); f: mehrfach verzeigte (V) Borstenhaare bei „Apfelminze", zusätzlich im Hintergrund: Drüsenschuppen (DS) und Drüsenhaare (D))

3.3.1.4 Behaarung an ausdifferenzierten Blattoberflächen

OBERSEITE

Bei ausdifferenzierten Blättern konnten ebenfalls Drüsenschuppen, Drüsenhaare und Borstenhaare unterschieden werden. Beispiele sind in den Abbildungen 79, 80 und 81 dargestellt.

An den Blattoberseiten von ausdifferenzierten Blättern traten <u>Drüsenschuppen</u> unterschiedlicher Entwicklungsstadien auf, die von voll turgeszent (Abbildung 79 a) bis hin zu Abbaustadien reichen.

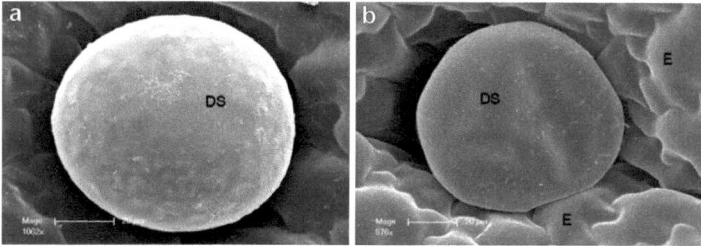

Abbildung 79: Drüsenschuppen (DS) (a: turgeszente Drüsenschuppe der Grünen Minze „Scotch"; b: Drüsenschuppe im älteren Entwicklungsstadium der „Ukrainischen 541", zusätzlich: Epidermiszellen (E))

Die <u>Drüsenhaare</u>, die an den Präparaten der einzelnen Arten und Sorten beobachtet werden konnten (Abbildung 80), waren zwei- bis dreizellig und hatten ein mehr oder weniger rundes Drüsenköpfchen (Abbildungen 80 b und c). Die Anordnung der Epidermiszellen wird in Abbildung 80 a deutlich. Drüsenhaare traten an allen Vertretern auf.

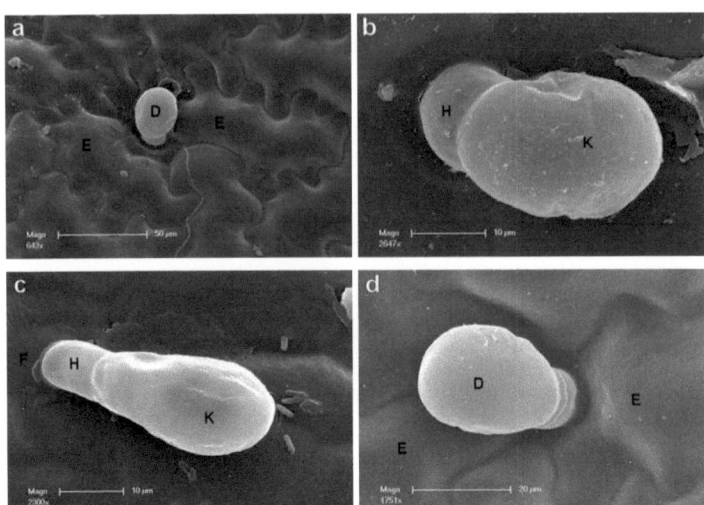

Abbildung 80: Drüsenhaare (D) der Blattoberseite (a: zweizelliges Drüsenhaar und Epidermiszellen (E) der „BP 83"; b: Gliederung des Drüsenhaares in Drüsenköpfchen (K) und Stielzelle (H) an „Medicka"; c: Drüsenhaar der „Apfelminze", bestehend aus Fußzelle (F), Stielzelle (H) und einem langgestreckten Drüsenköpfchen (K); d: Aufsicht auf ein Drüsenhaar der „Ukrainischen 541", zusätzlich: Epidermiszellen (E))

Borstenhaare kamen wiederum in unterschiedlichen Formen und Häufigkeiten vor. Es traten sowohl Borstenhaare mit verstärkter Cuticula (Abbildung 81 b), als auch solche mit einer annähernd glatten Oberfläche auf (Abbildungen 81 d, e und f). Sie bilden sich aus einer unterschiedlichen Anzahl von Zellen, die, je nach Entwicklungsstadium, von einzellig (Abbildung 81 a) bis fünf- bzw. vielzellig reichen kann (Abbildungen 81 d und e). Die Borstenhaare entwickeln sich aus einer Fußzelle der Epidermis (Abbildungen 81 a und b), es ist aber auch die Bildung aus zwei Zellen möglich (Abbildungen 81 c und d).

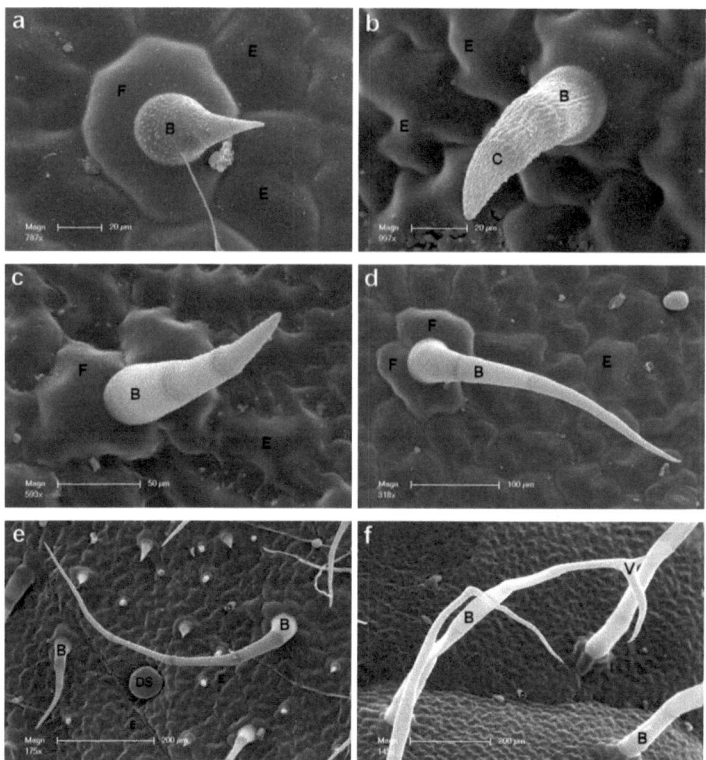

Abbildung 81: Borstenhaare (B) an Epidermis (E) ausdifferenzierter Blattoberseiten (a: junges, einzelliges Borstenhaar aus einer Fußzelle (F) bei „Medicka"; b: 3-zelliges Borstenhaar mit verstärkter Cuticula (C) der „Pfälzer Minze"; c: junges, 3-zelliges Borstenhaar an „BP 83" mit deutlich abgegrenzter Fußzelle (F); d: 4-zelliges Borstenhaar der „Medicka", zusätzlich: zwei Fußzellen (F); e: 5-zelliges Borstenhaar neben nicht ausdifferenzierten Borstenhaaren der „Japanischen Ölminze", zusätzlich: Drüsenschuppe (DS) und Drüsenhaare (D); f: junges, verzweigtes (V) Borstenhaar neben weiteren nicht vollständig dargestellten Borstenhaaren der „Apfelminze" mit Drüsenhaaren (D) im Hintergrund)

UNTERSEITE

An den Oberflächen der ausdifferenzierten Blätter waren wiederum Drüsenschuppen in unterschiedlichen Entwicklungsstadien erkennbar. Diese wurden an allen Arten und Sorten beobachtet und sind zum Teil in Abbildung 82 dargestellt. Aktive Drüsenschuppen präsentierten sich turgeszent (Abbildungen 82 a und b), traten aber auch durch äußere Einflüsse geschädigt bzw. verformt auf (Abbildung 82 c). Eine aufgebrochene Drüsenschuppe ist in Abbildung 82 d dargestellt.

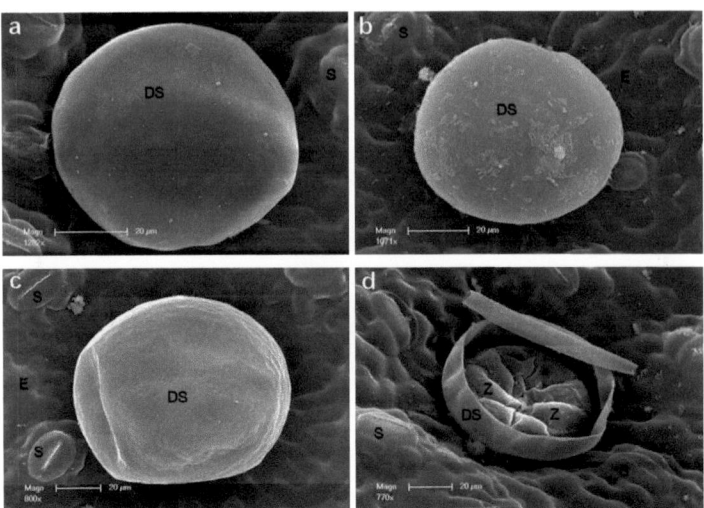

Abbildung 82: Drüsenschuppen (DS) an der Epidermis (E) der Unterseite von ausdifferenzierten Blättern (a: „Japanische Ölminze" mit nicht vollständig dargestellten Spaltöffnungen (S); b: Drüsenschuppe der Grünen Minze „Scotch" mit Oberflächen-Verunreinigungen, zusätzlich: Spaltöffnungen (S); c: eingedrückte Drüsenschuppe mit Spaltöffnungen (S) an der „Ukrainischen 541"; d: aufgebrochene Drüsenschuppe mit sekretorischen Einzelzellen (Z) und Spaltöffnung (S) an „Multimentha")

Drüsenhaare kamen an allen ausdifferenzierten Blattunterseiten in unterschiedlicher Anzahl vor. Diese entwickeln sich aus einer Epidermiszelle und bestehen aus einer Fußzelle, einer Stielzelle und einem Drüsenköpfchen. Noch nicht ausdifferenzierte Drüsenhaare befinden sich noch im Streckungswachstum und deren Drüsenköpfchen sind noch nicht voll entfaltet (Abbildungen 83 a und b). Zusätzlich treten auch voll ausdifferenzierte (Abbildung 83 c) und Drüsenhaare älterer Entwicklungsstadien auf (Abbildungen 83 d, e und f).

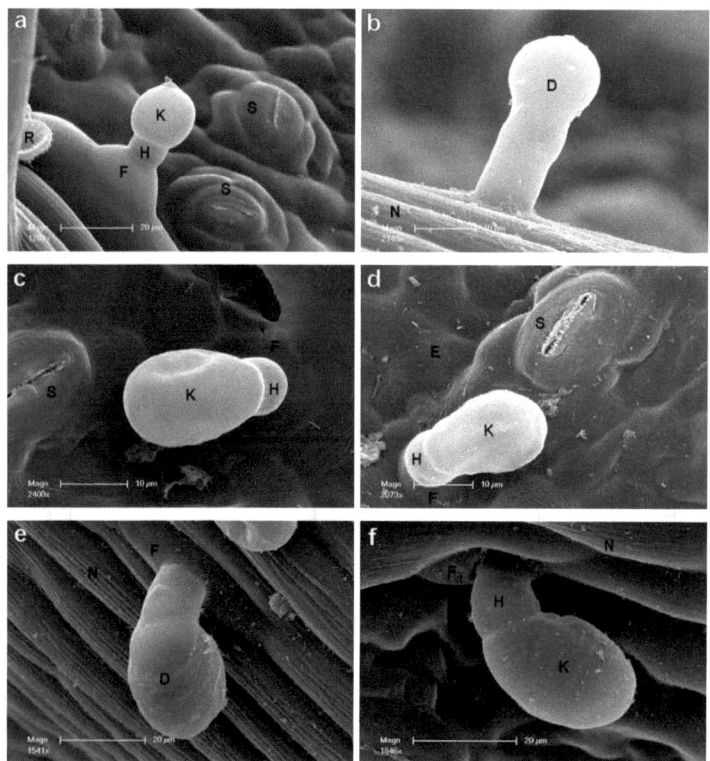

Abbildung 83: Drüsenhaare (D) an den Blattunterseiten (a: junges Drüsenhaar bestehend aus Fußzelle (F), Stielzelle (H) und Drüsenköpfchen (K), zusätzlich: zwei Spaltöffnungen (S) und Rostspore (R) an „Japanischer Ölminze"; b: junges Drüsenhaar an einem Blattnerv (N) der Grünen Minze „Scotch"; c: Aufsicht auf ein ausdifferenziertes Drüsenhaar bestehend aus Fußzelle (F), Stielzelle (H) und Drüsenköpfchen (K), daneben: nicht gänzlich dargestellte Spaltöffnung (S) der „Apfelminze"; d: älteres, seitlich geneigtes Drüsenhaar, Fußzelle (F), Stielzelle (H) und Drüsenköpfchen (K), zusätzlich: Spaltöffnung (S), Epidermiszellen (E) an Grüner Minze „Scotch"; e: Drüsenhaar mit Fußzelle (F) in späterem Entwicklungsstadium an einem Blattnerv (N) von „Multimentha"; f: Drüsenhaar bestehend aus Fußzelle (F), Stielzelle (H) und ovalem Drüsenköpfchen (K) an einem Blattnerv (N) der „Pfälzer Minze")

Borstenhaare kamen in unterschiedlichen Erscheinungsformen und Entwicklungsstadien an den Oberflächen von ausdifferenzierten Blättern vor. Zu Beginn ihrer Entwicklung sind sie noch ein- oder zweizellig (Abbildung 84 a) und werden teilweise zu vielzelligen Haaren (Abbildungen 84 d und e), die sich auch im speziellen Fall der „Apfelminze" (*M. villosa* HUDS.) verzweigen können (Abbildung 84 f). Die Größenverhältnisse werden ersichtlich, wenn z.B. ein 5-zelliges neben einem noch nicht ausdifferenzierten Borstenhaaren abgebildet wird (Abbildung 84 e).

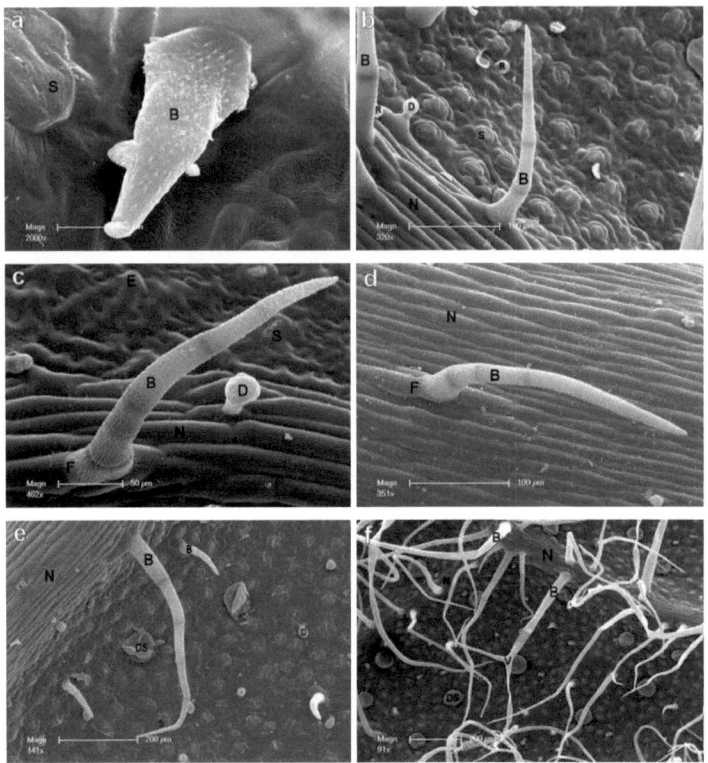

Abbildung 84: Borstenhaare (B) an Blattunterseiten (a: junges Borstenhaar mit Anlagerungen, zusätzlich: eine Spaltöffnung (S) der „Apfelminze"; b: 4-zelliges Borstenhaar neben nicht vollständig dargestellten Borstenhaaren und einem Drüsenhaar (D) am Mittelnerv (N) der „Japanischen Ölminze", zusätzlich: Spaltöffnungen (S) und Rostsporen (R) des Minzrostes (*Puccinia menthae* PERS.); c: 5-zelliges Borstenhaar mit Fußzelle (F) im Streckungswachstum neben einem Drüsenhaar (D) am Mittelnerv (N) der „Pfälzer Minze", zusätzlich im Hintergrund: Spaltöffnungen (S) und Epidermiszellen (E); d: 5-zelliges Borstenhaar mit Fußzelle (F) am Mittelnerv (N) der Grünen Minze „Scotch"; e: 5-zelliges Borstenhaar und junge Borstenhaare entlang der Mittelrippe (N) der „Ukrainischen 541", zusätzlich: Spaltöffnungen (S), zwei aufgebrochene Drüsenschuppen (DS), Drüsenhaare (D); f: Borstenhaare in unterschiedlichen Entwicklungsstadien mit vielzelligen, verzweigten (V) Borstenhaaren entlang des Mittelnervs und der Seitennerven (N) und Drüsenschuppen (DS) an der „Apfelminze")

3.3.2 Lichtmikroskop (LM)

Im Lichtmikroskop wurden ähnlich den Untersuchungen, die mit Hilfe des Rasterelektronenmikroskops durchgeführt wurden, unterschiedliche Behaarungstypen beobachtet. Es wurden dafür Blatt-, Blattstiel- und Stängelquerschnitte durchgeführt.

3.3.2.1 „Pfälzer Minze" (*Mentha x piperita* L. f. *pallescens* CAMUS)

Blattquerschnitt:

An der Übersicht am Blattquerschnitt konnten hauptsächlich im Palisadenparenchym die gold-gelb gefärbten Öl-Tröpfchen erkannt werden (Abbildung 85). Im Zentrum befindet sich das Leitbündel (Abbildung 85 a).

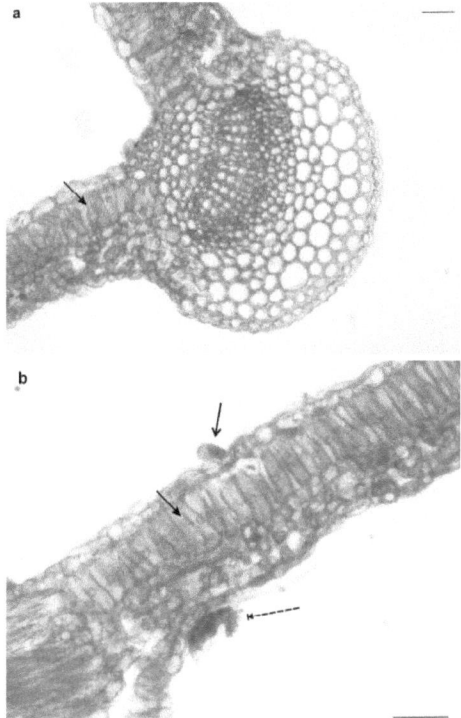

Abbildung 85: „Pfälzer Minze" (a: Blattquerschnitt mit zentralem Leitbündel und Öltröpfchen-Bildung (Pfeil) [Maßstab 100 µm]; b: Blattquerschnitt mit Palisaden- und Schwammparenchym und Öltröpfchen (Pfeilspitze schwarz gefüllt), zusätzlich eine Drüsenschuppe (strichlierter Pfeil) und ein Drüsenhaar (offene Pfeilspitze) [Maßstab 50 µm])

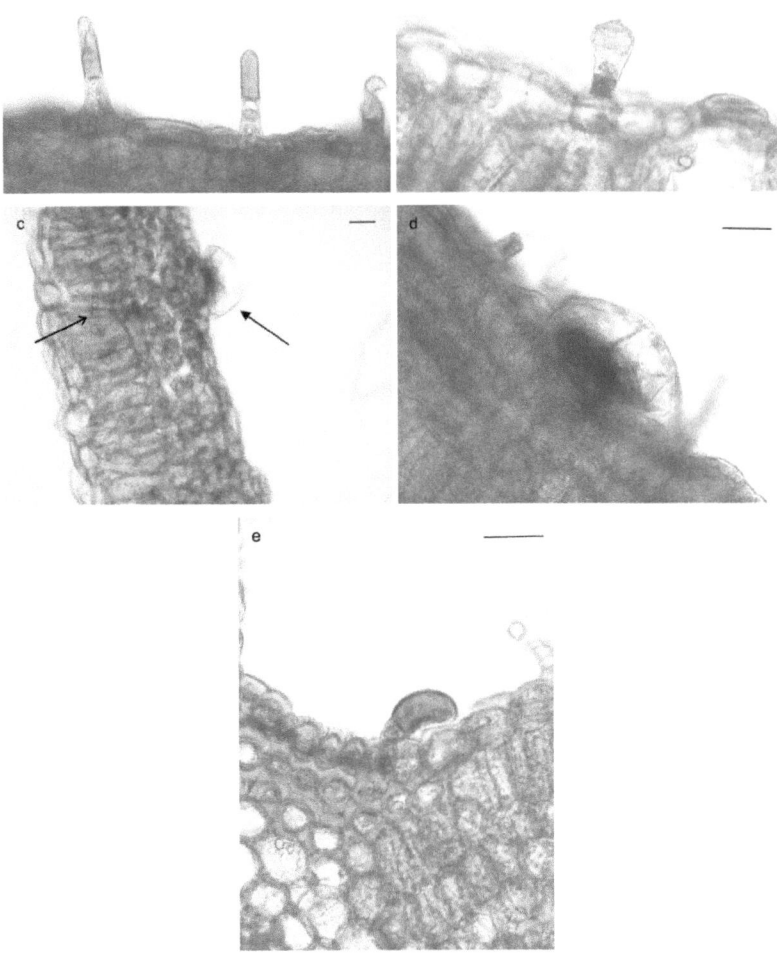

Abbildung 86: „Pfälzer Minze" (a: drei Drüsenhaare ohne deutliche Köpfchenbildung, gefüllt mit ätherischem Öl, b: einzelnes Drüsenhaar, c: Drüsenschuppe (schwarze Pfeilspitze) und Öltröpfchen (offene Pfeilspitze) im Palisadenparenchym, d: Drüsenschuppe, e: stark geneigtes Drüsenhaar mit länglichem Drüsenköpfchen [Maßstab 20 µm])

Sowohl die Drüsenhaare, als auch die verhältnismäßig größeren Drüsenschuppen enthalten ätherisches Öl, welches durch einen deutlichen Farbunterschied erkennbar war (Abbildung 86). Die Öltröpfchen befanden sich im Palisadenparenchym (Abbildung 86 c).

Stängelquerschnitt:

Am Stängelquerschnitt befanden sich dieselben Trichom-Typen, die auch am Blattquerschnitt entdeckt wurden. Besonders schön zu erkennen waren die zweizelligen Drüsenhaare (Abbildung 87).

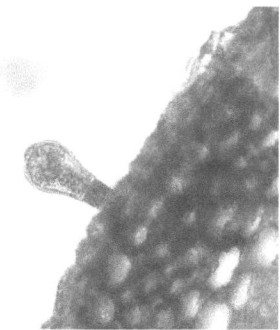

Abbildung 87: Drüsenhaar auf dem Stängelquerschnitt der „Pfälzer Minze" [Maßstab 20 µm]

3.3.2.2 „Japanische Ölminze" (*Mentha arvensis* L. var. *piperascens* MALINV. ex HOLMES)

Wie bereits im Abschnitt **3.2 Rasterelektronenmikroskopie** erläutert, traten vor allem bei der „Japanischen Ölminze" (*M. arvensis* L. var. *piperascens* MALINV. ex HOLMES) und der „Apfelminze" (*M. villosa* HUDS.) vermehrt neben Drüsenhaaren und -schuppen Borstenhaare auf.

Auch bei der „Japanischen Ölminze" wurden Blatt-, Blattstiel- und Stängelquerschnitte durchgeführt (Abbildungen 88, 89 und 90). Weiters wurden auch Querschnitte am nicht ausdifferenzierten Blatt vorgenommen (Abbildung 90).

Blattquerschnitt:

Am Blattquerschnitt kamen alle genannten Behaarungstypen vor. Vor allem mehrzellige Borstenhaare wurden oftmals durch Schädlinge oder beim Schnitt beschädigt und konnten so nur teilweise dargestellt werden (Abbildung 88 a). Auch Drüsenhaare traten in allen Entwicklungsstadien auf (Abbildung 88 b), wie auch Drüsenschuppen, die hier nicht dargestellt sind.

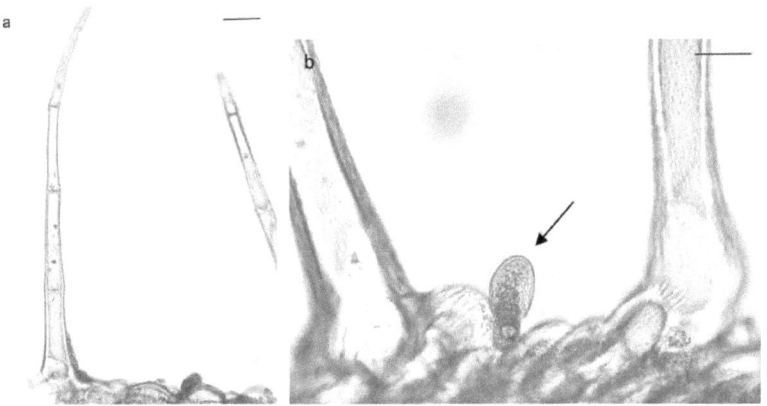

Abbildung 88: „Japanische Ölminze" (a: nicht vollständig dargestelltes, mehrzelliges Borstenhaar, b: Drüsenhaar (Pfeil) zwischen der Basis von zwei Borstenhaaren [Maßstab 20 µm])

Blattstielquerschnitt:

Am Blattstielquerschnitt befanden sich vermehrt Borstenhaare in unterschiedlichen Entwicklungsstadien, die von einzellig bzw. sich im Streckungswachstum befindend (Abbildungen 89 b und c) bis hin zu ausdifferenzierten, vielzelligen Borstenhaaren (Abbildung 89 a) reichten. Zwischen der Vielzahl an Borstenhaaren traten auch Drüsenschuppen und Drüsenhaare auf (Abbildungen 89 c und d). Ebenfalls auffallend war die starke Ausprägung des Kollenchyms in Abbildung 89 b.

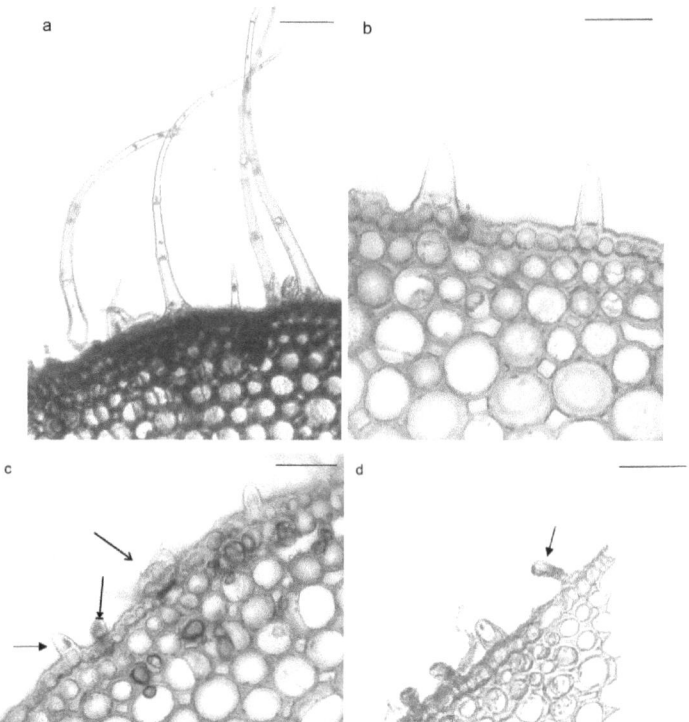

Abbildung 89: „Japanische Ölminze" (a: mehrzellige neben nicht ausdifferenzierten Borstenhaaren; b: zwei Borstenhaare in frühen Entwicklungsstadien; c: Übersicht nicht ausdifferenzierter Borstenhaare (schwarze Pfeilspitze), einem Drüsenhaar (Pfeilspitze mit Begrenzung) und einer Drüsenschuppe (offene Pfeilspitze); d: Übersicht mit drei Drüsenhaaren (schwarze Pfeilspitze) und einem noch nicht ausdifferenzierten Borstenhaar [Maßstab 50 µm])

Nicht ausdifferenziertes Blatt:

Vor allem am Querschnitt des nicht ausdifferenzierten Blattes wurde eine hohe Anzahl an Drüsenschuppen und Drüsenhaaren beobachtet. Borstenhaare waren meist nur beschädigt darstellbar (Abbildung 90 a), während Drüsenhaare sehr häufig vorkamen, mit mehr oder weniger runden Drüsenköpfchen und teils stark seitlich geneigt (Abbildungen 90 a und b). Drüsenschuppen befanden sich gleichmäßig über die Oberfläche verteilt (Abbildung 90 c).

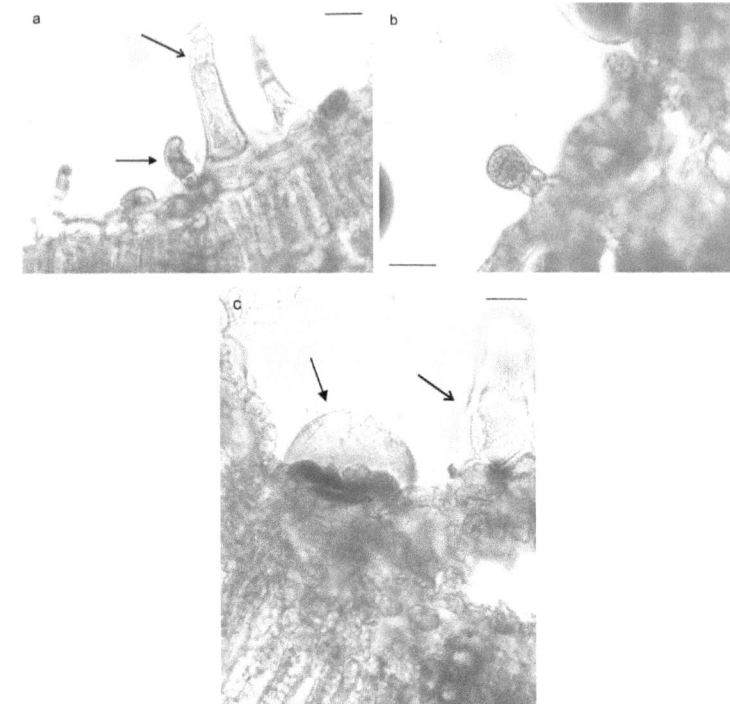

Abbildung 90: „Japanische Ölminze" (a: zwei abgebrochene Borstenhaare (offene Pfeilspitze) und zwei Drüsenhaare (schwarze Pfeilspitze); b: Drüsenhaar; c: Drüsenschuppe (schwarze Pfeilspitze) neben einem nicht ausdifferenzierten Borstenhaar (offene Pfeilspitze) [Maßstab 20 μm])

Stängelquerschnitt:

Am Stängelquerschnitt konnten wiederum alle drei Behaarungstypen identifiziert werden. Neben Drüsenhaaren in allen Entwicklungsstadien, gefüllt mit ätherischem Öl, konnten vor allem Drüsenschuppen aller Stadien und Borstenhaare beobachtet werden (Abbildung 91).

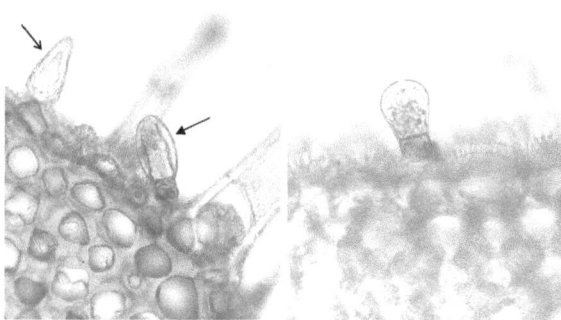
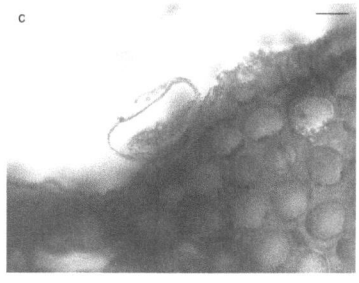

Abbildung 91: „Japanische Ölminze" (a: Drüsenhaar (schwarze Pfeilspitze) neben einem nicht ausdifferenzierten (offene Pfeilspitze) und der Basis eines Borstenhaares, zusätzlich: starke Kollenchym-Ausbildung; b: Drüsenhaar; c: Drüsenschuppe [Maßstab 20 µm])

3.3.2.3 „BP 83" (*Mentha x piperita* L. f. *rubescens* CAMUS)

An den Ober- und Unterseiten der nicht ausdifferenzierten und ausdifferenzierten Blätter der Pfefferminze „BP 83" wurden ebenfalls Blatt-, Blattstiel- und Stängelquerschnitte durchgeführt (Abbildungen 92, 93 und 94).

Blattquerschnitt:

Es wurden alle bereits genannten Haartypen am Blattquerschnitt der „BP 83" erkannt. Borstenhaaren, Drüsenhaaren und Drüsenschuppen traten in allen Entwicklungsstadien auf (Abbildung 92).

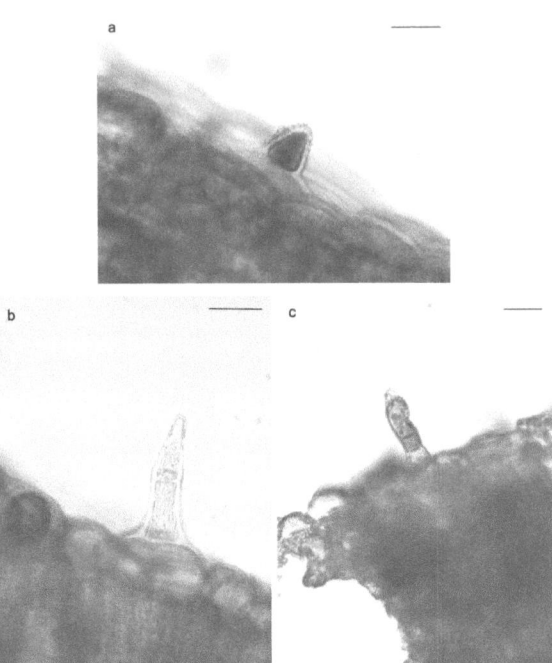

Abbildung 92: „BP 83" (a: nicht ausdifferenziertes Borstenhaar mit Einlagerung [Maßstab 20 µm]; b: zweizelliges Borstenhaar [Maßstab 50 µm]; c: Drüsenhaar mit ätherischem Öl im Drüsenköpfchen [Maßstab 20 µm])

Blattstielquerschnitt:

Am Blattstielquerschnitt der Pfefferminze „BP 83" wurden Drüsenschuppen und Drüsenhaare in unterschiedlichen Stadien beobachtet. Borstenhaare waren vorhanden und konnten auch vollständig dargestellt werden (Abbildung 93).

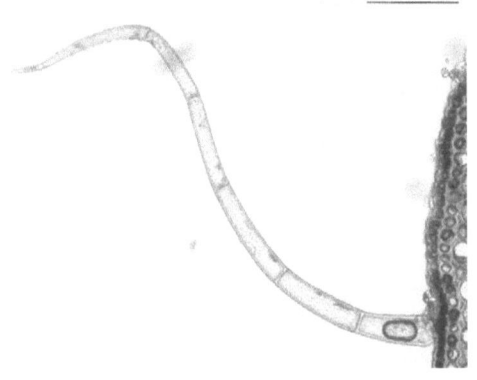

Abbildung 93: Mehrzelliges Borstenhaar der „BP 83" [Maßstab 50 µm]

Nicht ausdifferenziertes Blatt:

Wie auch bei anderen Arten und Sorten waren am nicht ausdifferenzierten Blatt vor allem Drüsenschuppen und Drüsenhaare in einer höheren Anzahl vorhanden und gut ausgeprägt (Abbildung 94).

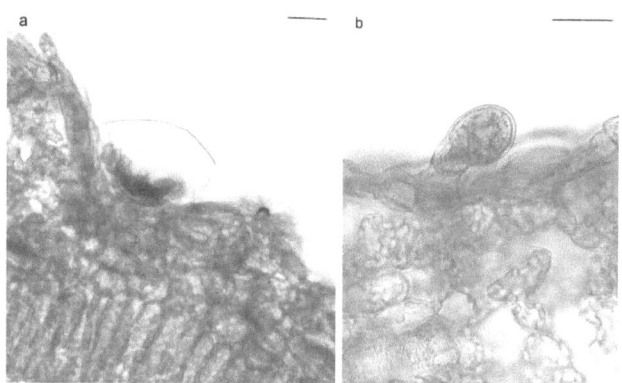

Abbildung 94: Pfefferminze „BP 83" (a: eingebettete Drüsenschuppe, zusätzlich Schwamm- und Palisadenparenchym; b: Drüsenhaar [Maßstab 20 µm])

3.3.2.4 „Medicka" (*Mentha x piperita* L. f. *rubescens* CAMUS)

Bei den Blatt-, Blattstiel- und Stängelquerschnitten der Ober- und Unterseiten von juvenilen und adulten Blättern der Pfefferminze „Medicka" traten sowohl Drüsenschuppen, als auch Drüsenhaare und Borstenhaare in unterschiedlichen Entwicklungsstadien auf. Einzelabbildungen wurden hier nicht dargestellt.

3.3.2.5 „Multimentha" (*Mentha x piperita* L. f. *rubescens* CAMUS)

An den Ober- und Unterseiten der nicht ausdifferenzierten und ausdifferenzierten Blätter der Pfefferminze „Multimentha" konnten ebenfalls sowohl Drüsenschuppen, als auch Drüsenhaare und Borstenhaare beobachtet werden (Abbildungen 95, 96, 97 und 98).

Blattquerschnitt:

Am Blattquerschnitt der Pfefferminze „Multimentha", der Standardsorte der Pfefferminzen mit Rostresistenz, kamen sowohl Borstenhaare, als auch Drüsenschuppen und -haare vor (Abbildungen 95 und 96). An einer Übersicht des Blattquerschnitts sind vor allem im Bereich des Palisaden-, aber auch im Schwammparenchym zahlreiche Öltröpfchen durch ihre klare goldgelbe Abgrenzung erkennbar (Abbildung 95).

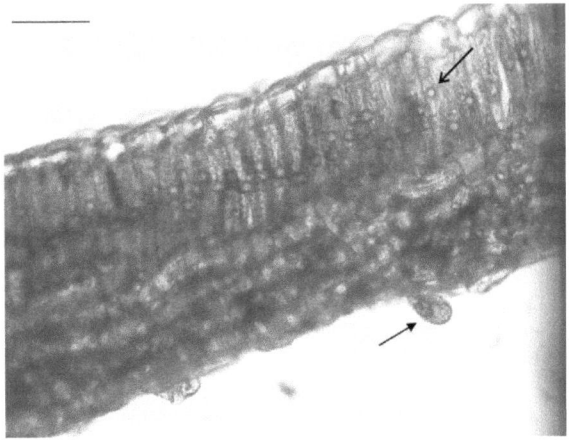

Abbildung 95: Blattquerschnitt an „Multimentha" mit Öltröpfchen im Palisaden- (offene Pfeilspitze) und Schwammparenchym und einem Drüsenhaar (schwarze Pfeilspitze) [Maßstab 50 µm]

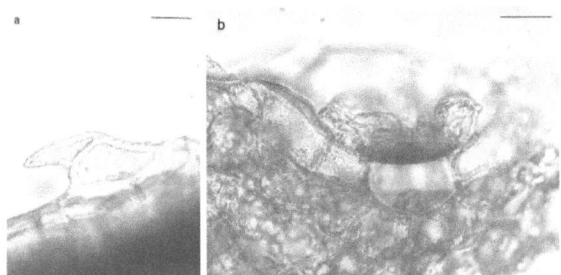

Abbildung 96: „Multimentha" (a: nicht ausdifferenziertes, zweizelliges Borstenhaar; b: aufgebrochene Drüsenschuppe und goldgelbe Öl-Tröpfchen; [Maßstab 20 µm])

Blattstielquerschnitt:

Am Blattstielquerschnitt befanden sich hauptsächlich Drüsenhaare und -schuppen. Borstenhaare wurden vor allem beim Schneiden beschädigt. Die Häufigkeit und Anordnung der Drüsenhaare und -schuppen kann an einer Übersicht demonstriert werden (Abbildung 97).

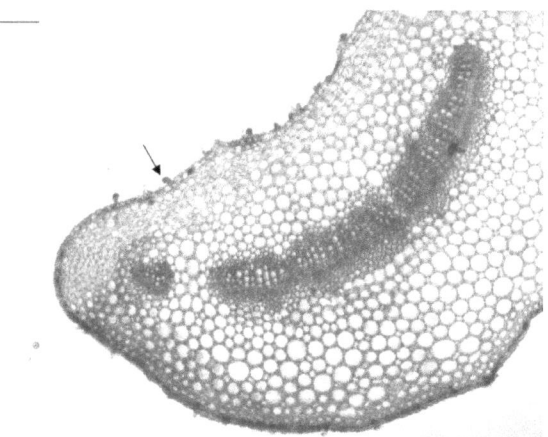

Abbildung 97: Blattstielquerschnitt mit zentralem Leitbündel bei „Multimentha"; an der Oberfläche sind unterschiedliche Trichomtypen, wie z.B. Drüsenhaare (schwarze Pfeilspitze), erkennbar [Maßstab 200 µm]

Stängelquerschnitt:

Neben Borstenhaaren und Drüsenhaare konnten am Stängelquerschnitt an „Multimentha" vor allem auch Drüsenschuppen in unterschiedlichen Entwicklungsstadien beobachtet werden, die von voll turgeszent bis hin zu bereits entleerten Zellen reichten (Abbildung 98).

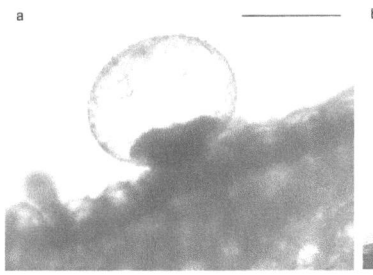

Abbildung 98: Drüsenschuppen am Stängelquerschnitt der Pfefferminze „Multimentha" (a: [Maßstab 50 µm]; b: [Maßstab 20 µm])

3.3.2.6 „Apfelminze" (*Mentha villosa* HUDS.)

Wie bereits in den Übersichtsaufnahmen, die mit dem REM erstellt worden sind (siehe **3.3.1 Rasterelektronenmikroskopie**), erkennbar war, besitzt die „Apfelminze" zusätzlich zu Drüsenschuppen und -haaren eine Vielzahl an Borstenhaaren. Eine erhöhte Anzahl davon trat auch bei der „Japanischen Ölminze" (*M. arvensis* L. var. *piperascens* MALINV. ex HOLMES) auf. Als besonderes Merkmal der „Apfelminze" konnten aber mehrzellige, verzweigte Borstenhaare identifiziert werden. Diese traten sowohl an nicht ausdifferenzierten, als auch an ausdifferenzierten Blättern und dabei sowohl an Blattoberseiten, wie auch - unterseiten auf.

Blattquerschnitt:

Vor allem an der Darstellung eines Blattquerschnittes konnte die Häufigkeit der Borstenhaare bei der „Apfelminze" gut demonstriert werden, ebenso wie das Auftreten von Drüsenschuppen und - haaren (Abbildung 99).

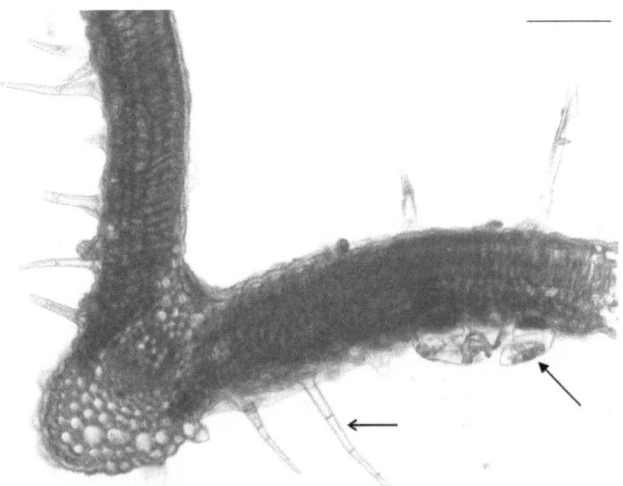

Abbildung 99: Übersicht eines Blattquerschnittes der „Apfelminze" (zentrales Leitbündel, ein- bis vielzellige Borstenhaare (offene Pfeilspitze) und Drüsenschuppen (schwarze Pfeilspitze) [Maßstab 100 µm]

Ebenfalls beobachtet wurden unterschiedliche Entwicklungsstadien von Drüsenhaaren, -schuppen und Borstenhaaren (Abbildung 100).

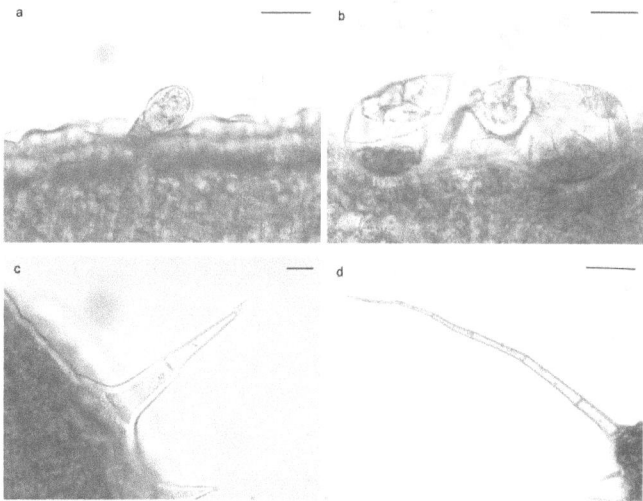

Abbildung 100: „Apfelminze" (a: Drüsenhaar, Maßstab 20 µm; b: zwei Drüsenschuppen, Maßstab 20 µm; c: noch nicht ausdifferenziertes, zweizelliges Borstenhaar, Maßstab 20 µm; d: mehrzelliges Borstenhaar, Maßstab 50 µm)

Stängelquerschnitt:

Am Stängelquerschnitt der „Apfelminze" wurden ebenfalls Borstenhaare, Drüsenhaare und -schuppen entdeckt (Abbildung 101).

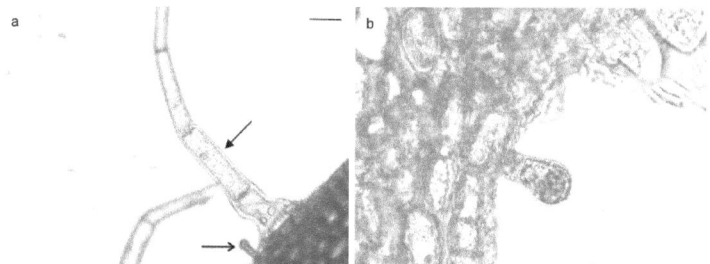

Abbildung 101: „Apfelminze" (a: nicht vollständig dargestelltes, mehrzelliges Borstenhaar (schwarze Pfeilspitze) mit Drüsenhaar (offene Pfeilspitze) im Hintergrund; b: Drüsenhaar [Maßstab 20 µm])

Beim Anbau der „Apfelminze" stellt der Echte Mehltau (*Erysiphe biocellata* EHRENB.) den größten Schadorganismus dar. Im biologischen Landbau kann dieser nur durch eine Spritzung mit Netzschwefel eingedämmt werden, wofür allerdings gute Witterungsbedingungen Grundvoraussetzung sind. Darstellungen des Myzels und Konidien des pilzlichen Schaderregers enthält das Kapitel 3.4 Phytopathologie - **3.4.1 Echter Mehltau (*Erysiphe biocellata* EHRENB.).**

3.3.2.7 „Ukrainische 541" (*Mentha x piperita* L. *f. pallescens* CAMUS)

Bei den Querschnitten an den juvenilen und adulten Blättern der Pfefferminze „Ukrainische 541" konnten ebenfalls alle drei bereits genannten Behaarungstypen beobachtet werden.

Blattstielquerschnitt:

Am Blattstielquerschnitt der „Ukrainischen 541" wurden sowohl Borstenhaare, als auch Drüsenschuppen und -haare in unterschiedlichen Entwicklungsstadien beobachtet (Abbildung 102).

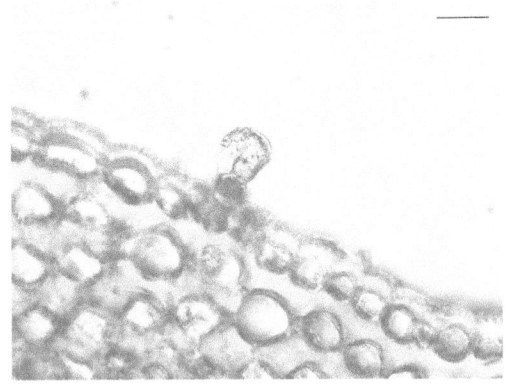

Abbildung 102: Drüsenhaar der „Ukrainischen 541" [Maßstab 20 µm]

Stängelquerschnitt:

Auch am Stängelquerschnitt kamen alle drei Behaarungstypen vor (Abbildung 103).

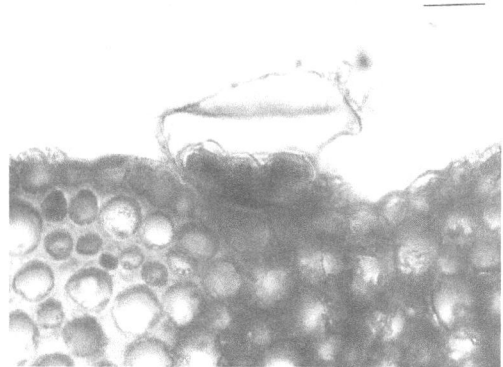

Abbildung 103: Geplatzte Drüsenschuppe am Stängelquerschnitt der „Ukrainischen 541" [Maßstab 20 µm]

3.3.2.8 Grüne Minze „Scotch" (*Mentha spicata* L.)

Auch an der Grünen Minze „Scotch" wurden an nicht ausdifferenzierten und ausdifferenzierten Blättern Blatt-, Blattstiel- und Stängelquerschnitte durchgeführt. In den Abbildungen 104, 105, 106 und 107 ist ein Teil der Aufnahmen dargestellt.

Blattquerschnitt:

Am Blattquerschnitt der Grünen Minze „Scotch" waren sowohl unterschiedliche Stadien von Drüsenschuppen (Abbildung 104), als auch Drüsenhaare in unterschiedlichen Entwicklungsstadien vorhanden (Abbildung 105). Borstenhaare traten auf, wurden hier aber nicht abgebildet.

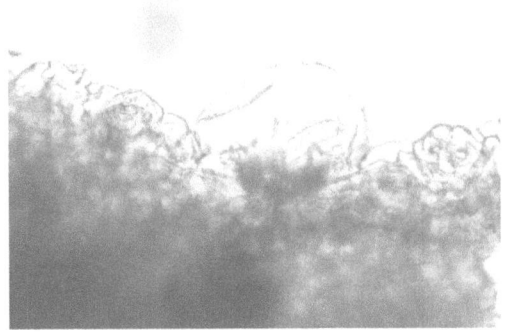

Abbildung 104: Drüsenschuppe der Grünen Minze „Scotch" [Maßstab 20 µm]

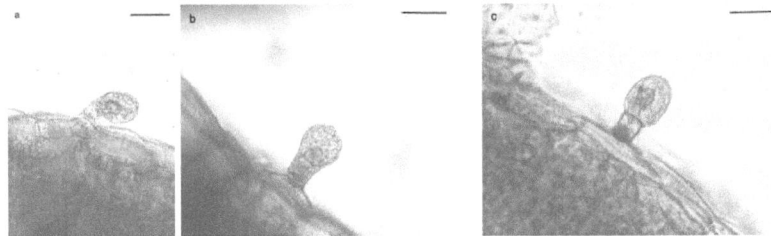

Abbildung 105: Drüsenhaare der Grünen Minze „Scotch" [Maßstab 20 µm]

Stängelquerschnitt:

Der Stängelquerschnitt zeigte im Vergleich zum Blattstielquerschnitt von „Multimentha" (Abbildung 97) vermehrt Drüsenschuppen und Drüsenhaare. Borstenhaare traten in einer sehr großen Anzahl auf, wurden hier aber nicht dargestellt. An Drüsenschuppen, die während des Mikroskopie-Vorganges platzten, konnte das Austreten des Zellinneren beobachtet werden (Abbildung 107 d).

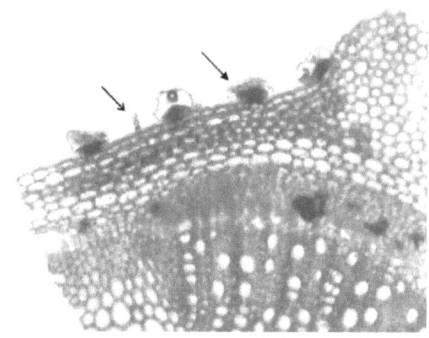

Abbildung 106: Stängelquerschnitt der Grünen Minze „Scotch" mit vier, zum Teil nicht mehr aktiven Drüsenschuppen (schwarze Pfeilspitze) und einem Drüsenhaar (offene Pfeilspitze) [Maßstab 100 µm]

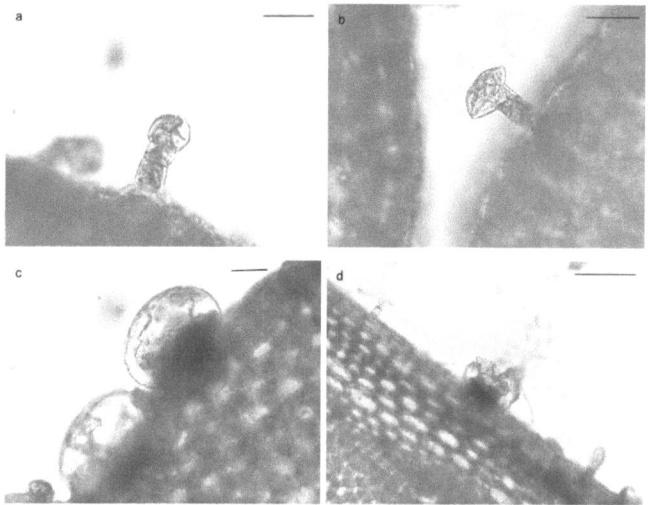

Abbildung 107: Grüne Minze „Scotch" (a: intaktes dreizelliges Drüsenhaar [Maßstab 20 µm]; b: Drüsenhaar fortgeschrittenen Entwicklungsstadium [Maßstab 20 µm]; c: zwei Drüsenschuppen [Maßstab 20 µm]; d: geplatzte Drüsenschuppe [Maßstab 50 µm])

Während bei der „Apfelminze" (*M. villosa* HUDS.) der Echte Mehltau (*Erysiphe biocellata* EHRENB.) als Hauptschadorganismus gilt, trat bei der Grünen Minze „Scotch" der Minzrost (*Puccinia menthae* PERS.) auf. Dieser entwickelte sich auf den benachbarten Parzellen der „Japanischen Ölminze" (*M. arvensis* L. *var. piperascens* MALINV. ex HOLMES), trat aber bei starkem Infektionsdruck auf die Parzellen der Grünen Minze „Scotch" über und bildete auch dort Sporenlager. Abbildungen des Minzrost finden sich in **3.4.2 Minzrost (*Puccinia menthae* PERS.)**.

3.4 Phytopathologie

Im Abschnitt Phytopathologie wird vor allem auf die Pilz-Krankheiten Echter Mehltau (*Erysiphe biocellata* EHRENB.) und Minzrost (*Puccinia menthae* PERS.), eingegangen, aber auch auf Schadbilder, die beispielsweise durch Insekten hervorgerufen werden.

3.4.1 Echter Mehltau (*Erysiphe biocellata* EHRENB.)

Der Echte Mehltau (*Erysiphe biocellata* EHRENB.) brach bei den acht ausgewählten Arten und Sorten der Gattung *Mentha* lediglich an einem Vertreter, der „Apfelminze" (*M. villosa* HUDS.), aus. Informationen zur Entwicklung des Pilzes können dem Kapitel Material & Methoden **2.4.1 Echter Mehltau (*Erysiphe biocellata* EHRENB.)** entnommen werden. Der Echte Mehltau bildet einen weißen, mehlartigen Belag an den Blattoberseiten, der zu Beginn des Befalls kreisrunde bis unregelmäßige Flecken an den Blattoberflächen bildet (Abbildung 108). Dieser Belag setzt sich aus dem Myzel, den Konidienträgern und den Oidien zusammen.

Abbildung 108: Echter Mehltau (*Erysiphe biocellata* EHRENB.) an „Apfelminze" (*M. villosa* HUDS.) (linkes Bild: im Anfangsstadium unregelmäßiger, weißer, mehlartiger Fleck an der Blattoberseite; rechtes Bild: fortgeschrittener, flächiger Befall der Blattoberflächen, vorrangig an älteren Blattstadien)

Die Blattoberflächen wurden im Rasterelektronen- und Lichtmikroskop auf die Auswirkungen des Schadorganismus untersucht. Das Myzel des Echten Mehltau ließ sich besonders gut an der Oberfläche der „Japanischen Ölminze" (*M. arvensis* L. var. *piperascens* MALINV. ex HOLMES) beobachten. Offensichtlich handelte es sich dabei um eine Sekundär-Infektion neben dem in Kapitel **3.4.2 Minzrost (*Puccinia menthae* PERS.)** näher beschriebenen Minzrost (Abbildung 109).

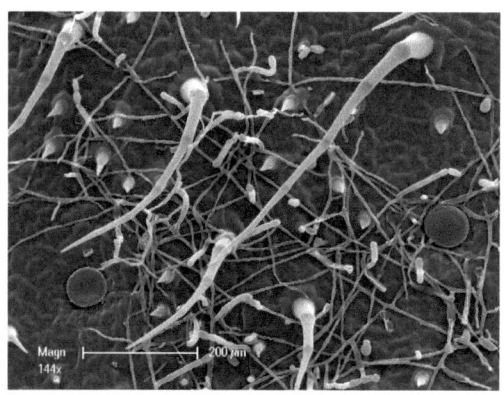

Abbildung 109: „**Japanische Ölminze**" (*M. arvensis* L. var. *piperascens* MALINV. ex HOLMES) (Myzel des Echten Mehltau (*Erysiphe biocellata* EHRENB.); zusätzlich: nicht ausdifferenzierte bis ausdifferenzierte, mehrzellige Borstenhaare, Drüsenhaare und zwei Drüsenschuppen)

Die Verbreitung der Konidien erfolgt auch auf andere Vertreter, an denen jedoch kein Ausbruch des Echten Mehltau beobachtet werden kann. Im REM können sowohl Konidien, als auch Hyphen bzw. junge Stadien eines Myzels festgehalten werden (Abbildung 110).

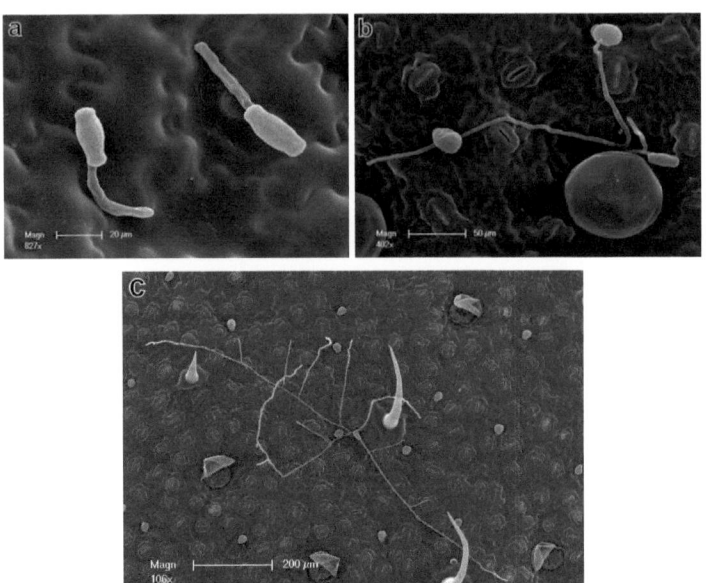

Abbildung 110: Echter Mehltau (*Erysiphe biocellata* EHRENB.) (a: zwei Konidien an der Blattoberseite der „Pfälzer Minze"; b: Hyphen und Konidie an der Blattoberseite der „Pfälzer Minze", zusätzlich: mehrere Spaltöffnungen, eine Drüsenschuppe und zwei Drüsenhaare; c: Bildung eines Myzels an „Medicka", zusätzlich: Borstenhaare in unterschiedlichen Entwicklungsstadien, Drüsenhaare und vier aufgebrochene Drüsenschuppen)

Das LM zeigte weniger Details des Echten Mehltaus, sondern erlaubte bessere Darstellungen von Konidien, den hyalinen Hyphen bzw. des Myzels, die sich jedoch nur schwer darstellen lassen (Abbildung 111).

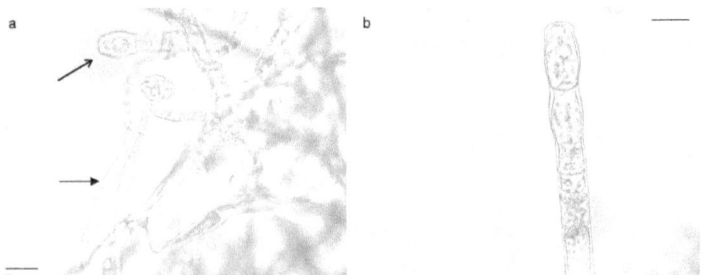

Abbildung 111: Echter Mehltau (*Erysiphe biocellata* EHRENB.) an „Apfelminze" (a: Myzel bzw. hyaline Hyphen und Konidie; b: Abgliederung der Konidie am Konidienträger) [Maßstab 20 µm]

3.4.2 Minzrost (*Puccinia menthae* PERS.)

Der Minzrost ist das am häufigsten auftretende Schadbild an Minzen und kann biologisch nur durch einen radikalen Rückschnitt des befallenen Bestandes unterdrückt werden. Bei „Multimentha" (*M. x piperita* L. *f. rubescens* CAMUS) handelt es sich um eine gegen den Minzrost resistente Sorte.

Die größte Anfälligkeit gegenüber einem Befall zeigte die „Japanische Ölminze" (*M. arvensis* L. var. *piperascens* MALINV. ex HOLMES). Die Blätter wiesen zu Beginn typisch orangerote Sporenlager an den Blattunterseiten auf, die zu gelblich-braunen Aufhellungen an den Blattoberseiten führten (Abbildung 112). Wurde nichts gegen das Auftreten unternommen, so wurden die Blätter von der Spitze ausgehend trocken und dunkel. Die Blätter befallener Pflanzen verfärbten sich, wenn sie geschnitten und getrocknet wurden, bräunlich bis schwarz und konnten nicht weiter verwendet werden.

Abbildung 112: Minzrost (*Puccinia menthae* PERS.) an der „Japanischen Ölminze" (*M. arvensis* L. var. *piperascens* MALINV. ex HOLMES) (links: Saugstellen der Schwarzpunktzikade (*Eupteryx atropunctata*) und orange Sporenlager; rechts: fortschreitender Befall mit gelblich verfärbten Blättern im Hintergrund)

Verzögerte sich auf Grund der Witterung der notwendige Rückschnitt zum Eindämmen des Minzrostes (*Puccinia menthae* PERS.), so konnte, je nach auftretender Befallsintensität, eine Ausbreitung auf benachbarte und nicht resistente Vertreter beobachtet werden. Zu diesen Arten zählte die Grüne Minze „Scotch" (*M. spicata* L.). Im Rahmen des Feldversuchs konnte nicht herausgefunden werden, ob ohne einen Erstbefall an der „Japanischen Ölminze" (*M. arvensis* L. *var. piperascens* MALINV. ex HOLMES) auch ein Ausbrechen der Krankheit an der Grünen Minze „Scotch" stattgefunden hätte.

Bei den Untersuchungen im LM und REM konnten auch vereinzelte Sporen an anderen Vertretern beobachtet werden, welche aber nicht zum Ausbruch der Krankheit an diesen Pflanzen führte. Rostsporen setzten sich vermehrt in der Nähe von Drüsenhaaren oder -schuppen oder an den Basen von Borstenhaaren fest. Von dort bildeten sie dann Keimschläuche und verbreiteten sich so (Abbildung 113).

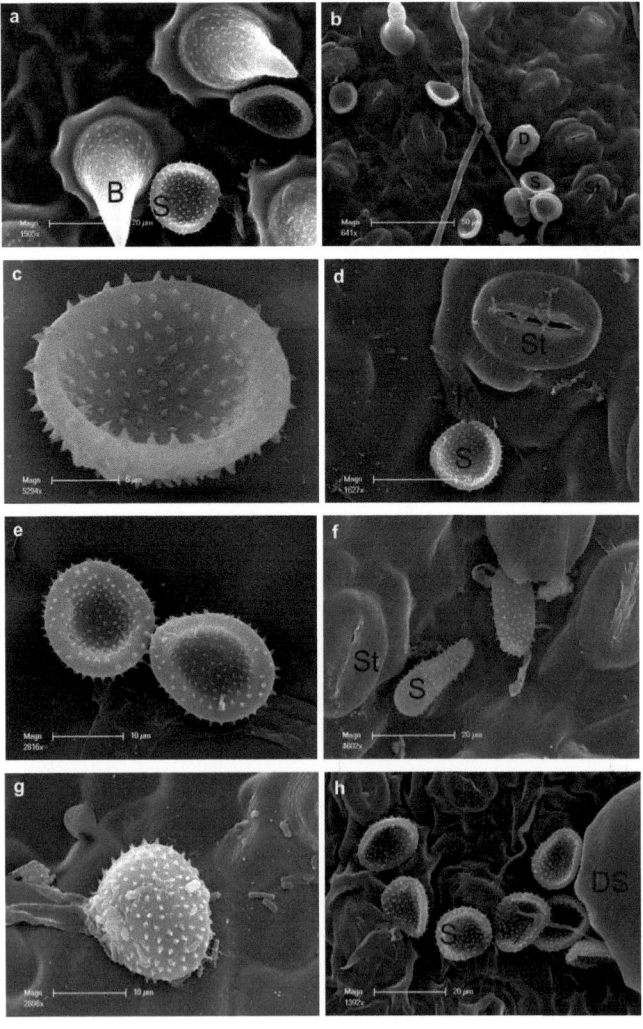

Abbildung 113: Sporen des Minzrost (*Puccinia menthae* PERS.) (a: zwei Sporen (S) an zwei nicht ausdifferenzierten Borstenhaaren (B) angelagert bei „Japanischer Ölminze"; b: fünf Sporen (S) mit Keimschlauch (K) und zwei Drüsenhaaren (D), zusätzlich: Spaltöffnungen (St); c: Detailaufnahme einer Spore an „Medicka"; d: Spore (S) mit Keimschlauch (K) an einer Spaltöffnung (St) der „Medicka"; e: Detailaufnahme zweier Rostsporen; f: "ausgelaugte" Rostsporen (S) neben zwei Spaltöffnungen (St) der „Ukrainischen 541"; g: Rostspore (S) mit Keimschlauch der Grünen Minze „Scotch"; h: Ansammlung von Rostsporen mit abgehenden Keimschläuchen (Pfeil) an einer Drüsenschuppe (DS), zusätzlich: Spaltöffnungen (St))

Im Lichtmikroskop konnten hauptsächlich die Sporen des Minzrostes beobachtet werden (Abbildung 114).

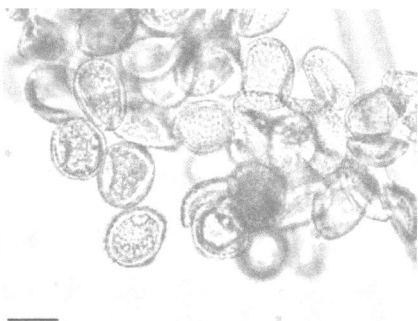

Abbildung 114: Ansammlung von Rostsporen an der Grünen Minze „Scotch" [Maßstab 20 µm]

3.4.3 Zusätzliche Schadbilder und „Besucher"

Zusätzlich zu den pilzlichen Krankheitserregern wurden auch jene Organismen beobachtet, die entweder an den Pflanzen Schäden hervorgerufen oder diese lediglich „besucht" haben.

Zu den Besuchern zählten unter anderem Blattläuse, die nicht häufig vorkamen, nicht näher bestimmt werden konnten und daher auch nicht dargstellt wurden. Weiters konnten Schwebfliegen, sowohl im Puppenstadium, als auch adulte Tiere beobachtet werden (Abbildung 115). Diese werden auch als Nützlinge gegen Pflanzensaftsauger, wie z.B. Blattläuse, eingesetzt. Es traten außerdem Larvenstadien von verschiedenen Käfern, wie z.B. dem Schildkäfer (*Cassida sp.*) (Abbildung 116), auf. Vom Marienkäfer konnten sowohl Eiablagen im Knospenbereich, als auch Larven- und Puppenstadien beobachtet werden (Abbildungen 116 und 117).

Abbildung 115: Schwebfliege (a: Seitenansicht einer Puppe, b: adulte Schwebfliege)

Abbildung 116: Larvenstadien (a: Schildkäfer (*Cassida sp.*), b: Marienkäfer (*Coccinella sp.*))

Abbildung 117: Weitere Entwicklungsstadien des Marienkäfers (*Coccinella sp.*) (a: Eiablage im Knospenbereich der Pfefferminze „Ukrainische 541"; b: Puppenstadium)

Die Schwarzpunktzikade (*Eupteryx atropunctata*) verursachte durch Saugen auf der Blattoberseite kleine, punktartige, helle Flecken und führte zu optischen und dadurch auch zu Qualitätseinbußen (Abbildung 118).

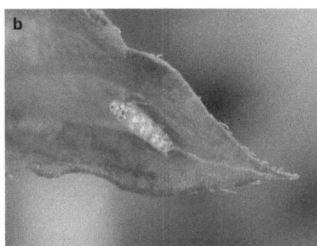

Abbildung 118: Schwarzpunktzikade (*Eupteryx atropunctata*) (a: Frontansicht, b: Rückenansicht)

Ebenfalls häufig traten Minzeblattkäfer auf (Abbildung 119). Den „typischen" Minzeblattkäfer mit seinem grünlich-goldenen Schimmer stellt Chrysolina menthastri (syn. C. herbacea oder C. coerulans) dar. Dieser Käfer hat eine Länge von 8 bis 11 mm und lebt auf und ernährt sich im Zeitraum von Mai bis September von Minzearten. Der Minzeblattkäfer verursacht neben einem charakteristischen Blattfraß zum Teil auch Loch- und Fensterfraß. Zusätzlich kommen auch Geglättete Blattkäfer (Chrysolina polita) vor. Deren Flügeldecken sind rotbraun und nicht metallisch glänzend, wie bei den Minzeblattkäfern. Die übrigen Körperteile sind metallisch grün oder messingfarben metallisch glänzend. Sie haben eine Größe von 6,5 bis 8,5 mm. Die Blattkäfer treten vorwiegend auf Minzen, Gundermann und Salbei in den Monaten von März bis Oktober auf (Abbildung 119). Diese beiden Arten von Blattkäfer kamen an nahezu jeder der Parzellen vor, häufiger an den verschiedenen Pfefferminzsorten als an den übrigen Arten der Gattung Mentha. Warme und trockene Witterung fördert die Vermehrung.

Abbildung 119: Paarung von Käfern im Knospenbereich der „Medicka" (a: Minzeblattkäfer (*Chrysolina menthastri*), b: Geglättete Blattkäfer (*Chrysolina polita*))

Eine Vielzahl an unterschiedlichen Wanzen konnte ebenfalls an den Beständen der Minzen beobachtet werden, von denen jedoch nicht alle zugeordnet werden konnten. Die Glasflügelwanze (*Corizus hyoscyami*) erinnert in ihrer Zeichnung an Feuerwanzen, ist jedoch schlanker und behaarter. Sie kommt häufig an sonnigen, trockenen Standorten auf Kräutern vor (Abbildung 120). Die Beerenwanze (*Dolycoris baccarum*) tritt häufig an Waldrändern und auf Wiesen auf, unter anderem auch in der Nähe von Gärten, in denen sie ihre Hauptnahrung, Beeren, aussaugt. Auf Grund des eingespritzten Speichels werden die Früchte für Menschen ungenießbar. Daneben traten auch Gemeine Wiesenwanzen und andere Vertreter auf (Abbildung 120).

Abbildung 120: Wanzen an Minzen (a: Glasflügelwanze (*Corizus hyoscyami*), b: keine Bestimmung möglich, c: Beerenwanze (*Dolycoris baccarum*), d: Gemeine Wiesenwanze (*Lygus pratensis*))

Neben dem Eigelege eines Marienkäfers in den Knospen der „Ukrainische 541" (Abbildung 117), konnte auch das Ei einer Florfliege beobachtet werden (Abbildung 121). Florfliegen (*Chrysoperla carnea*) bzw. deren Larven, die auch als Blattlauslöwen bekannt sind, werden in dem Betrieb ebenfalls als Nützlinge eingesetzt. Florfliegen ernähren sich von Pollen und Nektar, ihre Larvenstadien jedoch ergreifen mit den zangenartigen Mundwerkzeugen Blattläuse, Wollläuse und Thripse und saugen diese aus.

Abbildung 121: Ei einer Florfliege (*Chrysoperla carnea*) an einer Blattoberfläche

Ebenfalls unter den „Besuchern" vertreten waren verschiedene Gattungen und Arten von Spinnen, wie z.B. die Wespenspinne (*Argiope bruennichi*). Sie zählt zu den Echten Radnetzspinnen. Unverwechselbar werden Wespenspinnen durch ihren gelb-weiß gestreiften Hinterleib, der mit schwarzen Querbändern wespenähnlich gezeichnet ist. Die männlichen Tiere sind braun und deutlich unauffälliger. Charakteristisch ist auch das Zick-Zack-Band im Netz (Abbildung 122). In Abbildung 123 wurden eine Wiesenschaumzikade (*Philaenus spumarius*) und weitere tierische Besucher dargestellt, die allerdings nicht weiter bestimmt werden konnten.

Abbildung 122: Beobachtete Spinnen (a: Wespenspinne (*Argiope bruennichi*) mit deutlichem Zick-Zack-Band im Netz, b: ohne nähere Bestimmung)

Abbildung 123: Wiesenschaumzikade & co. (a: Wiesenschaumzikade, b, c und d: ohne nähere Bestimmung)

3.5 Ertragsauswertung

Die Ernte der acht verschiedenen Vertreter der Gattung *Mentha* erfolgte jeweils im Entwicklungsstadium der Knospenbildung bis zur Blüte jeweils optimalerweise nach drei Tagen Sonnenschein, um einen möglichst hohen Gehalt an ätherischem Öl und dabei auch ein qualitativ hochwertiges Öl erzielen zu können. Im ersten Kulturjahr 2006 wurde auf Grund der übrigen Untersuchungen an den Pflanzen keine Ertragsauswertung durchgeführt.

3.5.1 Frischgewicht [FG]

In Tabelle 5 sind die erzielten Erträge FG [kg/a] aller durchgeführten Schnitte aufgelistet. Es handelt sich dabei um Durchschnittswerte der drei Wiederholungen. Im zweiten Kulturjahr 2007 wurde bei allen Varietäten außer der „Apfelminze" (*M. villosa* HUDS.), der „Japanischen Ölminze" (*M. arvensis* L. var. *piperascens* MALINV. ex HOLMES), der Pfefferminze „BP 83" und geringfügig auch bei „Multimentha" (beide *M. x piperita* L. f. *rubescens* CAMUS) im ersten Schnitt ein höherer Ertrag erzielt als im zweiten Schnitt. Diese Beobachtung konnte auch im dritten Anbaujahr 2008 mit nur einer Ausnahme, der Pfefferminze „Medicka" (*M. x piperita* L. f. *rubescens* CAMUS), bestätigt werden. Durchwegs den geringsten Ertrag erwirtschaftete die „Japanischen Ölminze" (*M. arvensis* L. var. *piperascens* MALINV. ex HOLMES), die allerdings einen schweren Befall mit Minzrost (*Puccinia menthae* PERS.) aufwies. Dies führte zu vermehrtem Blattfall und signifikant geringeren Blattfrischgewichten (siehe **2.4.2 Minzrost (*Puccinia menthae* PERS.)**).

Den mit Abstand höchsten Ertrag erreichte im ersten Schnitt 2007 die „Pfälzer Minze" (*M. x piperita* L. f. *pallescens* CAMUS) mit 524,4 kg/a FG. Den zweithöchsten Ertrag erzielte die ebenfalls helllaubige Pfefferminze „Ukrainische 541" (*M. x piperita* L. f. *pallescens* CAMUS) mit 457,8 kg/a FG, während bei der „Japanischen Ölminze" (*M. arvensis* L. var. *piperascens* MALINV. ex HOLMES) mit 124,4 kg/a FG der geringste Wert gemessen wurde.

Auch beim zweiten Schnitt 2007 konnten die „Pfälzer Minze" (*M. x piperita* L. f. *pallescens* CAMUS) mit 422,1 kg/a FG und die „Ukrainische 541" (*M. x piperita* L. f. *pallescens* CAMUS) mit 411,1 kg/a FG den höchsten Ertrag erzielen. Den geringsten Ertrag im zweiten Schnitt lieferten die Grüne Minze „Scotch" (*M. spicata* L.) mit 200,0 kg/a FG und die dunkellaubige

„Medicka" (*M. x piperita* L. *f. rubescens* CAMUS) mit 201,1 kg/a FG, wobei bei der Grünen Minze „Scotch" eventuell das Auftreten des Minzrostes (*Puccinia menthae* PERS.) einen negativen Einfluss auf den Ertrag hatte. Die „Japanische Ölminze" (*M. arvensis* L. var. *piperascens* MALINV. ex HOLMES) erzielte allerdings im zweiten Schnitt 2007 mit 261,1 kg/a FG ihren höchsten Ertrag der beiden Versuchsjahre.

Im ersten Schnitt 2008 erreichte die „Pfälzer Minze" (*M. x piperita* L. *f. pallescens* CAMUS) mit 615,0 kg/a FG nicht nur den höchsten Ertrag dieses Schnittes, sondern aller durchgeführten Schnitte in den Jahren 2007 und 2008. Den zweithöchsten Wert erzielte, wie auch im ersten Schnitt 2007, die „Ukrainische 541" (*M. x piperita* L. *f. pallescens* CAMUS), jedoch mit 505,8 kg/a FG, also mit 109,2 kg/a FG weniger Krautertrag. Den geringsten Wert verzeichnete, wie auch schon im zweiten Schnitt 2007, „Medicka" (*M. x piperita* L. *f. rubescens* CAMUS) mit nur 97,5 kg/a FG und damit dem geringsten Krautertrag aller durchgeführten Schnitte. Die „Japanische Ölminze" (*M. arvensis* L. var. *piperascens* MALINV. ex HOLMES) musste auf Grund des starken Minzrost-Befalls verworfen werden.

Im zweiten Schnitt 2008 erzielte die helllaubige „Ukrainische 541" den höchsten Ertrag mit 365,8 kg/a FG, gefolgt von 291,7 kg/a FG der ebenfalls helllaubigen „Pfälzer Minze" (beide *M. x piperita* L. *f. pallescens* CAMUS). Den niedrigsten Ertrag erreichte die „Japanische Ölminze" (*M. arvensis* L. var. *piperascens* MALINV. ex HOLMES) mit 122,5 kg/a FG, aber auch die beiden Pfefferminzen des dunkellaubigen Typs (*M. x piperita* L. *f. rubescens* CAMUS), „BP 83" mit 135,8 kg/a FG und „Multimentha" mit 140,0 kg/a FG, konnten nicht viel höhere Erträge erwirtschaften und litten nicht unter einem Befall von Minzrost (*Puccinia menthae* PERS.).

Tabelle 5: Erträge aller Vertreter im Durchschnitt aller drei Wiederholungen in kg/a FG

Varietät	1. Schnitt 2007 [kg/a]	2. Schnitt 2007 [kg/a]	1. Schnitt 2008 [kg/a]	2. Schnitt 2008 [kg/a]
Grüne Minze „Scotch"	416,7	200,0	284,2	255,8
„Pfälzer Minze"	524,4	422,2	615,0	291,7
„Ukrainische 541"	457,8	411,1	505,8	365,8
„Apfelminze"	280,0	361,1	435,0	227,5
„Japanische Ölminze"	124,4	261,1	--	122,5
„BP 83"	326,7	338,9	284,2	135,8
„Medicka"	244,4	201,1	97,5	204,2
„Multimentha"	313,3	314,4	284,2	140,0

Die Durchschnittswerte der beiden Schnitte im jeweiligen Anbaujahr (Tabelle 6 und Abbildung 124) zeigten den höchsten Ertrag für die „Pfälzer Minze", gefolgt von der „Ukrainischen 541" (beide *M. x piperita* L. *f. pallescens* CAMUS) sowohl im Versuchsjahr 2007, als auch 2008. Die schlechtesten Werte wies in beiden Jahren die „Japanische Ölminze" (*M. arvensis* L. *var. piperascens* MALINV. ex HOLMES) auf.

Tabelle 6: Mittelwerte der beiden Schnitte pro Anbaujahr in kg/a FG

Varietät	Durchschnitt 2007 [kg/a] FG	Durchschnitt 2008 [kg/a] FG
Grüne Minze „Scotch"	308,3	270,0
„Pfälzer Minze"	473,3	453,3
„Ukrainische 541"	434,4	435,8
„Apfelminze"	320,6	331,3
„Japanische Ölminze"	192,8	122,5
„BP 83"	332,8	210,0
„Medicka"	222,8	150,8
„Multimentha"	313,9	212,1

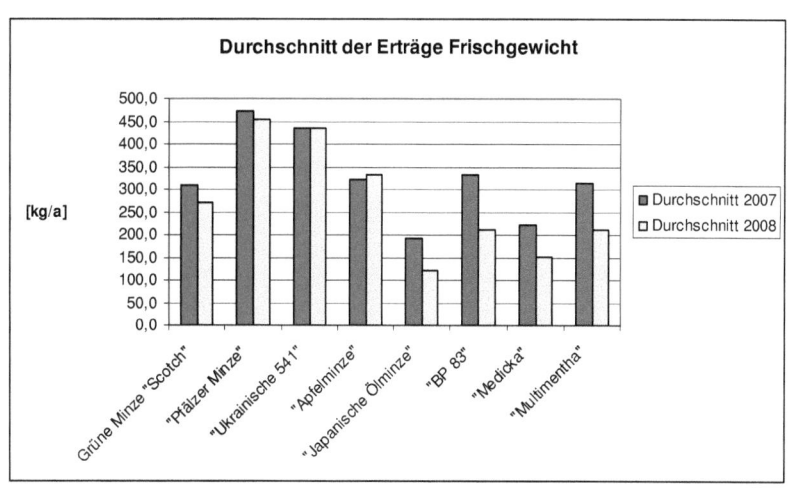

Abbildung 124: Mittelwerte der beiden Schnitte pro Anbaujahr in kg/a FG

Tabelle 7 enthält die Summen der beiden Schnitte für die Erntejahre 2007 und 2008. Die höchste Summe an Frischgewicht [kg/a] wurde von den beiden Pfefferminzen des helllaubigen Typs (*M. x piperita* L. f. *pallescens* CAMUS), „Pfälzer Minze" und „Ukrainische Minze", erreicht. In Summe erzielte die „Pfälzer Minze" eine Erntemenge von 1,85 t/a FG für beide Jahre, die „Ukrainische 541" 1,74 t/a. Die „Apfelminze" (*M. villosa* HUDS.) konnte als einzige weitere Art neben den Vertretern von *M. x piperita* L. in Summe 1,30 t/a, erwirtschaften.

Tabelle 7: Summe der beiden Schnitte pro Anbaujahr in kg/a FG

Varietät	Summe 2007 [kg/a]	Summe 2008 [kg/a]
Grüne Minze "Scotch"	616,7	540,0
"Pfälzer Minze"	946,7	906,7
"Ukrainische 541"	868,9	871,7
"Apfelminze"	641,1	662,5
"Japanische Ölminze"	385,6	122,5
"BP 83"	665,6	420,0
"Medicka"	445,6	301,7
"Multimentha"	627,8	424,2

Es folgen grafische Darstellungen der Summen beider Schnitte aus dem Kulturjahr 2007 (Abbildung 125), den beiden Schnitte des Kulturjahres 2008 (Abbildung 126) und eine Gesamtsumme der vier Schnitte aus beiden Erntejahren (Abbildung 127).

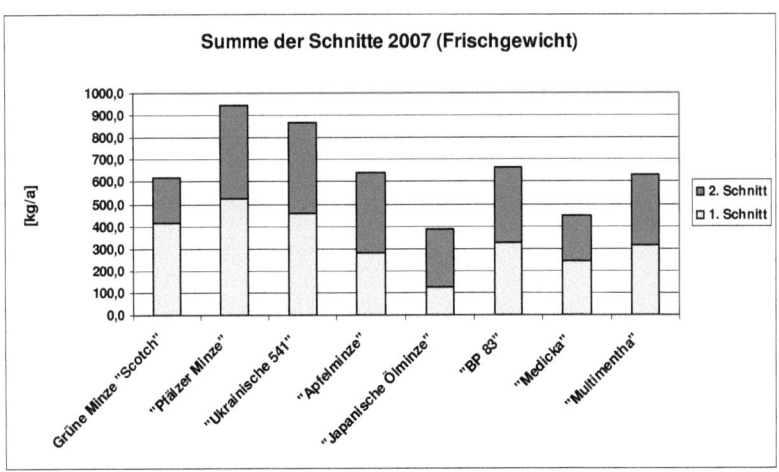

Abbildung 125: Summe der beiden Schnitte im Anbaujahr 2007 in kg/a FG

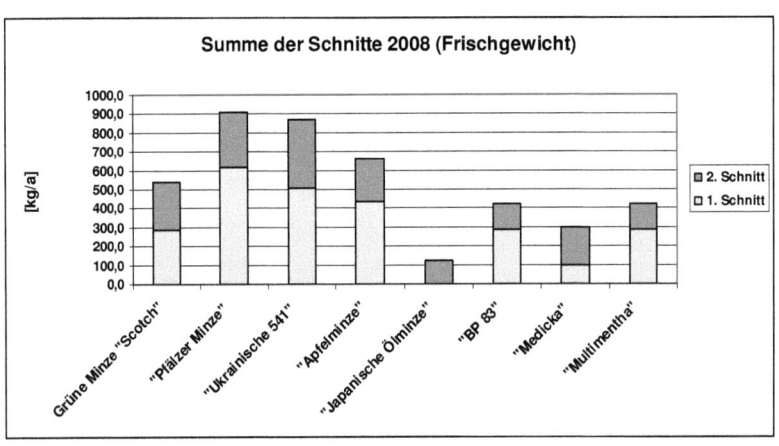

Abbildung 126: Summe der beiden Schnitte im Anbaujahr 2008 in kg/a FG

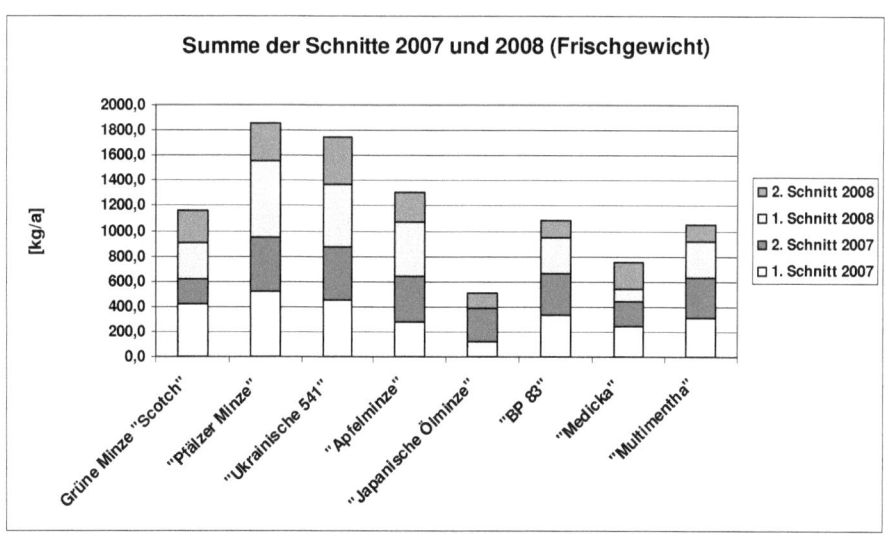

Abbildung 127: Gesamtsumme aller Schnitte der Jahre 2007 und 2008 in kg/a FG

Sowohl beim Durchschnitt der Erträge 2007 und 2008, als auch bei den Summen der beiden Schnitte pro Versuchsjahr und bei Bildung der Summe aller Schnitte konnten die „Pfälzer Minze" und „Ukrainische 541" (*M. x piperita* L. *f. pallescens* CAMUS) die höchsten Erträge erzielen (Abbildung 127), wobei die „Ukrainische 541" lediglich 6,1 % unter der höchsten Gesamtertragsleistung blieb. Die drei Varietäten des dunkellaubigen Typs (*M. x piperita* L. *f. rubescens* CAMUS) zeigten Einbußen bei der Gesamterntemenge von 41,4 % bei „BP 83", 43,2 % bei „Multimentha" und sogar 59,7 % bei „Medicka". Generell niedrigere Erträge wurden lediglich von den übrigen untersuchten Arten neben den Pfefferminzen erzielt. *M. villosa* HUDS. mit dem Vertreter „Apfelminze" erreichte 29,7 % weniger Ertrag in allen Schnitten und *M. spicata* L., die Grüne Minze „Scotch", wies einen um 37,5 % verringerten Ertrag auf. Der geringste Ertrag wurde bei der „Japanischen Ölminze" (*M. arvensis* L. var. *piperascens* MALINV. ex HOLMES) gemessen. Dies kann auf den starken Befall mit Minzrost (*Puccinia menthae* PERS.) zurückgeführt werden, wodurch auch ein Schnitt verworfen werden musste (Abbildung 127).

3.5.2 Trockengewicht [TG]

Eine zusätzliche Auswertung für die Erntemengen als getrocknetes Kraut [kg/a] ist notwendig, um Rückschlüsse auf das Kraut bzw. die Struktur der Pflanzen zu ziehen. In Tabelle 8 sind die Durchschnittserträge aller Wiederholungen für die beiden Schnitte in den Erntejahren 2007 und 2008 angeführt.

Im Vergleich mit Tabelle 5, die die Werte in kg/a FG enthält, können Unterschiede bei den Erträgen im trockenen Zustand des Ernteguts festgestellt werden. Während sich die Reihenfolge der Höchstwerte in Frischgewicht [kg/a] aus „Pfälzer Minze", „Ukrainische 541" (beide *M. x piperita* L. *f. pallescens* CAMUS), „BP 83" (*M. x piperita* L. *f. rubescens* CAMUS) und „Apfelminze" (*M. villosa* HUDS.) zusammensetzte, verschieben sich die Verhältnisse beim Trockengewicht [kg/a] zu „Ukrainische 541", „Pfälzer Minze" (beide *M. x piperita* L. *f. pallescens* CAMUS), Grüne Minze „Scotch" (*M. spicata* L.) und „BP 83" (*M. x piperita* L. *f. rubescens* CAMUS) (Abbildung 128). Zu Unterschieden beim TG kommt es unter anderem, weil etwa die „Apfelminze" im frisch geernteten Zustand einen hohen und stark ausgeprägten Anteil an wasserhältigen Stielen aufwies, während beispielsweise die Grüne Minze „Scotch" aus zarten Trieben bestand, die auch bei der Trocknung nicht viel von ihrer Masse einbüßten.

Tabelle 8: Erträge aller Vertreter im Durchschnitt aller Wiederholungen in kg/a TG

Varietät	1. Schnitt 2007 [kg/a]	2. Schnitt 2007 [kg/a]	1. Schnitt 2008 [kg/a]	2. Schnitt 2008 [kg/a]
Grüne Minze „Scotch"	96,7	38,9	65,0	36,7
„Pfälzer Minze"	90,6	64,4	115,8	26,7
„Ukrainische 541"	83,9	72,2	93,8	45,0
„Apfelminze"	58,3	59,4	80,0	43,3
„Japanische Ölminze"	43,9	50,0	--	26,7
„BP 83"	81,1	52,2	55,7	18,3
„Medicka"	51,7	33,9	21,3	35,0
„Multimentha"	42,8	52,2	53,3	21,7

Nur die „Apfelminze" (*M. villosa* HUDS.) erreichte bei den Mittelwerten im Jahr 2008 einen um 4,7 % höheren Ertrag in kg/a TG, während die dunkellaubige „BP 83" (*M. x piperita* L. f. rubescens CAMUS) nur 55,5 % und die „Japanische Ölminze" (*M. arvensis* L. var. piperascens MALINV. ex HOLMES) nur 56,8 % des Vorjahres 2007 aufwiesen. Die beiden helllaubigen Pfefferminzen (*M. x piperita* L. f. pallescens CAMUS) „Pfälzer Minze" und „Ukrainische 541" erzielten mit 91,9 % und 88,9 % gute Werte, während sich 2008 die übrigen Vertreter Grüne Minze „Scotch" (*M. spicata* L.) und die beiden dunkellaubigen Pfefferminzen „Medicka" und „Multimentha" (*M. x piperita* L. f. rubescens CAMUS) zwischen 65,8 und 79 % gegenüber 2007 befinden (Tabelle 9).

Tabelle 9: Mittelwerte der beiden Schnitte pro Anbaujahr in kg/a TG

Varietät	Durchschnitt 2007 [kg/a TG]	Durchschnitt 2008 [kg/a TG]
Grüne Minze „Scotch"	67,8	50,8
„Pfälzer Minze"	77,5	71,3
„Ukrainische 541"	78,1	69,4
„Apfelminze"	58,9	61,7
„Japanische Ölminze"	46,9	26,7
„BP 83"	66,7	37,0
„Medicka"	42,8	28,2
„Multimentha"	47,5	37,5

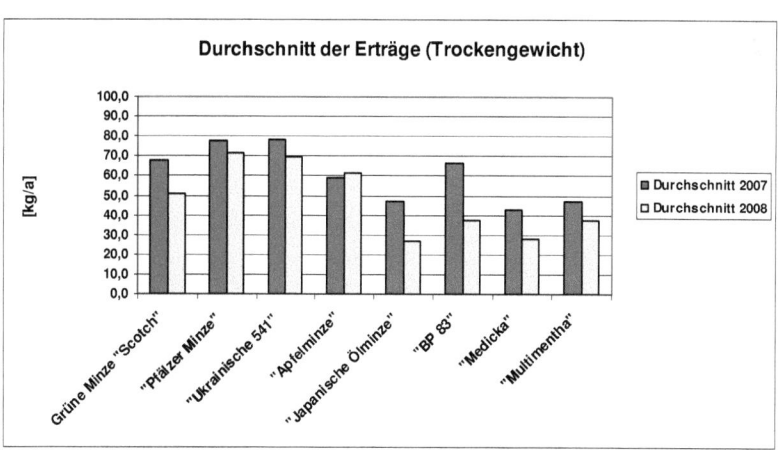

Abbildung 128: Mittelwerte der beiden Schnitte pro Anbaujahr in kg/a TG

Tabelle 10 enthält die Verhältnisse von FG zu TG für die Mittelwerte der beiden Schnitte pro Anbaujahr. Obwohl die „Japanische Ölminze" (*M. arvensis* L. var. *piperascens* MALINV. ex HOLMES) in beiden Versuchsjahren im Durchschnitt den geringsten Ertrag erzielte, wies sie das beste Verhältnis von TG zu FG mit 24,4 % im Anbaujahr 2007 und 21,8 % 2008 auf. 2007 erreichte die Grüne Minze „Scotch" (*M. spicata* L.) mit 22 % ein ebenfalls gutes Ergebnis, während die rostresistente Standardsorte „Multimentha" (*M. x piperita* L. f. *rubescens* CAMUS) nur 15,1 % des FG behielt. Im Anbaujahr 2008 wurde bei der „Pfälzer Minze" (*M. x piperita* L. f. *pallescens* CAMUS), die sowohl beim Mittelwert 2007, als auch 2008 den höchsten Ertrag erzielte, mit 15,7 % das schlechteste Verhältnis von TG zu FG gemessen. Einen ähnlich schlechten Wert von 15,2 % TG zu FG wies auch die „Ukrainische 541" (*M. x piperita* L. f. *pallescens* CAMUS) für das Kulturjahr 2008 auf.

Tabelle 10: Verhältnis zwischen den Mittelwerten für die beiden Schnitte der Anbaujahre 2007 und 2008 in kg/a FG und in kg/a TG

Varietät	Ø 2007 [kg/a] FG	Ø 2007 [kg/a] TG	Ø 2008 [kg/a] FG	Ø 2008 [kg/a] TG
Grüne Minze „Scotch"	308,3	67,8	270,0	50,8
„Pfälzer Minze"	473,3	77,5	453,3	71,3
„Ukrainische 541"	434,4	78,1	435,8	69,4
„Apfelminze"	320,6	58,9	331,3	61,7
„Japanische Ölminze"	192,8	46,9	122,5	26,7
„BP 83"	332,8	66,7	210,0	37,0
„Medicka"	222,8	42,8	150,8	28,2
„Multimentha"	313,9	47,5	212,1	37,5

Auch in der Summe der beiden Schnitte pro Erntejahr in kg/a TG spiegelte sich dieses Ergebnis wieder (Tabelle 11, Abbildungen 129, 130 und 131). Die „Ukrainische 541" (*M. x piperita* L. f. *pallescens* CAMUS) erzielte in Summe der beiden durchgeführten Schnitte 2007 mit 156,1 kg/a TG den höchsten und 2008 mit 138,8 kg/a TG den zweithöchsten Wert, während die ebenfalls helllaubige Pfefferminze „Pfälzer Minze" 2007 mit 155,0 kg/a TG den zweithöchsten und 2008 mit 142,5 kg/a TG den höchsten Ertrag erreichte. Der geringste Ertrag wurde 2007 für die dunkellaubige Pfefferminze „Medicka" (*M. x piperita* L. f. *rubescens* CAMUS) mit nur 85,6 kg/a TG und 2008 bei der „Japanischen Ölminze" (*M. arvensis* L. var. *piperascens* MALINV. ex HOLMES) mit 26,7 kg/a TG gemessen. Zu beachten bleibt für die „Japanische Ölminze" der Verlust eines Schnittes auf Grund des Befalls mit

Minzrost (*Puccinia menthae* PERS.). Auch 2008 erzielte „Medicka" lediglich einen Ertrag von 56,3 kg/a TG (Tabelle 11).

Tabelle 11: Summe der beiden Schnitte pro Anbaujahr in kg/a TG

Varietät	Summe 2007 [kg/a TG]	Summe 2008 [kg/a TG]
Grüne Minze "Scotch"	135,6	101,7
"Pfälzer Minze"	155,0	142,5
"Ukrainische 541"	156,1	138,8
"Apfelminze"	117,8	123,3
"Japanische Ölminze"	93,9	26,7
"BP 83"	133,3	74,0
"Medicka"	85,6	56,3
"Multimentha"	95,0	75,0

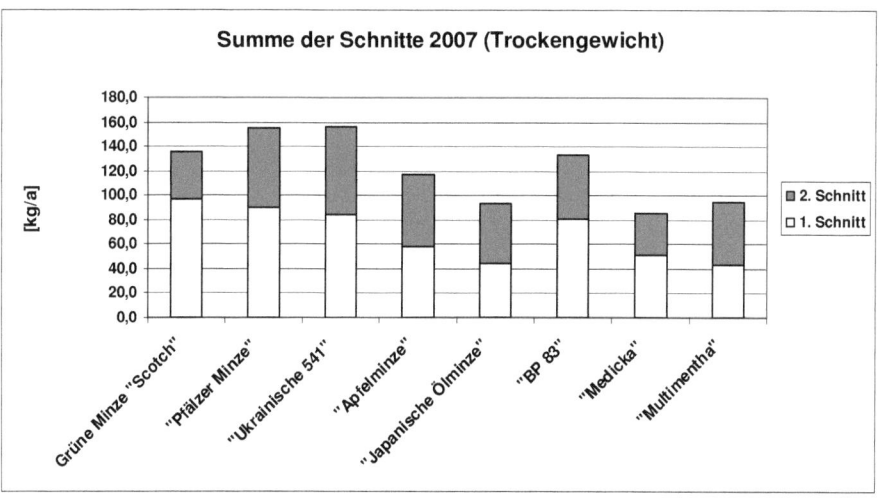

Abbildung 129: Darstellung der Summe der beiden Schnitte im Jahr 2007 in kg/a TG

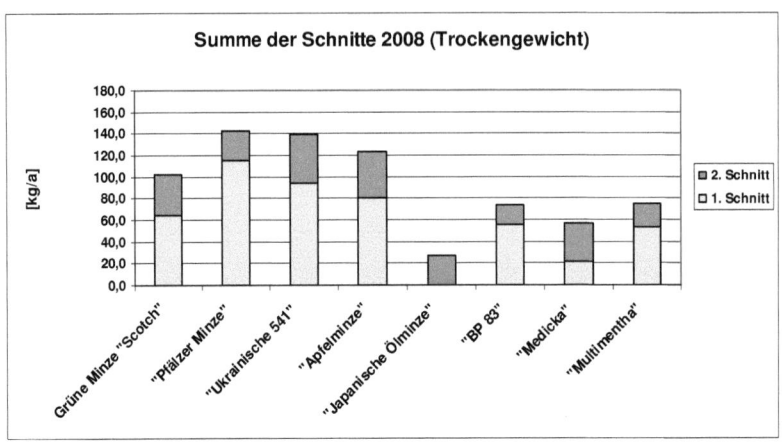

Abbildung 130: Darstellung der Summen der beiden Schnitte im Jahr 2008 in kg/a TG

Im Erntejahr 2008 konnte von der „Japanischen Ölminze" (*M. arvensis* L. *var. piperascens* MALINV. ex HOLMES) auf Grund des starken Befalls mit Minzrost (*Puccinia menthae* PERS.) keine Ertragsauswertung vorgenommen werden. Der Bestand musste bereits vor der Knospenbildung stark zurückgeschnitten und das Erntegut verworfen werden (Abbildung 130).

Die Gesamtsumme aller vier durchgeführten Schnitte 2007 und 2008 zeigte wiederum die höchsten Erträge für die beiden Pfefferminzen des Typs *M. x piperita* L. *f. pallescens* CAMUS, die „Pfälzer Minze" und die „Ukrainische 541", wobei der Ertrag der „Ukrainischen 541" um lediglich 0,9 % unter dem der „Pfälzer Minze lag. Die „Japanische Ölminze" (*M. arvensis* L. *var. piperascens* MALINV. ex HOLMES) wies auf Grund des verworfenen ersten Schnittes 2008 nur 40,5 % des Höchstertrages auf. Die drei dunkellaubigen Pfefferminzen (*M. piperita* L. *f. rubescens* CAMUS) „Medicka", „Multimentha" und „BP 83" wiesen einen um 52,3 %, 42,9 % und 30,3 % verringerten Gesamtertrag auf (Abbildung 131).

In Abbildung 131 wird unter anderem auch deutlich, wie sich der Gesamtertrag durch die vier Summen der einzelnen Schnitte zusammensetzt. So wird z.B. erkennbar, dass die „Pfälzer Minze" gegenüber der „Ukrainischen 541" einen deutlich höheren Ertrag im ersten Schnitt 2008 und einen niedrigeren Ertrag im zweiten Schnitt 2008 erzielte. Auffallend ist auch bei „Medicka" (*M. x piperita* L. *f. rubescens* CAMUS) ein niedriger Ertrag im zweiten Schnitt 2007 und im ersten Schnitt 2008, wobei die „Japanische Ölminze" (*M. arvensis* L.

var. *piperascens* MALINV. ex HOLMES) im zweiten Schnitt 2007 einen höheren Ertrag als diese aufwies (Abbildung 131).

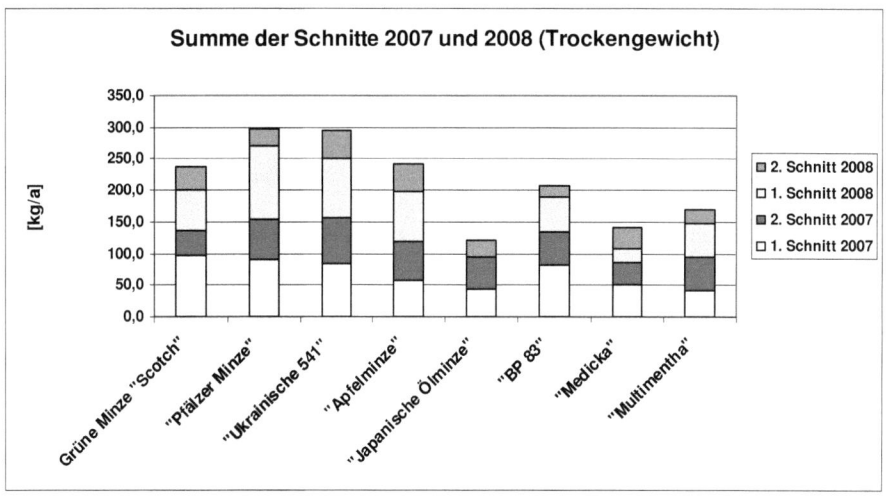

Abbildung 131: Darstellung der Gesamtsumme aller vier Schnitte aus den Jahren 2007 und 2008 in kg/a TG

3.6 Ätherische Öle

3.6.1 Extraktion mittels Wasserdampfdestillation – Gehalt an ätherischen Ölen

In den Tabellen 12 und 13 und Abbildungen 132, 133, 134 und 135 ist der Gehalt an ätherischem Öl zu den einzelnen Schnittzeitpunkten in den Versuchsjahren 2007 und 2008 gemittelt über die drei Wiederholungen dargestellt. Der Gehalt bezieht sich jeweils in Prozent auf das Trockengewicht.

Während im ersten Schnitt 2007 die höchsten Anteile an ätherischem Öl von den beiden Pfefferminzen „Medicka" (*M. x piperita* L. f *rubescens* CAMUS) und „Ukrainische 541" (*M. x piperita* L. f. *pallescens* CAMUS) mit 2,4 % vom Trockengewicht erzielt wurden (Abbildung 132), divergieren die Gehalte im zweiten Schnitt 2007 nicht so stark (Tabelle 12). Bei allen

Vertretern, außer bei der Pfefferminze „Multimentha" (*M. x piperita* L. *f. rubescens* CAMUS) mit einer 5 % geringeren Ölausbeute, wurde im zweiten Schnitt des Versuchsjahres 2007 eine erhöhte Ölausbeute beobachtet. Die „Pfälzer Minze" (*M. x piperita* L. *f pallescens* CAMUS) erreichte mit 2,7 % die höchste Ausbeute. Mit 2,6 % erzielten „Medicka" und „Ukrainische 541", wie auch schon im ersten Schnitt, einen hohen Ölertrag, gleich wie die Grüne Minze „Scotch" (*M. spicata* L.) mit 2,5 % (Abbildung 133). Diese zeigte im zweiten Schnitt eine Erhöhung um 127,3 % gegenüber dem ersten Schnitt und auch die „Apfelminze" (*M. villosa* HUDS.) steigerte sich im zweiten Schnitt um 75 %.

Tabelle 12: Gehalt an ätherischem Öl [% v. TG] des ersten und zweiten Schnittes 2007

Sorte	1. Schnitt [%]	2. Schnitt [%]
"Pfälzer Minze"	1,8	2,7
"Japanische Ölminze"	1,7	2,3
"BP 83"	1,7	2,2
"Medicka"	2,4	2,6
"Multimentha"	2,0	1,9
"Apfelminze"	1,2	2,1
"Ukrainische 541"	2,4	2,6
Grüne Minze "Scotch"	1,1	2,5

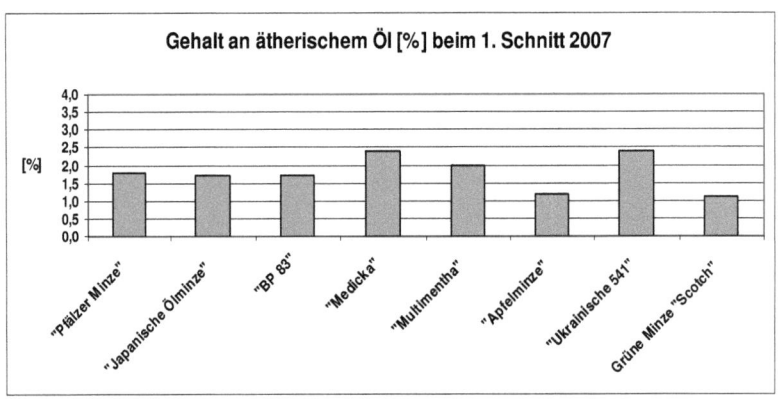

Abbildung 132: Ölausbeute [% v. TG] beim ersten Schnitt 2007

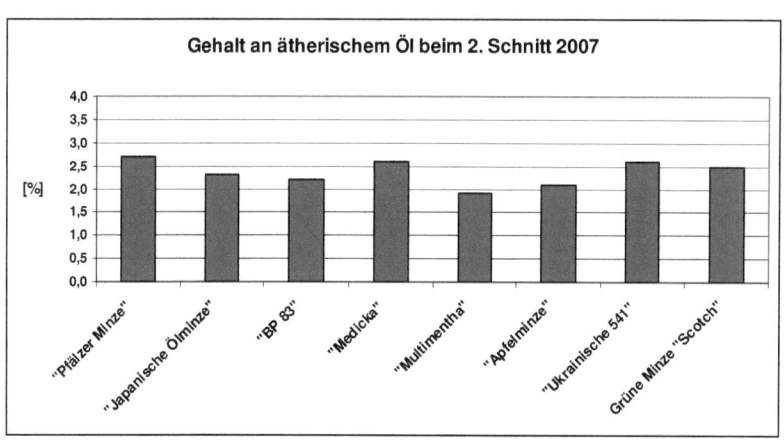

Abbildung 133: Ölausbeute [% v. TG] beim zweiten Schnitt 2007

Auch im zweiten Versuchsjahr erreichte die dunkellaubige Pfefferminze „Medicka" (*M. x piperita* L. f. *rubescens* CAMUS) mit 2,5 % im ersten Schnitt die höchste Ölausbeute und lag im zweiten Schnitt mit 2,2 % im Bereich der übrigen Schnitte. Die geringste Ausbeute erreichte sowohl im ersten, als auch im zweiten Schnitt die „Apfelminze" (*M. villosa* HUDS.) mit 1,3 und 1,4 % vom Trockengewicht. Die „Japanische Ölminze" (*M. arvensis* L. var. *piperascens* MALINV. ex HOLMES) wurde im ersten Schnitt 2008 auf Grund des starken Befalls mit Minzrost (*Puccinia menthae* PERS.) verworfen (Abbildung 134). Die höchsten Ölerträge im zweiten Schnitt erzielten die beiden helllaubigen Pfefferminzen (*M. x piperita* L. f. *pallescens* CAMUS) „Ukrainische 541" mit 3,4 % und „Pfälzer Minze" mit 3,0 % des Trockengewichts (Abbildung 135). Wie auch im Versuchsjahr 2007 (Tabelle 12), wurde im Kulturjahr 2008 bei allen Vertretern eine gleiche bis höhere Ausbeute gemessen (Tabelle 13). Während bei „Medicka" und der „Apfelminze" die Erträge annähernd gleich blieben, erzielten die „Pfälzer Minze" und die „Ukrainische 541" Erhöhungen von 50 % und 54,6 % gegenüber dem ersten Schnitt.

Tabelle 13: Gehalt an ätherischem Öl [% v. TG] des ersten und zweiten Schnittes 2008

Sorte	1. Schnitt [%]	2. Schnitt [%]
"Pfälzer Minze"	2,0	3,0
"Japanische Ölminze"	--	1,6
"BP 83"	1,6	2,2
"Medicka"	2,5	2,5
"Multimentha"	2,0	2,6
"Apfelminze"	1,3	1,4
"Ukrainische 541"	2,2	3,4
Grüne Minze "Scotch"	2,1	2,4

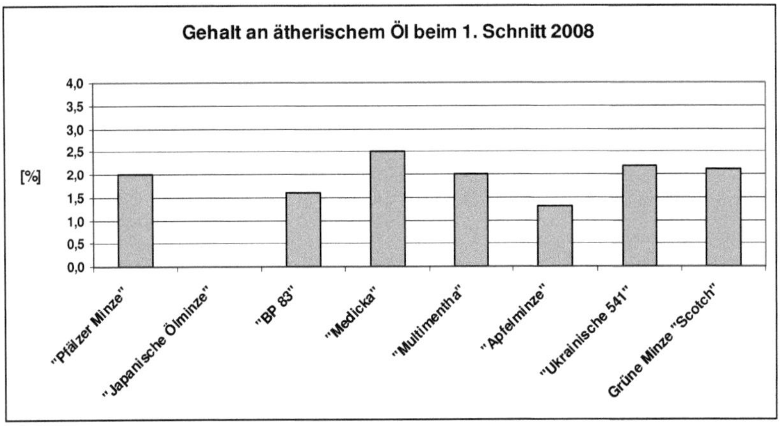

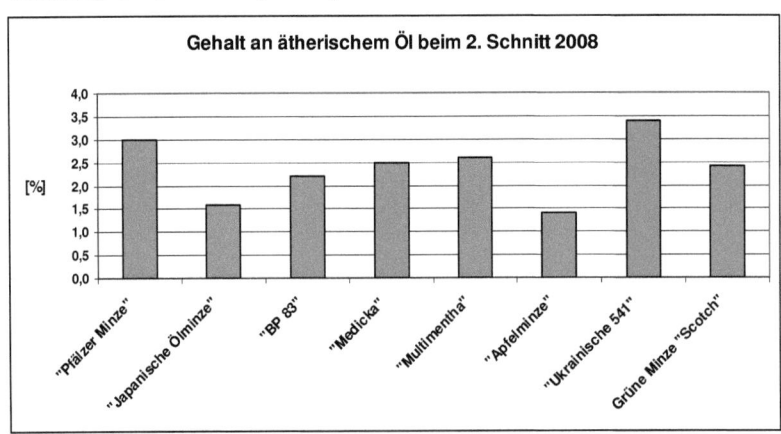

Abbildung 134: Ölausbeute [% v. TG] beim ersten Schnitt 2008

Abbildung 135: Ölausbeute [% v. TG] beim zweiten Schnitt 2008

Die Pfefferminze „Medicka" (*M. x piperita* L. f. *rubescens* CAMUS) wies bei der Mittlung der beiden Schnitte für das jeweilige Extraktionsjahr 2007 und 2008 die konstantesten Werte auf. Während die durchschnittliche Ausbeute 2007 bei der „Japanischen Ölminze" (*M. arvensis* L. var. *piperascens* MALINV. ex HOLMES), „BP 83" (*M. x piperita* L. f. *rubescens* CAMUS) und bei der „Apfelminze" (*M. villosa* HUDS.) höher lag, erreichten die „Pfälzer Minze" und „Ukrainische 541" (beide *M. x piperita* L. f. *pallescens* CAMUS), wie auch „Multimentha" (*M. x piperita* L. f. *rubescens* CAMUS) und die Grüne Minze „Scotch" (*M. spicata* L.) erhöhte Ausbeuten im Kulturjahr 2008 (Tabelle 14 und Abbildung 136).

Tabelle 14: Durchschnittlicher Gehalt an ätherischem Öl [% v. TG] in den Extraktionsjahren 2007 und 2008

Sorte	Mittelwert 2007 [%]	Mittelwert 2008 [%]
"Pfälzer Minze"	2,3	2,5
"Japanische Ölminze"	2,0	1,6
"BP 83"	2,0	1,9
"Medicka"	2,5	2,5
"Multimentha"	2,0	2,3
"Apfelminze"	1,7	1,4
"Ukrainische 541"	2,5	2,8
Grüne Minze "Scotch"	1,8	2,3

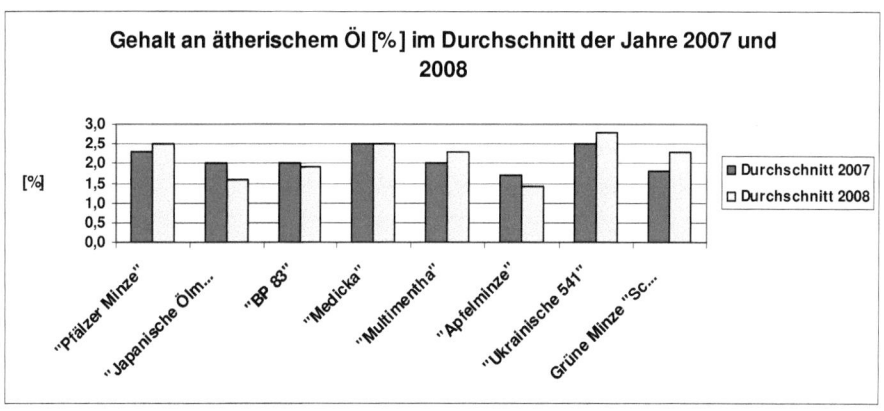

Abbildung 136: Durchschnittlicher Gehalt an ätherischem Öl [% v. TG] in den Jahren 2007 und 2008

Obwohl in der Praxis folgender Schluss nicht korrekt ist, wurden in den kommenden Abbildungen die Ölgehalte der einzelnen Schnitte über die Anbaujahre addiert, um diese besser graphisch darstellen und vergleichen zu können. Zulässig ist korrekterweise nur die Bildung eines Durchschnittswertes zwischen den einzelnen Schnitten. Betrachtet man unter diesen Voraussetzungen die Summe der beiden Schnitte 2007, so hätten sich mit 5,0 % vom Trockengewicht die höchsten Öl-Ausbeuten für „Medicka" (*M. x piperita* L. f. *rubescens* CAMUS) und die „Ukrainische 541" (*M. x piperita* L. f. *pallescens* CAMUS) ergeben, während die geringste Ausbeute mit 3,3 % vom TG von der „Apfelminze" (*M. villosa* HUDS.) erreicht wurde (Abbildung 137).

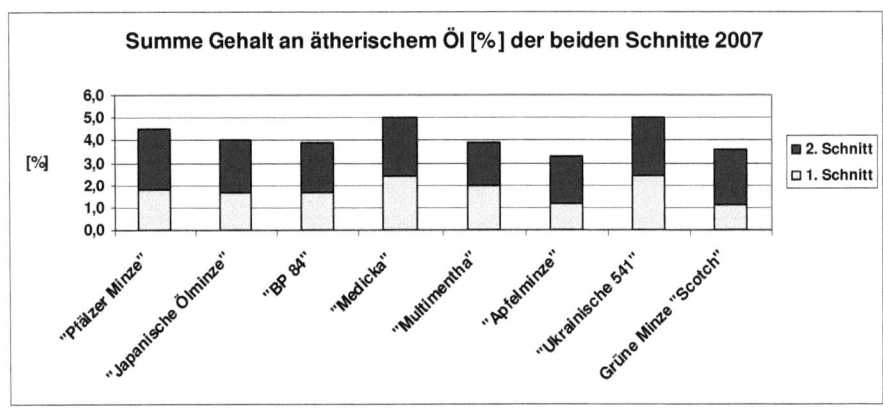

Abbildung 137: Summe der Ölausbeute [% v. TG] im Erntejahr 2007

Für die theoretische Summe der beiden Schnitte des Anbaujahres 2008 (Abbildung 138) erzielte die „Ukrainische 541" (*M. x piperita* L. f. *pallescens* CAMUS) mit 5,6 % vom TG die höchste Ölausbeute, gefolgt von „Medicka" (*M. x piperita* L. f. *rubescens* CAMUS) und der „Pfälzer Minze" (*M. x piperita* L. f. *pallescens* CAMUS) mit 5,0 % vom TG. Den geringsten Ertrag erreichte die „Japanische Ölminze" (*M. arvensis* L. var. *piperascens* MALINV. ex HOLMES), da ihr ein Schnitt auf Grund des hohen Befallsdruck mit Minzrost (*Puccinia menthae* PERS.) fehlte. Wie schon bei der Summe des Versuchsjahres 2007 mit 3,3 % vom TG, erzielte die „Apfelminze" auch 2008 in Summe nur 2,7 % vom TG. Das sind lediglich 48,2 % der summierten Jahres-Ertragsleistung der „Ukrainischen 541".

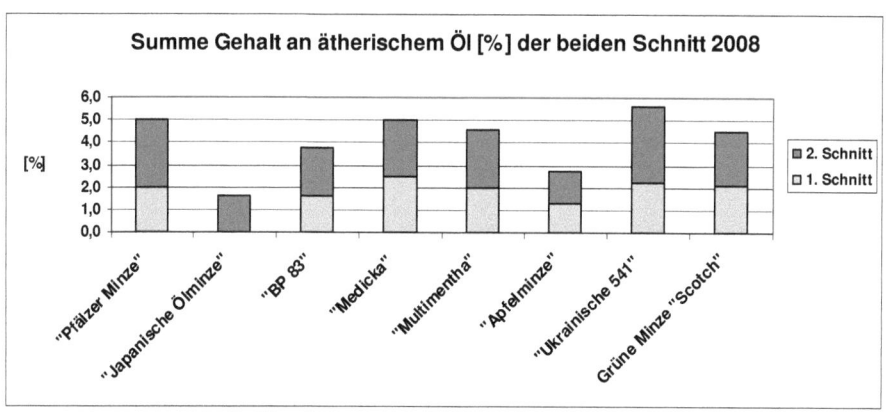

Abbildung 138: Summe der Ölausbeute [% v. TG] im Erntejahr 2008

Der höchste Gehalt in Summe der vier durchgeführten Schnitten konnte von den helllaubigen Pfefferminzen „Ukrainische 541" mit 10,6 % vom TG, der „Pfälzer Minze" mit 9,5 % vom TG (beide *M. x piperita* L. f. *pallescens* CAMUS) und der dunkellaubigen Pfefferminze „Medicka" (*M. x piperita* L. f. *rubescens* CAMUS) mit 10,0 % erzielt werden. Die geringsten Werte wurden von der „Apfelminze" (*M. villosa* HUDS.) mit 6,0 % vom TG und von der „Japanischen Ölminze" (*M. arvensis* L. var. *piperascens* MALINV. ex HOLMES) mit 5,6 % vom TG erreicht (Abbildung 139).

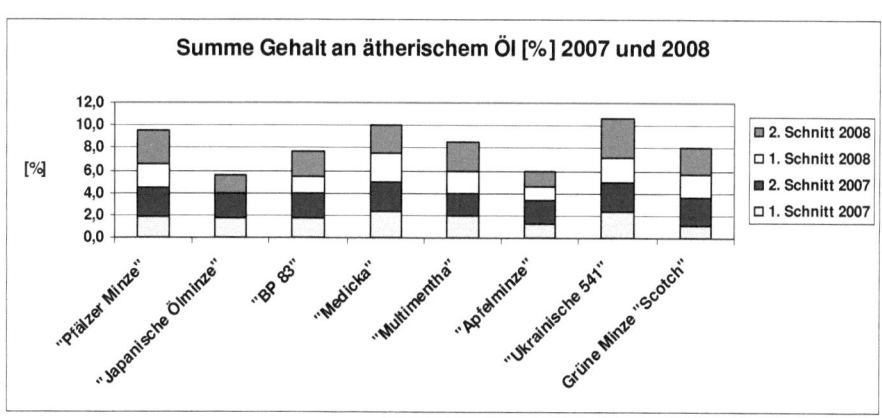

Abbildung 139: Summe der Ölausbeute [% v. TG] aller Schnitte aus 2007 und 2008

3.6.2 Gaschromatographische Analyse (GC & GC-MS)

Die extrahierten ätherischen Öle wurden gaschromatografisch analysiert. Die erhaltenen Chromatogramme befinden sich in den Abbildungen 140 bis 147. Bei Betrachtung dieser wird deutlich, dass vor allem in den Chromatogrammen verschiedener Arten Unterschiede erkannt werden können. Chromatogramme von Vertretern derselben Art, wie die Chromatogramme der fünf Pfefferminze-Varietäten (Abbildungen 140, 142, 143, 144 und 146), weisen geringe Abweichungen auf.

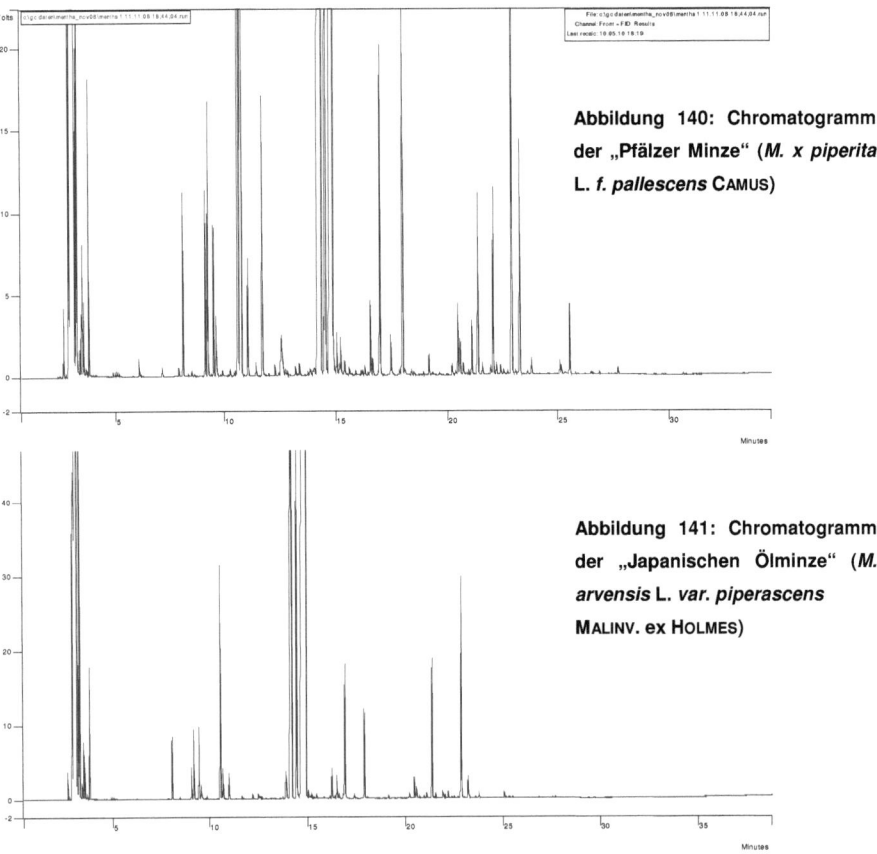

Abbildung 140: Chromatogramm der „Pfälzer Minze" (*M. x piperita* L. *f. pallescens* CAMUS)

Abbildung 141: Chromatogramm der „Japanischen Ölminze" (*M. arvensis* L. *var. piperascens* MALINV. ex HOLMES)

Im Vergleich der beiden Chromatgramme der Pfefferminze „Pfälzer Minze" (*M. x piperita* L. *f. rubescens* CAMUS) (Abbildung 140) und der „Japanischen Ölminze (*M. arvensis* L. *var. piperascens* MALINV. ex HOLMES) (Abbildung 141) werden signifikante Unterschiede im Bereich der Retentionszeit von 8 bis 14 Minuten deutlich. Es werden im ätherischen Öl der

„Pfälzer Minze" viel mehr Substanzen in teilweise höheren Konzentrationen als in der „Japanischen Ölminze" detektiert. Auch nach 15 Minuten scheinen im Chromatogramm der Pfefferminze deutlich mehr Substanzen auf. Beim Vergleich der beiden Chromatogramme bzw. mit anderen Chromatogrammen ist erkennbar, dass sich das ätherische Öl der „Japanischen Ölminze" aus weniger Substanzen zusammensetzt (Tabelle 15).

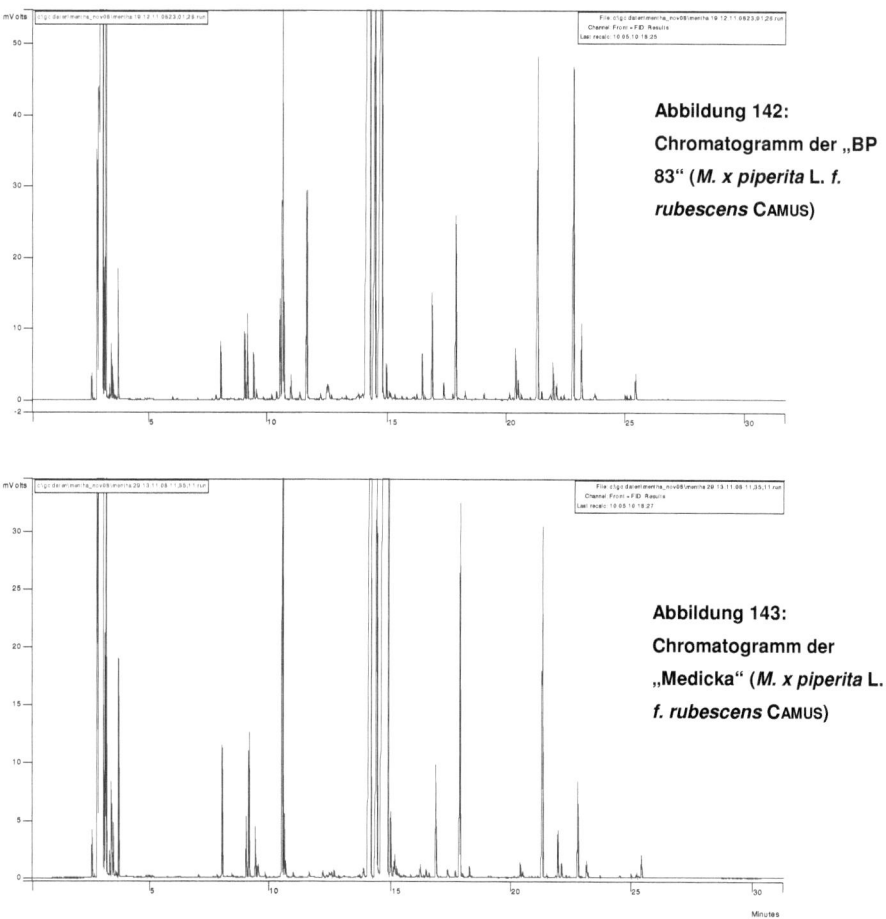

Abbildung 142:
Chromatogramm der „BP 83" (*M. x piperita* L. f. *rubescens* CAMUS)

Abbildung 143:
Chromatogramm der „Medicka" (*M. x piperita* L. f. *rubescens* CAMUS)

Die Chromatogramme der beiden dunkellaubigen Pfefferminzen „BP 83" und „Medicka" (*M. x piperita* L. f. *rubescens* CAMUS) zeigen weniger deutliche Unterschiede. Während „BP 83" (Abbildung 142) beispielsweise bei einer Retentionszeit von etwa 12 Minuten und bei 23 Minuten noch einen verstärkten Peak aufweist, findet sich ein solcher im

Chromatogramm des ätherischen Öles von „Medicka" (Abbildung 143) bei einer Retentionszeit von etwa 17,5 Minuten.

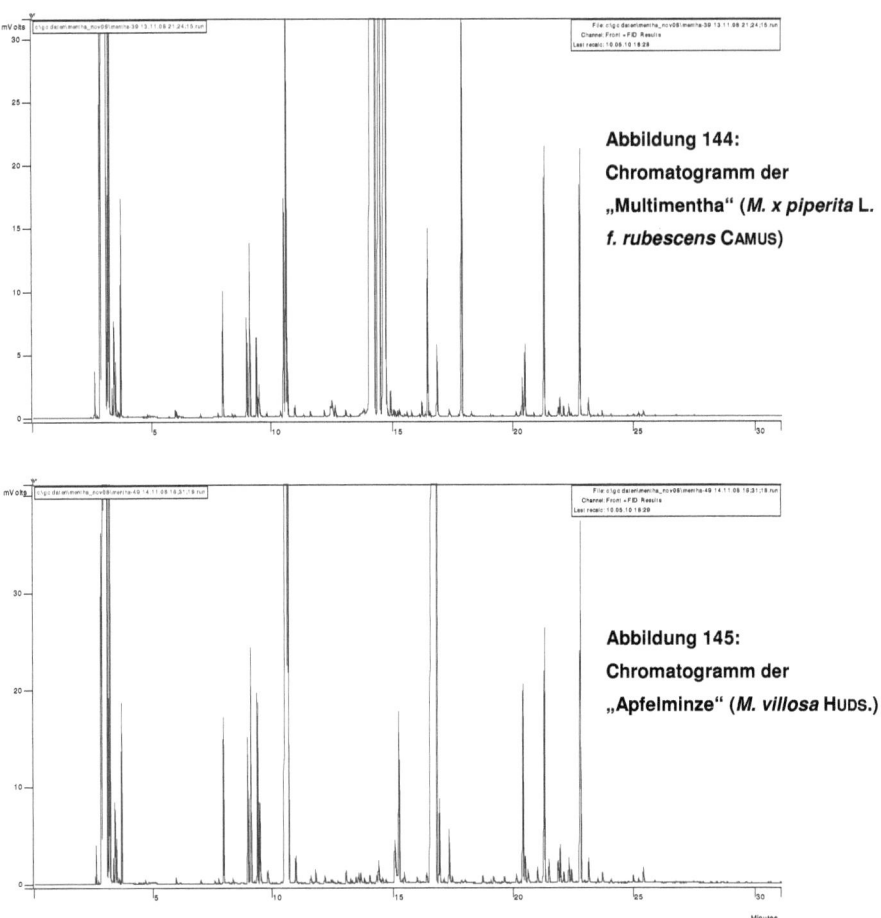

Abbildung 144:
Chromatogramm der „Multimentha" (*M. x piperita* L. f. *rubescens* CAMUS)

Abbildung 145:
Chromatogramm der „Apfelminze" (*M. villosa* HUDS.)

Während im Chromatogramm der dunkellaubigen „Multimentha" (*M. x piperita* L. f. *rubescens* CAMUS) (Abbildung 144) sich bei einer Retentionszeit zwischen 14 und 15 Minuten die bei Pfefferminzen und der „Japanischen Ölminze" auftretenden Mehrfachpeaks (Abbildungen 140, 141, 142, 143, 144 und 146) zeigen, weisen die Chromatogramme der „Apfelminze" (*M. villosa* HUDS.) (Abbildung 145) und der Grünen Minze „Scotch" (*M. spicata* L.) (Abbildung 147) in diesem Bereich keine hohen Konzentrationen an den betreffenden Substanzen auf. Die „Apfelminze" weist nur im Bereich einer Retentionszeit von 16 bis 17 Minuten stärkere Peaks als „Multimentha" auf.

Gesamt können weniger Substanzen in der „Apfelminze" als in „Multimentha" detektiert werden.

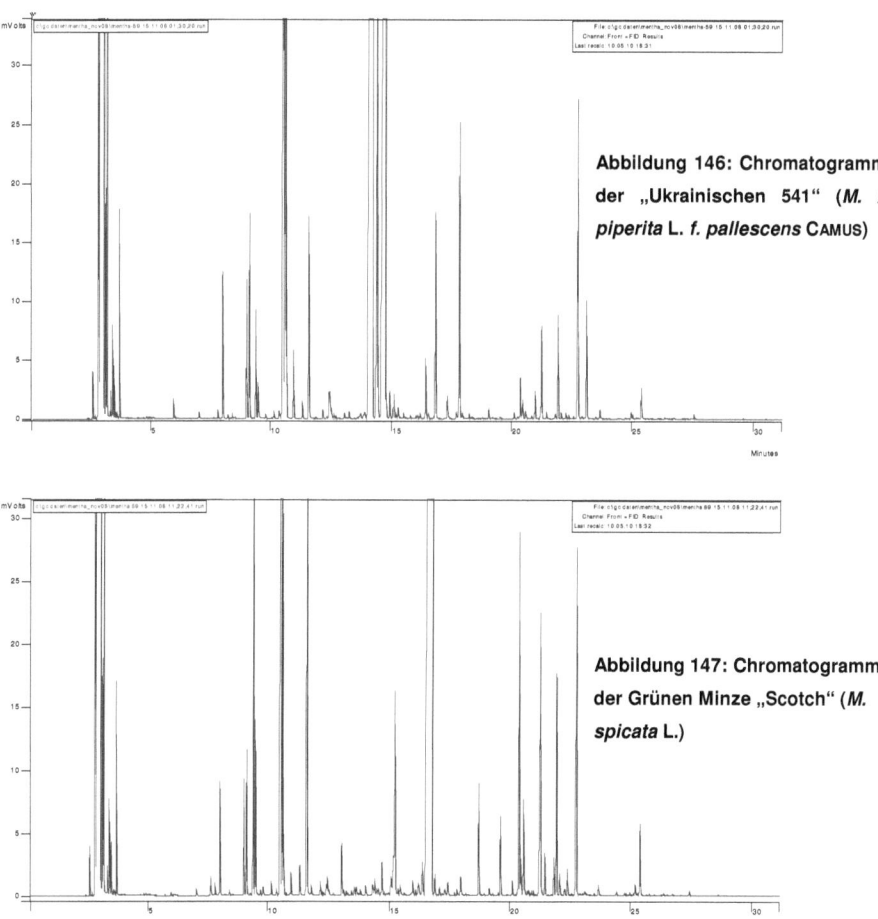

Abbildung 146: Chromatogramm der „Ukrainischen 541" (*M. x piperita* L. *f. pallescens* CAMUS)

Abbildung 147: Chromatogramm der Grünen Minze „Scotch" (*M. spicata* L.)

Auch im Chromatogramm des ätherischen Öles der Grünen Minze „Scotch" (*M. spicata* L.) (Abbildung 147) finden sich die Mehrfachpeaks bei einer Retentionszeit zwischen 14 und 15 Minuten nicht, die beispielsweise bei der „Ukrainischen 541" (*M. x piperita* L. *f. pallescens* CAMUS) (Abbildung 146) beobachtet werden können. Im Gegenzug dafür treten im Bereich von 9 Minuten und auch zwischen 20 und 23 Minuten bei der Grünen Minze „Scotch" verstärkte Peaks auf. Bereits beim Betrachten wird klar, dass sich das ätherische

Öl der Grünen Minze „Scotch" aus einer großen Anzahl von Einzelkomponenten zusammensetzt (Tabelle 15).

Nach der Analyse der ätherischen Öle können den unterschiedlichen Vertretern der Gattung *Mentha* insgesamt 54 Komponenten zugeordnet werden (Tabelle 15).

Tabelle 15: Inhaltsstoffe [%] der verschiedenen Arten und Sorten laut GC-MS (Rest auf 100 % konnte nicht zugeordnet werden; -- = in der betreffenden Art oder Sorte nicht vorhanden)

Peak	Substanz	Ret.-Index	Apfelminze	BP 83	Grüne Minze	Japanische Ölminze	Medicka	Multimentha	Pfälzer Minze	Ukrainische 541
1	α-Thujen	928	--	--	0,1	--	--	--	--	0,03
2	α-Pinen	935	0,6	0,4	0,6	0,5	0,6	0,5	0,6	0,6
3	Sabinen	974	0,6	0,5	0,6	0,3	0,3	0,4	0,6	0,7
4	β-Pinen	980	1,0	0,7	0,7	0,6	0,7	0,8	1,0	1,0
5	Myrcen	990	0,8	0,4	3,0	0,6	--	0,4	0,5	0,5
6	Octanol	994	0,5	--	0,9	--	--	0,2	0,3	0,2
7	1,5,8-p-Menthatrien	1007	0,1	--	0,1	--	--	--	--	--
8	α-Terpinen	1019	--	0,04	0,1	--	--	--	0,02	0,03
9	1,8-Cineol	1030	16,3	1,2	9,9	2,4	4,5	1,0	5,9	6,4
10	Limonen	1033	4,4	4,0	1,8	0,1	0,7	3,4	4,7	4,7
11	cis-Ocimen	1036	0,1	0,7	0,3	0,3	0,2	0,4	1,0	1,0
12	trans-β-Ocimen	1046	0,4	0,2	0,1	0,2	--	--	0,3	0,3
13	γ-Terpinen	1060	--	0,1	0,1	--	--	--	0,1	0,1
14	trans-Sabinenhydrat	1069	--	1,8	3,7	0,04	0,1	0,1	1,1	1,1
15	α-Terpinolen	1090	--	0,1	0,1	0,04	--	0,04	0,1	0,1
16	cis-Sabinenhydrat	1099	--	0,1	0,1	--	0,1	--	0,1	0,1
17	Linalool	1101	--	0,1	--	--	--	0,2	0,2	0,2
18	Alloocimen	1128	--	--	--	--	--	--	0,1	--
19	trans-Limonen-Oxid	1140	--	--	0,1	--	--	--	--	--
20	Isopulegol	1149	--	--	--	0,5	0,1	0,1	--	--
21	Menthon	1163	--	47,6	0,2	17,2	22,2	56,4	42,3	40,4
22	Menthofuran	1167	0,5	1,5	0,1	--	--	--	0,1	--
23	Isomenthon	1170	0,2	8,9	0,1	4,7	5,8	10,0	5,2	5,8
24	(3E,5Z)-1,3,5-undecatriene	1173	--	--	0,0	--	--	--	--	--
25	Menthol	1181	0,8	18,9	0,8	63,1	56,9	14,2	22,9	24,8
26	Neoisomenthol	1188	--	--	--	--	--	--	0,1	0,2
27	Menthol-Stereoisomer	1189	--	--	--	--	0,4	0,2	--	--
28	α-Terpineol	1195	0,6	0,2	0,2	--	0,2	--	0,1	0,1
29	cis-Dihydrocarvon	1200	1,7	--	2,2	--	--	--	0,1	0,1
30	trans-Dihydrocarvon	1205	0,1	--	0,1	--	--	--	--	--
31	D-Pulegon	1243	0,1	0,7	0,2	0,2	0,1	1,2	0,3	0,4

Peak	Substanz	RetIndex	Apfelminze	BP 83	Grüne Minze	Japanische Ölminze	Medicka	Multimentha	Pfälzer Minze	Ukrainische 541
32	Carvon	1246	58,6	0,1	61,4	1,0	0,1	0,1	0,6	0,2
33	Piperiton	1258	0,7	1,1	0,2	1,7	0,8	0,5	1,7	1,7
34	Iso-Piperiton	1276	0,4	0,1	--	--	--	--	0,2	0,2
35	Carvacrol	1281	--	--	0,1	--	--	--	--	--
36	Menthylacetat	1294	0,1	1,5	0,1	0,8	1,5	2,5	2,9	2,9
37	Dihydrocarvylacetat	1326	0,1	--	0,4	--	--	--	--	--
38	Piperitenon	1343	0,1	--	--	--	--	--	--	--
39	Carvylacetat	1360	0,1	--	0,4	--	--	--	--	--
40	α-Copaene	1381	--	--	0,1	0,1	--	--	--	--
41	β-Bourbonen	1391	1,5	0,4	2,0	0,2	0,1	0,2	0,3	0,3
42	β-Elemen	1393	0,3	0,2	0,3	0,1	--	0,6	0,2	0,1
43	Jasmon	1398	0,2	0,1	0,5	--	--	--	--	--
44	α-Gurjunen / Isomer Caryophyllen	1416	0,1	--	--	--	--	--	0,2	0,2
45	trans-(β)-Caryophyllen	1427	2,1	3,3	1,8	1,5	2,2	2,1	0,7	0,6
46	β-Cubeben	1434	0,2	0,1	0,2	--	--	--	--	--
47	Sesquiterpenkohlenwasserstoff (C15H26)	1453	0,3	0,3	0,2	--	0,3	--	--	--
48	α-Humulen	1459	0,1	0,1	1,2	0,1	--	0,2	--	--
49	trans-β-Farnesen	1463	0,2	0,1	0,1	0,01	0,1	0,1	0,7	0,6
50	Epibicyclosesquiphellandren	1472	0,1	--	0,1	--	--	0,1	--	--
51	Germacren-D	1488	3,4	3,3	2,2	2,4	0,7	2,5	2,4	2,0
52	Bicyclogermacren	1503	0,2	0,5	0,01	0,2	0,1	0,2	0,7	0,6
53	δ-Cadinen	1527	0,1	0,1	0,1	0,1	--	0,04	0,1	0,1
54	Viridiflorol	1603	0,2	0,2	0,3	--	0,2	0,02	0,3	0,2
	Summe	[%]	97,9	99,5	97,9	98,7	98,7	98,4	98,6	98,4

Im ätherischen Öl der „Apfelminze" (*M. villosa* HUDS.) konnten 38 Substanzen identifiziert werden, die 97,9 % des ätherischen Öles zusammensetzen. Das ätherische Öl der Grünen Minze „Scotch" (*M. spicata* L.) bestand zu 97,9 % aus 47 Komponenten und es konnten bei der „Japanischen Ölminze" (*M. arvensis* L. var. *piperascens* MALINV. ex HOLMES) 27 Substanzen zugeordnet werden, die 98,7 % des ätherischen Öles ausmachten.

Während das ätherische Öl der beiden helllaubigen Pfefferminzen (*M. x piperita* L. f. *pallescens* CAMUS) mit 37 zugeordneten Substanzen und 98,6 % bei der „Pfälzer Minze" und 36 zugeordneten Substanzen und 98,4 % bei der „Ukrainischen 541" keine starken Abweichungen aufwies (Tabelle 15), divergieren die Ergebnisse für die drei dunkellaubigen Pfefferminzen (*M. x piperita* L. f. *rubescens* CAMUS) stark. Bei „Medicka" konnten nur 25 Komponenten identifiziert werden, die allerdings 98,7 % des ätherischen Öles bilden. Während für das ätherische Öl der „Multimentha" bereits 30 Substanzen zugewiesen werden konnten, die 98,4 % darstellten, wurden in „BP 83" 36 Komponenten zugeordnet, die 99,5 % des ätherischen Öles bildeten. Es liegt keine mögliche Begründung für diese Tatsache vor.

Bei den folgenden 12 Substanzen wurde im ätherischen Öl von mindestens einer der acht untersuchten Arten und Sorten ein Gehalt von mehr als 2 % erreicht.

<u>MYRCEN ($C_{10}H_{16}$):</u>

Myrcen ist ein dreifach ungesättigter acyclischer Monoterpenkohlenwasserstoff und dient zur Herstellung von Geruchs- und Geschmacksstoffen, die in der Parfümerie und Pharmazie eingesetzt werden.

Wie in Abbildung 148 ersichtlich, wies die Grüne Minze „Scotch" (*M. spicata* L.) den höchsten Gehalt an Myrcen auf. Auch die „Apfelminze" (*M. villosa* HUDS.) und die „Japanische Ölminze" (*M. arvensis* L. var. *piperascens* MALINV. ex HOLMES) erreichten höhere Werte als die fünf Varietäten der Pfefferminze (*M. x piperita* L.), wobei in den beiden helllaubigen Vertretern „Pfälzer Minze" und „Ukrainische 541" der Gehalt annähernd gleich war und über dem der drei dunkellaubigen Vertreter „BP 83", „Multimentha" und „Medicka" lag.

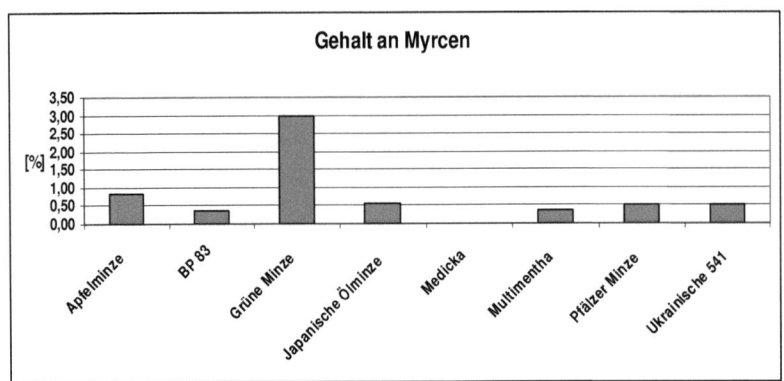

Abbildung 148: Gehalt an Myrcen [%]

1,8-CINEOL ($C_{10}H_{18}O$) und LIMONEN ($C_{10}H_{16}$):

1,8-Cineol:

1,8-Cineol gehört zu den bicyclischen Epoxy-Monoterpenen, genauer den Limonenoxiden. Es riecht frisch und campherartig und wird einerseits bei Atemwegserkrankungen des Menschen, vorwiegend aber in der Veterinärmedizin verwendet. Es kommt aber auch als Aromastoff in der Parfumindustrie zum Einsatz.

Die höchsten Werte an 1,8-Cineol erreichten die „Apfelminze" (*M. villosa* HUDS.) und die Grüne Minze „Scotch" (*M. spicata* L.), wobei der Grenzwert von 14 % von der Apfelminze mit 16,3 % überschritten wurde. Dieser Wert gilt allerdings für Pfefferminzöl. Nicht erreicht wurde der untere Richtwert von 3,5 % von den beiden dunkellaubigen Pfefferminzen „BP 83" und „Multimentha" (beide *M. x piperita* L. f. *rubescens* CAMUS) und der „Japanischen Ölminze" (*M. arvensis* L. var. *piperascens* MALINV. ex HOLMES) (Abbildung 149).

LIMONEN:

Limonen ist das in Pflanzen am häufigsten vorkommende monocyclische Monoterpen. Es gibt zwei Enantiomere, das (*R*)-(+)-Limonen (auch als D-(+)-Limonen oder (+)-Limonen bezeichnet) und das (*S*)-(–)-Limonen (auch als L-(–)-Limonen oder (–)-Limonen bezeichnet). Es wurde erstmals 1878 von Gustave Bouchardat durch Erhitzen von Isopren hergestellt.

In Edeltannen- und Pfefferminzöl ist (–)-Limonen enthalten und riecht nach Terpentin. (–)-Limonen wird in verhältnismäßig kleinen Mengen aus den entsprechenden Ölen extrahiert. Limonen kann auch zu Carvon autooxidieren. Traditionell wird Limonen als billiger Duftstoff eingesetzt. Heute wird es vorwiegend als biogenes Lösungsmittel verwendet und dient als Reiniger und Verdünnungsmittel, beispielsweise in der Lackindustrie.

Der Grenzwert für Limonen liegt bei 5 % und wurde nicht überschritten. Das Verhältnis von Cineol zu Limonen soll laut Literatur mehr als 2 betragen. Diese Vorgabe wurde lediglich von den vier Pfefferminze-Varietäten „BP 83", „Multimentha" (beide *M. x piperita* L. f. *rubescens* CAMUS), „Pfälzer Minze" und „Ukrainische 541" (beide *M. x piperita* L. f. *pallescens* CAMUS) nicht eingehalten. Die dunkellaubigen Pfefferminzen „BP 83" und „Multimentha" erreichten einen noch in der Norm liegenden Limonen-Gehalt von unter 5 %, der den Gehalt an Cineol aber um mehr als das dreifache überschritten hat (Abbildung 149).

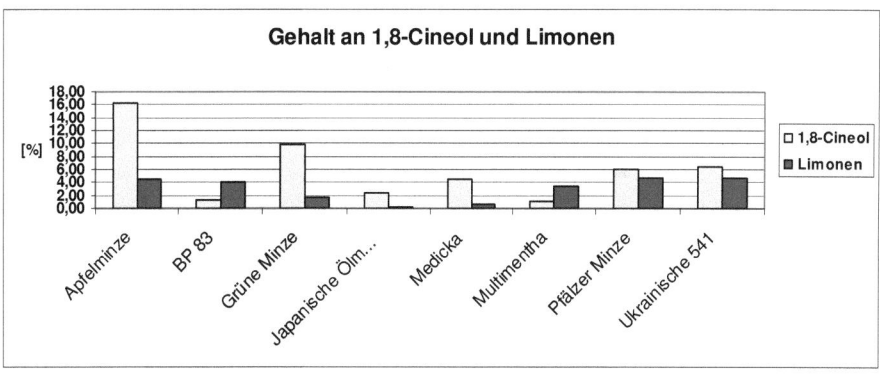

Abbildung 149: Gehalt an 1,8-Cineol [%] und Limonen [%]

<u>*trans*-SABINENHYDRAT ($C_{10}H_{16}$):</u>

Ein höherer Gehalt an *trans*-Sabinenhydrat konnte in *M. spicata* L., der Grünen Minze „Scotch", beobachtet werden. In der „Apfelminze" (*M. villosa* HUDS.) kam diese Komponente nicht vor, in der „Japanischen Ölminze" (*M. arvensis* L. var. *piperascens* MALINV. ex HOLMES) und den beiden dunkellaubigen Pfefferminze-Sorten „Medicka" und „Multimentha" (*M. x piperita* L. f. *rubescens* CAMUS) wurden geringe Konzentrationen nachgewiesen (Abbildung 150).

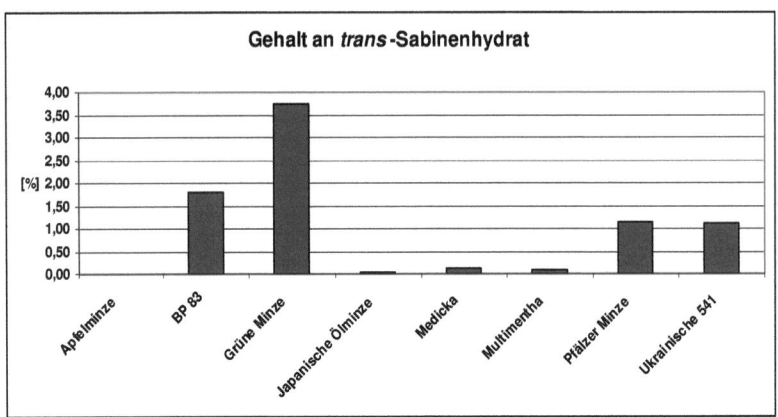

Abbildung 150: Gehalt an *trans*-Sabinenhydrat [%]

MENTHON ($C_{10}H_{18}O$) und MENTHOL ($C_{10}H_{20}O$):

Menthon:

Bei Menthon handelt es sich um einen monocyclischen Monoterpen-Keton mit den beiden Enantiomeren (–)-Menthon und (+)-Menthon. (–)-Menthon findet sich vor allem in Geranium- und Pfefferminzöl. (+)-Menthon ist zusammen mit (–)-Isomenthon der Hauptbestandteil des Buchublätteröl (*Agathosma betulina*). Menthon lässt sich durch Oxidation von Menthol herstellen.

Menthol:

Menthol ist ein monocyclischer Monoterpen-Alkohol. Er kommt in vielen ätherischen Ölen, besonders in Minzölen vor. (+)-Neomenthol findet sich im japanischen Minzöl, (–)-Neoisomenthol mit bis zu einem Prozent im Geraniumöl.

Menthol wird gelegentlich Zigaretten zur Parfümierung zugesetzt. (–)-Menthol ist ein schwaches Lokalanästhetikum und wird medizinisch z.B. als Analgetikum verwendet. Außerdem findet Menthol als Duft- und Aromastoff Verwendung sowie in der Bienenpflege gegen Milbenbefall. Menthol gilt als Substanz, die vor allem der Pfefferminze den kühlenden und erfrischenden Geschmack.

Nicht überraschend war der hohe Gehalt an Menthol in der „Japanischen Ölminze" (*M. arvensis* L. var. *piperascens* MALINV. ex HOLMES), die für die industrielle Menthol-Gewinnung verwendet wird. Erstaunlich war allerdings der fast ebenso hohe Gehalt an Menthol in „Medicka" (*M.* x *piperita* L. *f. rubescens* CAMUS). In allen anderen Arten und Sorten konnten die für Pfefferminze angestrebten Werte von 30 – 55 % nicht erzielt werden. In der „Apfelminze" (*M. villosa* HUDS.) und auch in der Grünen Minze „Scotch" (*M. spicata* L.) lag der Wert sogar unter 1 % (Abbildung 151), wobei das Fehlen von Menthol im ätherischen Öl der „Apfelminze" bekannt ist. In der Grünen Minze „Scotch" wird Menthol allerdings als einer der Hauptbestandteile beschrieben.

Während der untere Grenzwert für Menthol bei fünf der acht beobachteten Vertreter nicht erreicht werden konnte, wurden die Richtwerte für Menthon von vier Pfefferminze-Varietäten überschritten. „Multimentha" und „BP 83" (beide *M.* x *piperita* L. *f. rubescens* CAMUS), aber auch „Pfälzer Minze" und „Ukrainische 541" (beide *M.* x *piperita* L. *f. pallescens* CAMUS) erzielten Werte von über 40 % Menthon (Abbildung 151).

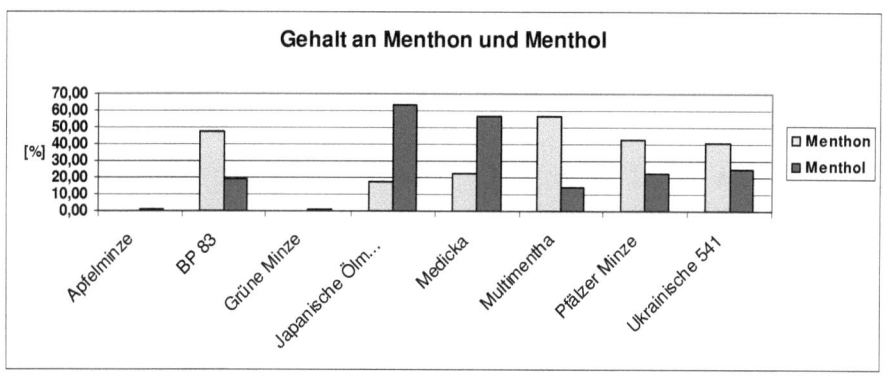

Abbildung 151: Gehalt an Menthon und Menthol [%]

ISOMENTHON ($C_{10}H_{18}O$):

Höhere Gehalte an Isomenthon sind vor allem für das ätherische Öl von *M. arvensis* L. bekannt, diese konnten aber in dieser Arbeit für die „Japanische Ölminze" (*M. arvensis* L. var. *piperascens* MALINV. ex HOLMES) mit einem Wert von 5,8 % nicht bestätigt werden. Die Richtwerte reichen für Pfefferminzöl von 1,5 bis 10 %. Alle Varietäten der Pfefferminze (*M.* x *piperita* L.) blieben, mit Ausnahme von „Multimentha" mit einem Wert von 10 %, unter dem genannten oberen Grenzwert (Abbildung 152). Sehr niedrige Werte erzielten die Arten *M. villosa* HUDS. und *M. spicata* L.. Die „Apfelminze" erreichte einen Gehalt von 0,2 % und die Grüne Minze „Scotch" einen von 0,1 %.

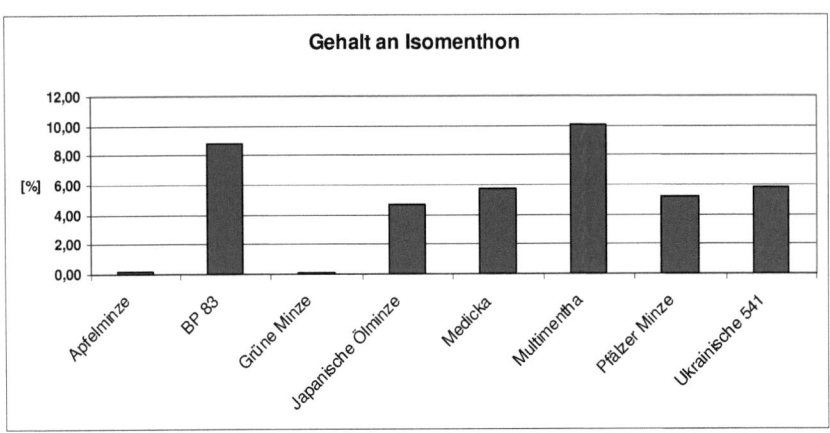

Abbildung 152: Gehalt an Isomenthon [%]

<u>*cis*-Dihydrocarvon ($C_{10}H_{16}O$):</u>

Wie auch beim Anteil an Carvon, fanden sich in der „Apfelminze" (*M. villosa* HUDS.) und in der Grünen Minze „Scotch" (*M. spicata* L.) Werte von 1,7 % und 2,2 %, während *cis*-Dihydrocarvon in der „Japanischen Ölminze" (*M. arvensis* L. var. *piperascens* MALINV. ex HOLMES) und in den fünf *M. x piperita* L.-Sorten kaum bis gar nicht vorhanden war (Abbildung 153).

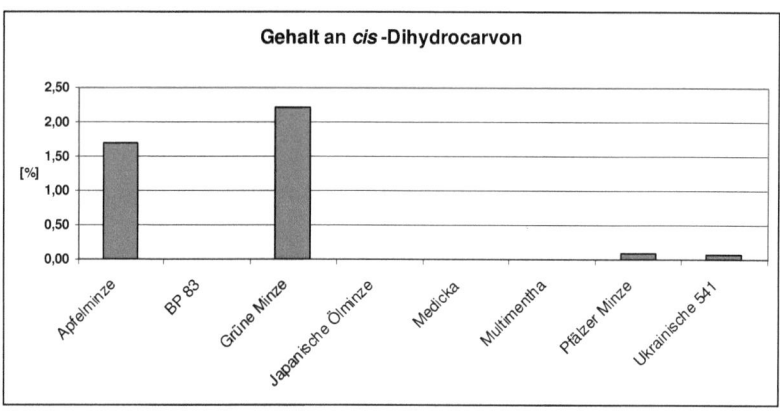

Abbildung 153: Gehalt an *cis*-Dihydrocarvon [%]

CARVON ($C_{10}H_{14}O$):

Carvon ist, wie Menthon, ein monocyclisches Monoterpen-Keton und Bestandteil von ätherischen Ölen. Es gibt zwei Enantiomere, das (*S*)-(+)-Carvon (auch als D-(+)-Carvon oder (+)-Carvon bezeichnet) und das (*R*)-(−)-Carvon (auch als L-(−)-Carvon oder (−)-Carvon bezeichnet). Das (*R*)-Enantiomer findet sich in Krauseminz- und Kuromojiöl und wirkt allergieauslösend.

Der Gehalt an Carvon in den unterschiedlichen Varietäten von *M. x piperita* L. blieb unter dem Grenzwert, der für Pfefferminzöl bei maximal 1 % liegt. Sehr hohe Konzentrationen konnten in der „Apfelminze" (*M. villosa* HUDS.) und in der Grünen Minze „Scotch" (*M. spicata* L.) nachgewiesen werden, wobei dieser zumindest für das ätherische Öl der Krausen Minze (*M. spicata* L. var. *crispa* (BENTH.) DANERT) bekannt ist. Auch in der „Japanischen Ölminze" (*M. arvensis* L. var. *piperascens* MALINV. ex HOLMES) blieb der Gehalt unter 1 % (Abbildung 154).

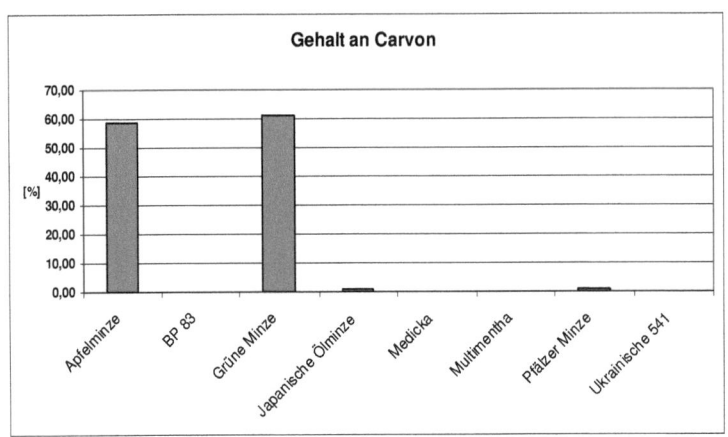

Abbildung 154: Gehalt an Carvon [%]

MENTHYLACETAT ($C_{12}H_{22}O_2$):

Menthylacetat ist für den frischen Geruch vor allem bei Pfefferminzen verantwortlich und der Gehalt sollte zwischen 4,5 und 10 % liegen. Von keinem der analysierten Vertreter konnte der untere Grenzwert von 4,5 % erreicht werden. Auffallend war, dass der Gehalt in den Varietäten von *M. x piperita* L. höher lag, als in den drei weiteren Arten: *M. villosa* HUDS., *M. spicata* L. und *M. arvensis* L. var. *piperascens* MALINV. ex HOLMES. Die „Japanische Ölminze" sollte Werte zwischen 3 und 17 % erreichen, lag aber mit 0,8 % weit unter diesen Richtwerten (Abbildung 155).

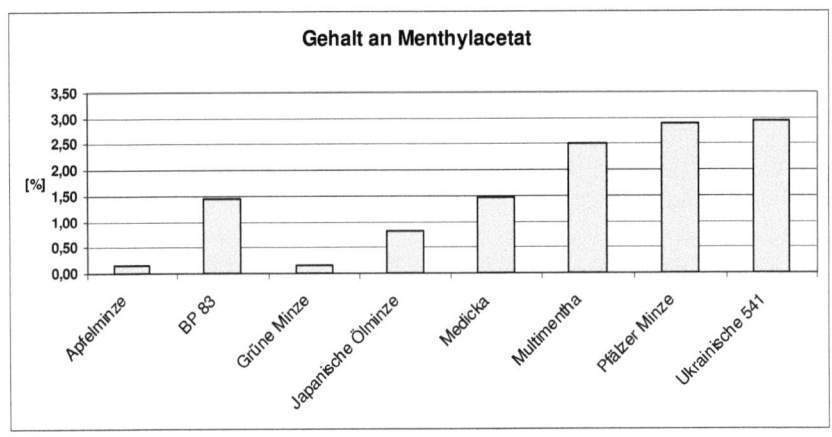

Abbildung 155: Gehalt an Menthylacetat [%]

trans-(β)-Caryophyllen ($C_{15}H_{24}$):

Bei Caryophyllen handelt es sich um ein Sesquiterpen. Es kommt als α-Caryophyllen (Humulen) und β-Caryophyllen vor. α-Caryophyllen ist ein monocyclisches Sesquiterpen. Es kommt in Gewürznelken und vielen Basilikum-Arten vor. β-Caryophyllen ist ein bicyclisches Sesquiterpen, das in Basilikum, Rosmarin, Zimt, Oregano, Kümmel und Pfeffer vorkommt.

Geringe Gehalte an *trans*-(β)-Caryophyllen traten bei den beiden helllaubigen *M. x piperita* L. *f. pallescens* CAMUS - Sorten „Pfälzer Minze" und „Ukrainische 541" auf. Den höchsten Wert erreichte die dunkellaubige „BP 83" (*M. x piperita* L. *f. rubescens* CAMUS) (Abbildung 156).

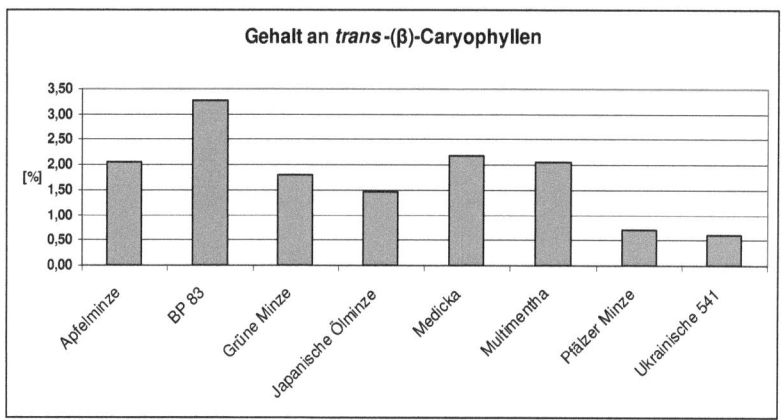

Abbildung 156: Gehalt an *trans*-(β)-Caryophyllen [%]

GERMACREN-D ($C_{15}H_{24}$):

Sieben der acht analysierten ätherischen Öle erzielten einen Germancren-Gehalt über 2 %, lediglich „Medicka" (*M. x piperita* L. *f. rubescens* CAMUS) blieb unter einem Prozent (Abbildung 157).

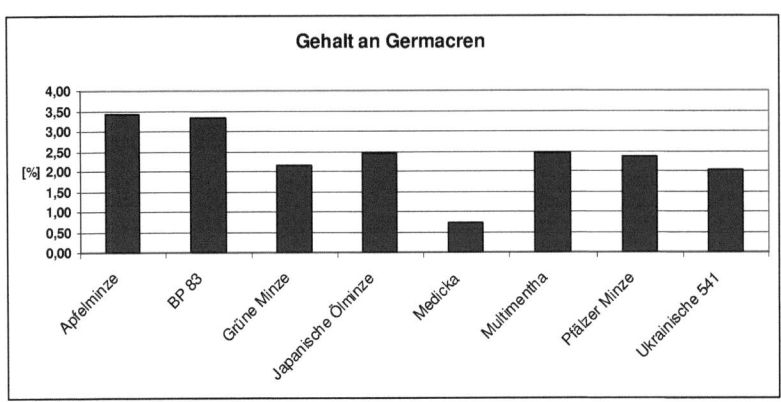

Abbildung 157: Gehalt an Germacren [%]

PULEGON ($C_{10}H_{16}O$):

Pulegon ist ein monocyclisches Monoterpen-Keton mit einem angenehmen, an Pfefferminze und Campher erinnernden Geruch. Pulegon ist gesundheitsschädlich. Es reizt den Verdauungstrakt, aber auch die intakte Haut und die Schleimhäute. Pulegon dient als Ausgangsstoff für die Herstellung von Parfumölen für Seifen- und Waschmittel, als Bestandteil von Insektenrepellentien und zur Synthese von Menthol.

Der Wert an Pulegon soll auf Grund einer diätetisch ungünstigen Wirkung möglichst gering sein. Ein erhöhter Gehalt würde auf eine Abstammung der Droge von der Poleiminze *M. pulegium* hinweisen. „Multimentha" (*M. x piperita* L. f. *rubescens* CAMUS) erreichte mit 1,2 % den höchsten Gehalt, alle übrigen Vertreter blieben unter einem Prozent.

ISOPULEGOL ($C_{10}H_{18}O$):

Das Auftreten von Isopulegol ist bei der „Japanischen Ölminze" (*M. arvensis* L. var. *piperascens* MALINV. ex HOLMES) typisch und konnte auch mit den vorliegenden Ergebnissen bestätigt werden (Tabelle 15). Lediglich in den beiden dunkellaubigen *M. x piperita* L. f. *rubescens* CAMUS – Sorten „Medicka" und „Multimentha" wurde ein Gehalt von unter 0,1 % gemessen.

MENTHOFURAN ($C_{10}H_{14}O$):

Das Vorhandensein von Menthofuran wird als Nachweis für die Abstammung der Droge von *M. x piperita* L. gefordert, soll aber nicht höher als 5 % liegen, da es dann den Geschmack beeinträchtigen kann. Wie Tabelle 15 entnommen werden kann, konnte in der „Japanischen Ölminze" (*M. arvensis* L. var. *piperascens* MALINV. ex HOLMES) und den folgenden Vertretern der Pfefferminzen kein Menthofuran nachgewiesen werden: „Medicka", „Multimentha" (beide *M. piperita* L. f. *rubescens* CAMUS) und „Ukrainische 541" (*M. x piperita* L. f. *pallescens* CAMUS). Den höchsten Gehalt wies mit 1,5 % „BP 83" (*M. x piperita* L. f. *rubescens* CAMUS) auf, wobei der Wert weit unter dem Grenzwert mit 5 % lag.

PIPERITON ($C_{10}H_{16}O$):

Auch bei Piperiton traten starke Gehaltsschwankungen bei den unterschiedlichen Vertretern auf. Während in der Grünen Minze „Scotch" (*M. spicata* L.) nur 0,2 % nachgewiesen werden konnten, erreichten die beiden helllaubigen Pfefferminzen „Pfälzer Minze" und „Ukrainische 541" (beide *M. x piperita* L. f. *pallescens* CAMUS) mit 1,7 % und die „Japanische Ölminze" (*M. arvensis* L. var. *piperascens* MALINV. ex HOLMES) mit ebenfalls 1,7 % die höchsten Werte (Tabelle 15).

CARVACROL ($C_{10}H_{14}O$):

Das Terpen Carvacrol kommt unter anderen in Thymian, Winter- und Sommer-Bohnenkraut, Oregano, Echter Katzenminze und Gänsefüßen vor. Carvacrol hat eine vielseitige Verwendung, hauptsächlich als Biozid. So zeigt es Wirkung als Antimykotikum, Insektizid, Antibiotikum und als Anthelminthikum.

Carvacrol trat, wie auch andere Komponenten, die nicht näher bestimmt werden konnten, nur im ätherischen Öl der Grünen Minze „Scotch" (*M. spicata* L.) auf (Tabelle 15).

CARVYLACETAT ($C_{12}H_{18}O_2$):

Auch Carvylacetat konnte lediglich mit 0,4 % in der Grünen Minze „Scotch" (*M. spicata* L.) und mit 0,1 % in der „Apfelminze" (*M. villosa* HUDS.) nachgewiesen werden (Tabelle 15).

β-BOURBONEN ($C_{15}H_{24}$):

β-Bourbonen war in unterschiedlichen Konzentrationen in allen Vertretern vorhanden. Die höchsten Werte erreichten mit 2 % die Grüne Minze „Scotch" (*M. spicata* L.) und mit 1,5 % die „Apfelminze" (*M. villosa* HUDS.), während die fünf Pfefferminze-Varietäten (*M. x piperita* L.) und die „Japanische Ölminze" (*M. arvensis* L. *var. piperascens* MALINV. ex HOLMES) Werte zwischen 0,1 % („Medicka") und 0,4 % („BP 83") erzielten (Tabelle 15).

JASMON ($C_{11}H_{16}O$):

Jasmon ist in seiner *cis*-Form ein wesentlicher Bestandteil des Duftstoffs der Jasminblüten und wurde in dieser Form schon von den Römern zur Parfümherstellung verwendet. *cis*-Jasmon gehört zur Gruppe der Jasmonate und Ketone. Es ist eine der beiden isomeren Formen des Jasmons, wobei in natürlichen Jasminextrakten nur *cis*-Jasmon vorkommt, bei der chemischen Produktion jedoch auch *trans*-Jasmon. Bei Pflanzen ist *cis*-Jasmon in die Abwehrstrategie gegen Insekten einbezogen. Es wird freigesetzt, falls Insekten die Pflanzen befallen. So lockt es Fraßfeinde der Insekten, z. B. der Blattläuse, an. Gleichzeitig soll die Verbindung die Fruchtbarkeit der Insekten stören.

Jasmon konnte nur im ätherischen Öl von drei Varietäten nachgewiesen werden. Den höchsten Gehalt erreichte mit 0,5 % die Grüne Minze „Scotch" (*M. spicata* L.). Geringere Werte erzielten die „Apfelminze" (*M. villosa* HUDS.) mit 0,2 % und „BP 83" (*M. x piperita* L. f. *rubescens* CAMUS) mit 0,1 %. In keiner der übrigen Proben war Jasmon enthalten (Tabelle 15).

β-CUBEBEN ($C_{15}H_{26}O$):

β-Cubeben trat, wie auch Jasmon, nur in der Grünen Minze „Scotch" (*M. spicata* L.), der „Apfelminze" (*M. villosa* HUDS.) und in „BP 83" (*M. x piperita* L. f. *rubescens* CAMUS) auf. Wiederum war in „BP 83" mit 0,1 % nur ein geringer Gehalt nachweisbar. Die „Apfelminze" und die Grüne Minze „Scotch" wiesen einen Gehalt von ungefähr 0,2 % auf (Tabelle 15).

α-HUMULEN ($C_{15}H_{24}$):

α-Humulen kommt in den Pfefferminzen „Pfälzer Minze", „Ukrainische 541" (beide *M. x piperita* L. f. *pallescens* CAMUS) und in „Medicka" (*M. x piperita* L. f. *rubescens* CAMUS) nicht vor, während die beiden weiteren dunkellaubigen Pfefferminzen „BP 83" und „Multimentha" Gehalte von 0,2 % aufwiesen. Mit 0,1 % erzielten die „Japanische Ölminze" (*M. arvensis* L. var. *piperascens* MALINV. ex HOLMES) und die „Apfelminze" (*M. villosa* HUDS.) die geringsten Gehalte. Die Grüne Minze „Scotch" (*M. spicata* L.) erreichte mit 1,2 % den höchsten Anteil an α-Humulen (Tabelle 15).

trans-β-FARNESEN ($C_{15}H_{24}$):

Mit dem Begriff Farnesen werden sechs nahe verwandte Verbindungen aus der Klasse der Sesquiterpene beschrieben. α-Farnesen und β-Farnesen sind Isomere, mit unterschiedlicher Lage der Doppelbindung. Von der α-Form existieren vier Stereoisomere, die sich bezüglich der Geometrie der innen liegenden Doppelbindungen unterscheiden. Vom β-Isomer existieren zwei Stereoisomere, die sich in der Konfiguration ihrer mittleren Doppelbindung unterscheiden.

Vom β-Farnesen wurde bisher ein Isomer in der Natur nachgewiesen. Das *E*-Isomer ist ein Bestandteil verschiedener ätherischer Öle. Es wird von Blattläusen als Alarmpheromon nach dem Tode freigesetzt, um andere Blattläuse zu warnen.

Den geringsten Gehalt an β-Farnesen wies die „Japanische Ölminze" (*M. arvensis* L. var. *piperascens* MALINV. ex HOLMES) mit 0,01 % auf. Die beiden helllaubigen Pfefferminzen „Pfälzer Minze" und „Ukrainische 541" (beide *M. x piperita* L. f. *pallescens* CAMUS) erreichten Werte von 0,7 % und 0,6 %, während die übrigen dunkellaubigen Pfefferminzen (*M. x piperita* L. f. *rubescens* CAMUS), die „Apfelminze" (*M. villosa* HUDS.) und auch die Grüne Minze „Scotch" (*M. spicata* L.) lediglich zwischen 0,1 und 0,3 % aufwiesen (Tabelle 15).

BICYCLOGERMACREN ($C_{15}H_{24}$):

Während die „Pfälzer Minze" und die „Ukrainische 541" (beide *M. x piperita* L. f. *pallescens* CAMUS) mit 0,7 % und 0,6 % den höchsten Gehalt an Bicyclogermacren aufweisen konnten, waren die Werte für die drei dunkellaubigen Vertreter der Pfefferminzen (*M. x piperita* L. f. *rubescens* CAMUS) uneinheitlich. „Medicka" und „Multimentha" erreichten 0,1 % und 0,2 %, „BP 83" hatte einen Anteil von 0,5 %. Die „Apfelminze" (*M. villosa* HUDS.) und die „Japanische Ölminze" (*M. arvensis* L. var. *piperascens* MALINV. ex HOLMES) erreichten ebenfalls 0,2 %. Den geringsten Anteil wies die Grüne Minze „Scotch" mit 0,01 % auf (Tabelle 15).

4 Diskussion

4.1 Auswahl der Arten und Sorten

Alle Pfefferminzen des dunkellaubigen Typs (*Mentha x piperita* L. f. *rubescens* CAMUS), dazu zählen „Multimentha", „BP 83" und „Medicka", weisen vermehrt bei den nicht ausdifferenzierten, aber zum Teil auch bei den ausdifferenzierten Blättern einen rötlich eingefärbten Blattrand und Stängel auf, der auch für diesen Pfefferminze-Typ beschrieben ist [MARQUARD & KROTH 2001]. Die Beobachtungen diesbezüglich können den Beschreibungen der einzelnen Sorten entnommen werden. Jedoch können vor allem im Knospenbereich der helllaubigen Pfefferminze „Ukrainische 541" (*M. x piperita* L. f. *pallescens* CAMUS) ebenfalls rötlich überlaufene Blattränder an den Pflanzen beobachtet werden (Abbildung 33).

Auffällig bleibt, dass die helllaubigen Pfefferminzen (*M. x piperita* L. f. *pallescens* CAMUS) im Bestand höher werden und auch nicht seitlich wegbrechen, wie z.B. die „Ukrainische 541" im Kulturjahr 2007. Diese Varietät entwickelt sich aber ähnlich der „Japanischen Ölminze" (*M. arvensis* L. var. *piperascens* MALINV. ex HOLMES) und weist einen hohen Anteil an vergilbten Blattpartien auf.

Die „Japanische Ölminze" (*M. arvensis* L. var. *piperascens* MALINV. ex HOLMES) erweist sich für dieses Anbaugebiet als nicht empfehlenswert. Es tritt vermehrt ein Befall mit Minzrost (*Puccinia menthae* PERS.) auf, der in weiterer Folge zu geringeren Erträgen und Absterben der Bestände nach drei bis vier Kulturjahren führt. Die Grüne Minze „Scotch" (*M. spicata* L.) zeigt neben der Japanischen Ölminze (*M. arvensis* L. var. *piperascens* MALINV. ex HOLMES) die größte Anfälligkeit gegenüber Minzrost (*Puccinia menthae* PERS.).

Die „Apfelminze" (*M. villosa* HUDS.) ist gekennzeichnet durch eine starke Behaarung der Pflanzen, die jedoch im Laufe des Versuches abnimmt. Die Pflanzen zeigen eine hohe Anfälligkeit gegenüber dem Echten Mehltau (*Erysiphe biocellata* EHRENB.). Zusätzlich brechen die Bestände stark.

4.1.1 Jungpflanzenanzucht

Während die Anzucht der fünf verschiedenen Pfefferminze-Varietäten (*M. x piperita* L.), der „Japanischen Ölminze" (*M. arvensis* L. var. *piperascens* MALINV. ex HOLMES) und der „Apfelminze" (*M. villosa* HUDS.) gut verläuft, treten bereits Probleme in der Vermehrung der Grünen Minze „Scotch" (*M. spicata* L.) über Kopfstecklinge auf. Die Pflanzen können dadurch als einziger Vertreter erst verspätet gepflanzt werden. Trotz längerer Akklimatisierung im Gewächshaus bleiben die Pflanzen der Grünen Minze „Scotch" zu Kulturbeginn schmächtig. Aus Erfahrung der Versuchsstation für Spezialkulturen sind solche Schwierigkeiten aber nicht kulturspezifisch, sondern treten in den Anzuchtperioden bei verschiedenen Kulturen und ohne ersichtlichen Grund auf.

4.1.2 Merkmale der Pflanzen und Blätter

Nach einer dreijährigen Kulturdauer steht fest, dass es durchaus möglich ist, die Arten an hand der Pflanzen voneinander zu unterscheiden, jedoch nicht die einzelnen Sorten innerhalb einer Art. Die phänotypischen Merkmale sind nicht aussagekräftig genug, um die Varietäten eindeutig voneinander unterscheiden zu können.

Die Blätter der Grünen Minze „Scotch" sind auffallend hell- bis mittelgrün, wie auch in dieser Arbeit bestätigt werden kann, zusätzlich schmal eiförmig und weisen einen stark gesägten Blattrand auf [BUNDESSORTENAMT 2002, CHRISTENSEN 2001], außerdem sind die Blätter fast sitzend [CHRISTENSEN 2001] (Abbildung 63, 65 und 66). Die Art ist eine dicht und buschig wachsende breite Staude [KLEINOD & STRICKLER 2006]. Die Parzellen bleiben niedrig, erscheinen aber sehr gleichmäßig und gesund und brechen nicht weg. Nach CHRISTENSEN 2001 treten sowohl kahle, als auch behaarte Vertreter auf. Die Stängel und Blätter weisen oberflächlich betrachtet keine Behaarung auf, jedoch können im Licht- und Rasterelektronenmikroskop Haartypen in unterschiedlichen Intensitäten beobachtet werden (siehe Kapitel **3.3 Mikroskopie**). Die Aussage von PANK & al. 1994 über eine besondere Wüchsigkeit und gute Bodenbedeckung kann nur zum Teil bestätigt werden (siehe Kapitel **3.1.8 Grüne Minze „Scotch" (Mentha spicata L.)**), da, wie bereits erwähnt, zu Kulturbeginn Schwierigkeiten in der Vermehrung und Wüchsigkeit auftreten. Die Parzellen weisen wenig bis keine Fraß- und Saugschäden auf, wirken optisch sehr gut, erreichen aber nur geringe Wuchshöhen und brechen leicht seitlich weg.

Die Pfefferminze (*M. x piperita* L.) hat einen kahlen, vierkantigen, wenig verzweigten Stängel und gegenständig angeordnete länglich-elliptische Blätter mit grober Zähnung am Rand [PAHLOW 1993]. Eine bekannte neue und auch in dieser Arbeit verwendete Sorte ist „Multimentha". Die Parzellen der „Multimentha" (*M. x piperita* L. f. *rubescens* CAMUS) überzeugen im Anbaujahr 2006, jedoch bleiben die Bestände nach dem ersten Rückschnitt und auch in den Folgejahren niedrig und weisen nur kleine Blätter auf, die auch einen geringen Ertrag zur Folge haben. Positiv fallen die geringen Fraß- und Saugschädigungen an den Blättern in den unterschiedlichen Entwicklungsstadien auf.

Auch für die Sorte „BP 83" (*M. x piperita* L. f. *rubescens* CAMUS) wird von PANK et al. 1994 eine besondere Wüchsigkeit und Bodenbedeckung beschrieben. Der Bestand der „BP 83" beginnt jedoch vor dem Erntebeginn wegzubrechen, weswegen keine gute Beerntbarkeit mehr gegeben ist. Das Erntegut muss vor der Trocknung gewaschen werden. Dies führt zu einem erhöhten Zeit- und Arbeitsaufwand.

Die helllaubige Pfefferminze „Pfälzer Minze" (*M. x piperita* L. f. *pallescens* CAMUS) ist seit 1770 bekannt und als Sorte eingetragen. Die Sorte ist weniger robust und bevorzugt wärmere Lagen. Sie wird vermehrt in Oberösterreich kultiviert [BUNDESSORTENAMT 2002]. Die Sorte erscheint im Vergleich mit anderen Vertretern als widerstandsfähig und entwickelt sich sehr schön. Sie erreicht hohe Wuchshöhen, bricht im Bestand aber seitlich weg.

Auch die Bestände der „Medicka" (*M. x piperita* L. f. *rubescens* CAMUS) brechen in bestimmten Kulturphasen seitlich weg. Im dritten Kulturjahr ist diese Sorte sehr stark ausgewintert und treibt nicht mehr durch. Die durchschnittlich erreichte Wuchshöhe beträgt nur mehr etwa 28 cm. Eventuell kann diese Entwicklung auf einen späten Rückschnitt und ein damit verbundenes Rückfrieren begründet werden, jedoch erfolgte der Rückschnitt bei allen Vertretern zum gleichen Zeitpunkt und zeigt lediglich in den drei Parzellen der „Medicka" diese Auswirkungen. Positiv auffallend sind ein geringer Anteil an vergilbten Blättern und wenig Saug- und Fraßschäden an den Blättern.

Die Bestände der „Ukrainischen 541" (*M. x piperita* L. f. *pallescens* CAMUS) erreichen die größten Wuchshöhen und bleiben dennoch aufrecht und daher optimal beerntbar. Die einzelnen Parzellen sind sehr homogen. Die Pfefferminze erzielt mit der ebenfalls helllaubigen Pfefferminze „Pfälzer Minze" die höchsten Frischerträge.

Die „Apfelminze" bzw. Riesen-Apfelminze (*M. villosa* HUDS.) entstand durch Kreuzung aus *M. spicata* L. und *M. suaveolens* EHRH. und wird umgangssprachlich als Hain-Minze bezeichnet [CHRISTENSEN 2001]. Die Pflanzen der „Apfelminze" (*M. villosa* HUDS.) weisen bei der Pflanzung eine sehr starke Behaarung auf. Diese Behaarung nimmt im Laufe der Kulturdauer ab und die Pflanze wird zunehmend, vor allem an den adulten Blättern, kahler. Die Bestände sind sehr dicht. Durch die vermehrte Ausbildung von oberirdischen Ausläufern, die nur für *M. suaveolens* EHRH. bekannt sind, bleibt fraglich, ob es sich bei der verwendeten „Apfelminze" auch tatsächlich um eine *M. villosa* HUDS. handelt.

4.1.3 Blütenmerkmale

Die Blütenfarbe der Grünen Minze (*M. spicata* L.) ist weiß bis hellrosa und die Einzelblüten sitzen an einem mittellangen Blütenstand. Der Blühbeginn ist mittelfrüh [BUNDESSORTENAMT 2002, CHRISTENSEN 2001]. Nach ROTH & KORMANN 1996 sind die Blüten lila bis fleischfarben und in Scheinähren angeordnet. Die Blütezeit umfasst die Monate Juli bis September. Die Grüne Minze weist auf Grund der verspäteten Pflanzung im ersten Anbaujahr eine verspätete Entwicklung auf, in den Kulturjahren 2007 und 2008 gelangt sie bei allen Schnitten als erste der acht Arten und Sorten zum gewählten Schnittzeitpunkt. Die Blütendetails werden nicht näher beobachtet, da zu diesem Schwerpunkt eine Diplomarbeit Fr. Strein verfasst wurde.

Die „Apfelminze" (*M. villosa* HUDS.) setzt, ähnlich der Grünen Minze „Scotch", sehr schnell Knospen an und geht in Blüte über, weswegen auch sie zeitig geschnitten wird.

Die „Japanische Ölminze" (*M. arvensis* L. var. *piperascens* MALINV. ex HOLMES) wird in beiden ausgewerteten Kulturjahren auf Grund des starken Auftretens von Minzrost (*Puccinia menthae* PERS.) bereits vor der Blüte geschnitten bzw. teilweise verworfen.

4.1.4 Befall mit Krankheiten

Bezugnehmend auf die Anfälligkeit der einzelnen Arten und Sorten auf den Minzrost (*Puccinia menthae* PERS.), erweist sich die „Japanische Ölminze" (*Mentha arvensis* L. var. *piperascens* MALINV. ex HOLMES) als ungeeignet für den Anbau in unserer Klimazone. Die Krankheit bricht als erstes auf dieser Sorte aus und greift in weiterer Folge auch auf umliegende Parzellen über. Bei einem ausreichend hohen Befallsdruck wird so auch die Grüne Minze „Scotch" befallen. Obwohl im Rasterelektronenmikroskop und Lichtmikroskop auch auf den übrigen Vertretern Zeichen für eine Verbreitung der pilzlichen Erreger entdeckt wurden, bricht die Krankheit bei diesen nicht aus. Die „Japanische Ölminze" kann auf Grund des Krankheitsbefalls beim ersten Schnitt 2008 nicht ausgewertet werden und liegt auch bei den durchgeführten Schnitten unter dem Durchschnitt der anderen Arten und Sorten.

Minzrost (*Puccinia menthae* PERS.) verursacht unter anderem vermehrten Blattfall und eine signifikante Verringerung vom Blattfrischgewicht, des Gehaltes an ätherischem Öl, des Stamm- und Wurzeltrockengewichtes und der Anzahl von Stolonen. Es konnten auch Langzeitwirkungen beobachtet werden: unternimmt man nichts gegen die Pathogene, so wurde nach drei bis vier Jahren das Absterben des Bestandes beobachtet [EDWARDS 1999]. Auch im Versuchsfeld kann ein Auslichten des Bestandes im Laufe der dreijährigen Anlage festgestellt werden.

Die vormals weit verbreitete, dunkellaubige Pfefferminze-Sorte „Mitcham" verliert an Bedeutung [MARQUARD & KROTH 2001] und wird in Europa weitestgehend durch die rostresistente „Multimentha" ersetzt. Diese blieb während der drei Beobachtungsjahre ohne einen Befall mit Echten Mehltau (*Erysiphe biocellata* EHRENB.) und Minzrost (*Puccinia menthae* PERS.), wie aber auch die vier weiteren Pfefferminze-Varietäten.

Der Echte Mehltau (*Erysiphe biocellata* EHRENB.) bricht nur bei der „Apfelminze" (*M. villosa* HUDS.) aus. Da es sich um eine biologisch zertifizierte Anbaufläche handelt, kann lediglich eine Behandlung mit Netzschwefel durchgeführt werden, wobei die Witterung eine optimale Behandlung der Krankheit erschwert. Die Infektion und Keimung der Konidien des Pilzes wird durch Wasser erschwert [BEDLAN 1988, BEDLAN 1992]. Die erste Infektion mit Echtem Mehltau erfolgt bereits im ersten Aufwuchs, obwohl die Witterung zu diesem Zeitpunkt eher trocken als feucht zu beschreiben war.

Die geringsten Fraß- und Saugschäden weisen 2007 „Medicka", „Multimentha" (beide *M. x piperita* L. *f. rubescens* CAMUS) und die Grüne Minze „Scotch" (*M. spicata* L.) auf. Die „Apfelminze" (*M. villosa* HUDS.) ist der einzige Vertreter, der starke Schädigungen durch Schnecken aufweist.

Als züchterisches Ziel gelten laut BUNDESSORTENAMT 2002 eine Rost- und Nematodenresistenz bei der Pfefferminze und somit auch eine bessere Vitalität der Pflanzen für einen mehrjährigen Anbau.

4.1.5 Stolonenbildung

Die Grüne Minze weist laut Literatur eine sehr starke Stolonenbildung auf [BUNDESSORTENAMT 2002, CHRISTENSEN 2001], bildet aber keine oberirdischen Ausläufer. Die Bildung der unterirdischen Ausläufer wird im Rahmen dieser Dissertation nicht erhoben, jedoch konnte kein Eindringen bzw. Aufwachsen von Pflanzen der Grünen Minze in benachbarten Parzellen beobachtet werden.

Das wichtigste Unterscheidungsmerkmal der „Apfelminze" (*M. villosa* HUDS.) zu *M. suaveolens* EHRH., mit der sie oft verwechselt wird, ist die Ausbildung unterirdischer Ausläufer, während *M. suaveolens* EHRH. oberirdische Ausläufer entwickelt [CHRISTENSEN 2001]. Nachdem aber in allen Wiederholungen der „Apfelminze" in diesem Versuch vermehrt oberirdische Ausläufer beobachtet werden können, liegt die Vermutung nahe, dass es sich bei der in der Versuchsstation für Spezialkulturen als *M. villosa* HUDS. bezeichnete Art eigentlich um eine *M. suaveolens* EHRH. handelt. Oberirdische Ausläufer treten nicht nur bei der „Apfelminze" auf, sondern auch bei der „Ukrainischen 541" (*M. x piperita* L. *f. pallescens* CAMUS) und bei „Medicka" (*M. x piperita* L. *f. rubescens* CAMUS).

Als züchterisches Ziel gilt die Produktion von hohen Stolonenerträgen vorrangig für Vertreter der Pfefferminze (*M. x piperita* L.) [BUNDESSORTENAMT 2002].

4.2 Rasterelektronen- und Lichtmikroskopie

Für die Betrachtung im REM wurden die Proben Kritisch-Punkt-getrocknet (siehe Kapitel Material & Methoden **2.3.1 Rasterelektronenmikroskopie**). Als Begründung zur Anwendung dieser Methodik wurde zum Vergleich auch luftgetrocknetes Material besputtert und ausgewertet. Die Oberflächen der Blätter werden bei einer herkömmlichen Luft-Trocknung bei 38 °C für die Analyse im REM zerstört (Abbildung 67).

Laut Literatur findet die Biosynthese und Akkumulation des ätherischen Öles hauptsächlich in Öldrüsen und Drüsenhaaren statt. Es gibt zwei verschiedene Typen der Öldrüsen: sogenannte „peltate", schildförmige Strukturen oder Drüsenschuppen, und „capitate", kopfförmige Strukturen oder Drüsenhaare [KHANUJA & al. 1999, MAFFEI & al. 1986]. Es besteht ein direkter Zusammenhang zwischen der Anzahl der Drüsenhaare und der Ölproduktion [GERSHENZON & al. 1989, KHANUJA & al. 1999, MAFFEI & al. 1989]. Die Öldrüsen treten sowohl auf der abaxialen, als auch auf der adaxialen Blattoberfläche auf. Der größte Anteil an ätherischem Öl wird nach einer Studie von KHANUJA & al. 1999 in jungen Blättern produziert.

An den Übersichtsaufnahmen der Rasterelektronenmikroskopie von nicht ausdifferenzierten und ausdifferenzierten Blattoberflächen (Abbildungen 68, 69, 70 und 71) können diesbezüglich Beobachtungen gemacht werden. Vor allem an den beiden helllaubigen Pfefferminzen „Pfälzer Minze" und der „Ukrainischen 541" (*M. x piperita* L. f. *pallescens* CAMUS) fällt eine erhöhte Anzahl an Drüsenschuppen an den Blattoberseiten von nicht ausdifferenzierten im Vergleich mit ausdifferenzierten Blättern auf.

Borstenhaare dienen nicht der Synthese und Speicherung von ätherischen Ölen, sondern dem Schutz der Pflanzen z.B. vor Fressfeinden und kommen nur an zwei Vertretern vor. Beim Vergleich der Aufnahmen von juvenilen und adulten Blättern der Blattoberseiten der „Japanischen Ölminze" (*M. arvensis* L. var. *piperascens* MALINV. ex HOLMES) und der „Apfelminze" (*M. villosa* HUDS.) kann eine Reduktion der Borstenhaar-Anzahl bei den ausdifferenzierten Blättern beobachtet werden. Auch bei den übrigen Vertretern scheinen auf den ausdifferenzierten Blattoberseiten geringere Dichten an Trichomen aufzutreten (Abbildungen 68 und 70).

An den Blattunterseiten (Abbildungen 69 und 71) treten auch an den übrigen Vertretern, vor allem entlang der Blattnerven, Borstenhaare auf, jedoch nicht in der Intensität der „Apfelminze" und der „Japanischen Ölminze". Eine hohe Anzahl an Drüsenschuppen kann vor allem auf den beiden dunkellaubigen Pfefferminzen „BP 83" und „Multimentha" (*M. x piperita* L. *f. rubescens* CAMUS) nachgewiesen werden, die auf den Oberseiten der nicht ausdifferenzierten Blätter nicht am stärksten ausgeprägt sind. An den Blattunterseiten ausdifferenzierter Blätter treten alle Trichomtypen in reduzierter Anzahl auf (Abbildung 69 und 71). Somit kann die Feststellung, dass dunkellaubige Pfefferminz-Typen eine größere Anzahl an Drüsenschuppen besitzen [MARQUARD & KROTH 2001], zumindest für zwei, nämlich „BP 83" und „Multimentha", der drei untersuchten Vertreter, bestätigt werden.

Als wichtigstes Unterscheidungsmerkmal zwischen allen Arten und Sorten ist das Auftreten von mehrzelligen, verzweigten Borstenhaaren an den Oberflächen der „Apfelminze" (*M. villosa* HUDS.) zu nennen. Diese können an keiner anderen Art oder Sorte nachgewiesen werden (Abbildung 84).

Auf den Bildern des REM und LM kann auch eine Ausbreitung der Sporen des Minzrostes (*Puccinia menthae* PERS.) und der Konidien des Echten Mehltau (*Erysiphe biocellata* EHRENB.) auf andere Vertreter als die „Apfelminze" (*M. villosa* HUDS.), Grüne Minze „Scotch" (*M. spicata* L.) und die „Japanische Ölminze" (*M. arvensis* L. *var. piperascens* MALINV. ex HOLMES) nachgewiesen werden. Jedoch kommt es beispielsweise an „Medicka" und „Multimentha" (*M. x piperita* L. *f. rubescens* CAMUS) nicht zum Ausbruch der Krankheit.

An den Aufnahmen der Lichtmikroskopie können keine signifikanten Unterschiede zwischen den einzelnen Arten und Sorten festgestellt werden.

4.3 Ertragsauswertung

PANK et al. 1994 erzielten im Vergleichsanbau von 10 Sorten in den Jahren 1992 und 1993 den höchsten Blattdrogenertrag [dt/ha] bei den beiden dunkellaubigen Pfefferminzen „BP 83" und „Multimentha" (*M. x piperita* L. *f. rubescens* CAMUS) und der Grünen Minze (*M. spicata* L.). Dieselben Sorten lagen auch bei der Auswertung des Ölertrags bei den untersuchten 10 Sorten an der Spitze. Den höchsten Ölertrag wies „Multimentha" auf, gefolgt von Grüner Minze und „BP 83". In der vorliegenden Arbeit wird der höchste Krautertrag (Trockengewicht [kg/a]) von den beiden helllaubigen Pfefferminzen „Ukrainische 541", „Pfälzer Minze" (*M. x piperita* L. *f. pallescens* CAMUS), der Grünen Minze „Scotch" (*M. spicata* L.) und „BP 83" (*M. x piperita* L. *f. rubescens* CAMUS) erreicht. „Multimentha" (*M. x piperita* L. *f. rubescens* CAMUS) findet sich in beiden Auswertungsjahren jeweils im hinteren Mittelfeld der acht verglichenen Vertreter und kann auch beim Ölertrag nicht überzeugen.

Der Blattdrogenertrag der Grünen Minze „Scotch" (*M. spicata* L.) ist laut Literatur hoch bis sehr hoch [BUNDESSORTENAMT 2002, CHRISTENSEN 2001]. Die Erträge der Grünen Minze „Scotch" liegen in beiden Anbaujahren in den einzelnen Schnitten im Mittelfeld, wobei das Übergreifen des Minzrostes (*Puccinia menthae* PERS.) von der „Japanischen Ölminze" (*M. arvensis* L. var. *piperascens* MALINV. ex HOLMES) beobachtet werden kann. Dieses führt bekanntlich zu vermehrtem Blattfall und damit zu einer Reduktion des Blattertrags [EDWARDS 1999] und könnte somit für geringere Erträge verantwortlich sein.

Die dunkellaubige Pfefferminz-Sorte „Mitcham" (*M. x piperita* L. *f. rubescens* CAMUS) entstand in England und zeichnet sich durch einen hohen Ertrag, vergleichsweise hohe Ölgehalte und ihre gute Winterhärte aus [BUNDESSORTENAMT 2002]. Diese Sorte wird zunehmend von der rostresistenten Sorte „Multimentha" verdrängt. Obwohl seit 1958 in Ostdeutschland hauptsächlich die Pfefferminzsorte „Multimentha" (*M. x piperita* L. *f. rubescens* CAMUS) für die Erzeugung als Teeprodukt mit guter Ertragsleistung und einer hohen Widerstandsfähigkeit gegen den Pfefferminzrost angebaut wird (PANK & al. 1994), können diese Ergebnisse in dieser Arbeit nicht bestätigt werden. Bei allen Schnitten der beiden Kulturjahre 2007 und 2008 liegen die Erträge lediglich im Mittelfeld (siehe Kapitel **3.5 Ertragsauswertung**). Auch der hohe Blattdrogenertrag [PANK & al. 1994] kann in dieser Arbeit mitunter durch kleine Blattgrößen und verminderte Wüchsigkeit der Pflanze nach dem ersten Schnitt nicht erreicht werden.

Die „Pfälzer Minze" (*M.* x *piperita* L. *f. pallescens* CAMUS) erreicht sowohl im ersten und zweiten Schnitt des Jahres 2007, als auch im ersten Schnitt 2008 die höchsten Frischerträge in kg/a. Im zweiten Schnitt 2008 wird sie nur von der ebenfalls helllaubigen Pfefferminze „Ukrainischen 541" übertroffen.

Die stark ausgeprägten Pflanzstängel und Blattstiele der „Apfelminze" (*M. villosa* HUDS.) wirken sich nachteilig bei der Trocknung aus, da sie einen hohen Wassergehalt aufweisen, der für einen geringeren Ertrag Trockengewicht [kg/a] mit verantwortlich ist und zusätzlich die Trocknung verzögert.

Das Auftreten des Minzrostes bei der „Japanischen Ölminze" (*M. arvensis* L. var. *piperascens* MALINV. ex HOLMES) verursacht das Verwerfen eines Schnittes 2008 und führt zu einem verringerten Gesamtertrag. Das Verursachen von vermehrtem Blattfall und eine signifikante Verringerung des Blattfrischgewichtes, dem Gehalt an ätherischem Öl und der Anzahl der Stolonen wir laut EDWARDS 1999 beschrieben und kann auch in dieser Arbeit nachgewiesen werden. Bei einem rechtzeitigen Schnitt der „Japanischen Ölminze" ohne einen Befall mit Minzrost (*Puccinia menthae* PERS.), jedoch in einem anderen Entwicklungsstadium zum Schnittzeitpunkt als die übrigen Vertreter, können adäquate Erträge erzielt werden. Zu den Langzeitwirkungen des Minzrost zählt das Absterben des Bestandes nach drei bis vier Jahren [EDWARDS 1999]. Diese Tatsache kann am Versuchsfeld der Versuchsstation für Spezialkulturen im vierten Anbaujahr bestätigt werden.

4.4 Ätherische Öle

4.4.1 Gewinnung und Gehalt des ätherischen Öles

Zur Gewinnung der Öle wird eine Wasserdampfdestillation durchgeführt, da es sich um die effektivste und schonendste Art handelt, ätherisches Öl zu produzieren [AMMANN & al. 1999, BÖTTCHER & al. 2002, BOMME & RINDER 2002, BOMME & al. 2005, MAFFEI & MUCCIARELLI 2003, RAJESWARA RAO 1999, SHANKER & al. 1999]. Für eine erfolgreiche Destillation sollten nach BOMME & RINDER 2002 einige Grundvoraussetzungen erfüllt werden: geeignetes genetisches Ausgangsmaterial, optimale Standort- und

Wachstumsbedingungen, richtiger Erntetermin, eine quetschungsarme Ernte, eine grobe, gleichmäßige Zerkleinerung und in weiterer Folge auch die gleichmäßige, schichtweise Befüllung des Destillationsbehälters. In diesem Versuch wurde die Ernte in den ersten beiden Standjahren der Pflanzen im Knospenstadium bzw. zu Blühbeginn durchgeführt [BOMME & RINDER 2002]. Diese Methode wird auch in dieser Arbeit angewendet.

Als züchterische Ziele gilt für die Pfefferminze die Erhöhung der Ausbeute an ätherischem Öl auf 3,0 ml/100 g Droge [BUNDESSORTENAMT 2002]. Momentan gilt als Qualitätsanforderung ein Gehalt an ätherischem Öl von mindestens 1,2 % in der Ganzdroge und 0,9 % in geschnittener Droge [BOMME 1984]. Laut HÄNSEL & HÖLZL 1996 kann ätherisches Öl aus *M. x piperita* L. (Pfefferminze) in einem Ausmaß von 0,8 % bis 4 % aus den getrockneten Blättern gewonnen werden [HÄNSEL & HÖLZL 1996]. Bei der Extraktion mittels Wasserdampfdestillation können von allen Arten und Sorten Werte zwischen 1,1 und 3,4 % erreicht werden. In beiden Auswertungsjahren blieben die ersten Schnitte mit 1,8 % 2007 und 2 % 2008 unter den Durchschnittswerten der beiden zweiten Schnitte, die jeweils bei 2,4 % liegen. 2007 werden die höchsten Ausbeuten von den beiden helllaubigen Pfefferminzen „Pfälzer Minze" und „Ukrainische 541" (*M. x piperita* L. f. *pallescens* CAMUS) und der dunkellaubigen Pfefferminze „Medicka" (*M. x piperita* L. f. *rubescens* CAMUS) erreicht. 2008 erreichen dieselben Vertreter die höchsten Öl-Ausbeuten. Damit kann die Aussage von MARQUARD & KROTH 2001, dass „Mitcham"-Typen, also dunkellaubige Pfefferminze-Vertreter, quantitativ besseres ätherisches Öl produzieren, nur für die Varietät „Medicka" bestätigt werden. Die hohen Erwartungen, die an die als Standard eingesetzte ebenfalls dunkellaubige und rostresistente „Multimentha" gesetzt wurden, können nicht erfüllt werden.

Größtenteils bekannt ist das ätherische Öl der Krausen Minze (*M. spicata* L. *var. crispa* (BENTH.) DANERT), jedoch decken sich die Eigenschaften fast gänzlich mit dem ätherischen Öl der Grünen Minze (*M. spicata* L.). Die für die Gewinnung des ätherischen Öles der Grünen Minze verwendeten Pflanzenteile sind die Blätter mit einer Ausbeute von ca. 0,7 % [BUNDESSORTENAMT 2002]. Die Grüne Minze „Scotch" erreicht im ersten Schnitt 2007 eine Ölausbeute von 1,1 %, die jedoch in den Schwierigkeiten zu Kulturbeginn begründet liegen. Im zweiten Schnitt 2007 liegt die Ausbeute bei 2,5 %, im ersten Schnitt 2008 bei 2,1 % und im zweiten Schnitt 2008 bei 2,4 %. Für die Extraktion des ätherischen Öls wird nicht reine Blattware verwendet, sondern vor der Destillation grob abgestreifte Krautware.

Die erhaltenen Werte liegen trotzdem weit über der vom BUNDESSORTENAMT erwähnten Ausbeute von 0,7 %.

4.4.2 Qualität des ätherischen Öles

Ätherische Öle setzen sich aus einer Vielzahl von Substanzen zusammen, deren Wirkung auch in der Wechselwirkung der Einzelkomponenten zueinander begründet liegt. Im Folgenden werden einige Hauptkomponenten in Bezug auf ihr Vorkommen und Abweichungen von Richtwerten diskutiert.

4.4.2.1 (-)-Menthol

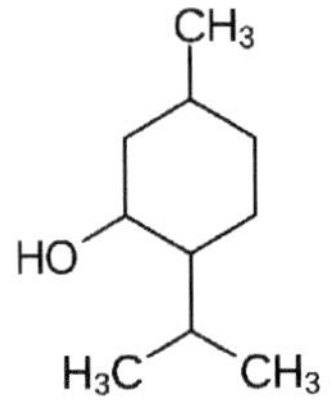

Abbildung 158: Strukturformel von Menthol
[http://de.wikipedia.org/wiki/Menthol]

Menthol (Abbildung 158) ist bei Raumtemperatur ein farbloser, kristalliner Feststoff mit Pfefferminzgeruch. Es kommt in vielen ätherischen Ölen, besonders in Minzölen vor. (+)-Neomenthol findet sich im japanischen Minzöl, (−)-Neoisomenthol mit bis zu einem Prozent im Geraniumöl. Die jährliche Weltproduktion liegt bei 6.300 Tonnen. Hauptsächlich wird Menthol immer noch durch Isolation aus Minzen, beispielsweise der Ackerminze oder Pfefferminze, gewonnen. Menthol lässt sich unter anderem ausgehend vom Pulegon, Phellandren, 3-Caren, Pinen, Limonen, Myrcen, Piperiton oder durch Hydrierung vom Thymol beziehungsweise dem Kresol synthetisieren [MORCK 1978, http://de.wikipedia.org/wiki/Menthol].

Menthol besitzt drei stereogene Zentren, deshalb gibt es acht Stereoisomere: (−)-Menthol, (+)-Menthol, (+)-Isomenthol, (−)-Isomenthol, (+)-Neomenthol, (−)-Neomenthol und (+)-Neoisomenthol sowie (−)-Neoisomenthol. Alle sind sekundäre, einwertige Alkohole [www.chemie.uni-erlangen.de, http://de.wikipedia.org/wiki/Menthol].

Die Gerüche der Stereoisomere unterscheiden sich teilweise voneinander:
- (+)- und (–)-Menthol riechen vor allem kühl, frisch, minzig und süß, wobei diese Gerüche beim (–)-Menthol stärker ausgeprägt sind.
- Beim Isomenthol überwiegt im Geruch das (+)-Isomenthol, das wiederum schal, kühl, minzig, frisch und süß riecht; beide Enantiomere des Isomenthols riechen vor allem schal.
- Die beiden Neomenthole riechen ähnlich: schal, frisch, minzig und süß.
- Das (–)-Neoisomenthol riecht nach Campher, schal, süß, minzig, kühlend und frisch,
- das (+)-Neoisomenthol hat einen Geruch nach Campher, schal und nach Wald, es riecht hingegen nicht minzig, kühl und frisch [http://de.wikipedia.org/wiki/Menthol].

Menthol wirkt am Kälte-Menthol-Rezeptor (TRPM8), daher hat Menthol einen (scheinbar) kühlenden Effekt beim Auftragen auf die Haut, die Körpertemperatur wird jedoch nicht beeinflusst. Diese Wirkung ist vergleichbar mit der von Capsaicin (scheinbar heißer Effekt). Menthol ist reizend. Zusätzliche Gefahr besteht für Säuglinge und Kleinkinder, da bei ihnen durch Inhalation von Menthol eine schwere Atemnot mit Atemstillstand auftreten kann. Die orale letale Dosis für eine Ratte liegt bei 3300 mg/kg [www.wikipedia.com].

(-)-Menthol gilt als charakteristischer Hauptbestandteil des Pfefferminzöls [HÄNSEL & HÖLZL 1996]. Für die Pfefferminze werden je nach Literaturangabe zwischen 30 und 55 % Menthol vorgegeben [BOMME & al. 2005, BÖTTCHER & al. 2002, EUROPÄISCHES ARZNEIBUCH 1997, MARQUARD & KROTH 2001, SCHILCHER & al. 2007] (Tabelle 1). Vier der fünf ausgewählten Pfefferminze-Varietäten, namentlich „Pfälzer Minze", „Ukrainische 541" (beide *M. x piperita* L. *f. pallescens* CAMUS), „BP 83" und „Multimentha" (beide *M. x piperita* L. *f. rubescens* CAMUS) liegen unter der Minimum-Grenzwert von 30 %, die dunkellaubige „Medicka" (*M. x piperita* L. *f. rubescens* CAMUS) weist einen Gehalt von 56,9 % auf. Der allgemein geringe Gehalt an Menthol kann auf einen zu frühen Schnitt der Pflanzen zurückgeführt werden, da sich Menthol durch die Umwandlung von Menthon kurz vor der Vollblüte bildet [BOLLI 2003]. Jedoch werden alle Arten und Sorten im selben Entwicklungsstadium, nämlich dem Knospenstadium, geschnitten. Zusätzlich werden für die Auswertung der GC die Werte aller Wiederholungen gemittelt, dies soll zu geringeren Abweichungen führen. Außerdem kann der sehr hohe Menthol-Gehalt der „Medicka" dadurch ebenfalls nicht erklärt werden, außer es wäre inzwischen zu weiteren Verkreuzungen in dieser Varietät gekommen.

Es besteht jedoch laut einem Versuch nach BOMME ein Zusammenhang zwischen Menthol-reich und hellgrünen Pfefferminze-Typen (*M. x piperita* L. f. *pallescens* CAMUS) [BOMME & RINDER 2002], der in dieser Arbeit nicht bestätigt werden kann. Die beiden helllaubigen Pfefferminzen dieser Versuchsanstellung, „Pfälzer Minze" und „Ukrainische 541", erreichen lediglich 22,9 % und 24,8 % und liegen somit weit unter dem Menthol-Gehalt von 56,9 % der dunkellaubigen „Medicka".

In PANK & al. 1994 wird für die Sorte „Multimentha" ein Menthol-Gehalt von knapp 20 % beschrieben und 28,2 % für „BP 83". Die Grüne Minze liegt mit einem Mentholgehalt von 37 % am Richtwert [PANK & al. 1994]. Auch in der vorliegenden Arbeit erreicht „Multimentha" nur einen Menthol-Gehalt von 14,2 % und „BP 83" einen Gehalt von 18,9 %.

Die „Japanische Ölminze" (*M. arvensis* L. var. *piperascens* MALINV. ex HOLMES) erreicht in diesem Versuch einen Wert von 63,1 % (-)-Menthol. Der von SHANKER & al. 1999 vorgegebene Gehalt von 80 – 95 % (MORCK 1978: 90 %), weswegen das native Öl für die Herstellung von natürlichem Menthol verwendet wird [HÄNSEL & HÖLZL 1996], kann in diesem Versuch nicht erreicht werden. Zieht man andere Literaturquellen heran, wird der Mentholgehalt im Minzöl mit 42 % freiem Alkohol festgelegt [SCHILCHER & al. 2007] und wird mit einem Gehalt von über 60 % in diesem Fall überschritten.

Für das ätherische Öl der Grünen Minze „Scotch" (*M. spicata* L.) sind keine Grenzbereiche festgelegt und Menthol wird, neben anderen Substanzen, als Hauptkomponente erwähnt [BUNDESSORTENAMT 2002, CHRISTENSEN 2001]. In einer Arbeit wird ein Menthol-Gehalt von 37 % beschrieben [PANK & al. 1994]. Die Grüne Minze „Scotch" erreicht in dieser Versuchsanstellung allerdings nur einen Gehalt von 0,8 % Menthol.

Auch in der „Apfelminze" (*M. villosa* HUDS.) kann nur ein geringer Wert von 0,8 % Menthol gemessen werden, jedoch ist das Fehlen von Menthol in dieser Art bekannt.

4.4.2.2 Menthon

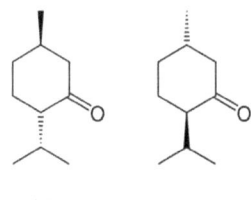

Abbildung 159: Strukturformel von Menthon (links: (−)-Menthon, rechts: (+)-Menthon) [http://de.wikipedia.org/wiki/Menthon]

(−)   (+)

Bei Menthon handelt es sich um einen monocyclischen Monoterpen-Keton mit den beiden Enantiomeren (−)-Menthon und (+)-Menthon (Abbildung 159). (−)-Menthon findet sich vor allem im Geranium- und im Pfefferminzöl [http://de.wikipedia.org/wiki/Menthon]. Menthon lässt sich durch Oxidation von Menthol herstellen und es handelt sich dabei um eine farblose Flüssigkeit.

Menthon kommt laut verschiedenen Literaturquellen mit Gehalten von 14 % bis 32 % in Pfefferminzen vor [BOMME & al. 2005, BÖTTCHER & al. 2002, EUROPÄISCHES ARZNEIBUCH 1997, MARQUARD & KROTH 2001, SCHILCHER & al. 2007] (Tabelle 1). Die Werte für Menthon aus den ätherischen Ölen der fünf analysierten hell- und dunkellaubigen Pfefferminzen reichen von 22,2 % bis 56,4 %. Den geringsten Gehalt weist „Medicka" (*M. x piperita* L. f. *rubescens* CAMUS) mit 22,2 % auf. Dabei handelt es sich um jene Varietät mit dem höchsten Menthol-Gehalt von 56,9 %. Die beiden weiteren dunkellaubigen Pfefferminzen „BP 83" und „Multimentha" weisen 47,6 % und den Höchstwert von 56,4 % Menthon auf und liegen damit weit über dem Höchstwert von 32 % nach EUROPÄISCHEM ARZNEIBUCH 1997 und SCHILCHER & al. 2007. In der helllaubigen „Pfälzer Minze" ist 42,3 % Menthon enthalten, in der „Ukrainische 541" (beide *M. x piperita* L. f. *pallescens* CAMUS) 40,4 %. Auch diese beiden Werte überschreiten die in der Literatur vermerkten Höchstmengen.

Jedoch tritt auch in einer Arbeit von PANK & al. 1994 für die „BP 83" ein deutlich höherer Wert auf, als nach DAB 15 erlaubt ist (bis 30 %), und „Multimentha" liegt mit 55 % sehr hoch [PANK & al. 1994]. Diese Werte gleichen denen, die bei den vorliegenden Proben erhalten hat.

Im ätherischen Öl der „Japanischen Ölminze" gelten Richtwerte von mindestens 25 und maximal 40 % an Ketonen, die als Menthon berechnet sind [SCHILCHER & al. 2007,

SHANKER & al. 1999]. Die „Japanische Ölminze" (*M. arvensis* L. var. *piperascens* MALINV. ex HOLMES) weist einen Anteil von 17,2 % auf und liegt damit unter den angestrebten 25 %.

Obwohl laut BUNDESSORTENAMT 2002 Menthon zu den Hauptbestandteilen der Grünen Minze zählen soll, kann lediglich ein Anteil von 0,2 % in der Grünen Minze „Scotch" (*M. spicata* L.) nachgewiesen werden. Die „Apfelminze" (*M. villosa* HUDS.) ist frei von Menthon (Tabelle 15).

4.4.2.3 Menthylacetat

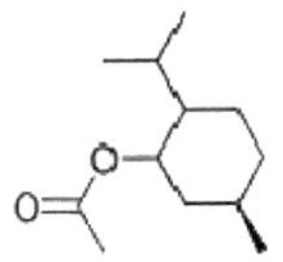

Abbildung 160: Strukturformel von Menthylacetat [www.chemicalbook.com]

Menthylacetat (Abbildung 160) ist für den frischen Geruch ausschlaggebend [BUNDESSORTENAMT 2002]. Die Ester des Menthols, also Menthylacetat und Menthylisovalerat, bestimmen mit Jasmon erheblich die Geruchsqualität [MARQUARD & KROTH 2001].

Der Gehalt an Menthylacetat sollte, je nach Literaturangabe, zwischen 2,8 und 10 % liegen [BOMME & al. 2005, BÖTTCHER & al. 2002, EUROPÄISCHES ARZNEIBUCH 1997, MARQUARD & KROTH 2001, SCHILCHER & al. 2007] (Tabelle 1). Der vom EUROPÄISCHEN ARZNEIBUCH 1997 angestrebte untere Grenzwert von 2,8 % wird lediglich von den beiden helllaubigen Pfefferminzen (*M. x piperita* L. f. *pallescens* CAMUS) „Pfälzer Minze" und „Ukrainische 541" mit jeweils 2,9 % überschritten. Auffallend ist auch, dass der Gehalt in *M. x piperita* L. höher liegt, als in den ebenfalls untersuchten drei weiteren Arten der Gattung *Mentha*: *M. villosa* HUDS., *M. spicata* L. und *M. arvensis* L. var. *piperascens* MALINV. ex HOLMES. Für die „Japanische Ölminze" (*M. arvensis* L. var. *piperascens* MALINV. ex HOLMES) sollen Werte zwischen 3 und 17 % an Estern, berechnet als Menthylacetat, erreicht werden [SCHILCHER & al. 2007], jedoch liegt der in dieser Arbeit erreichte Wert mit 0,8 % weit unter diesen (Abbildung 155).

„BP 83" liegt in dem Versuch nach PANK et al. 1994 ebenfalls unter dem vom DAB angestrebten Wert von 4,5 bis 10 %. Den geringsten Wert erzielte in dieser Arbeit „Multimentha" [PANK & al. 1994]. In der hier vorliegenden Arbeit erreicht „Multimentha" von den drei dunkellaubigen Pfefferminzen (*M. x piperita* L. *f. rubescens* CAMUS) mit 2,5 % den höchsten Gehalt an Menthylacetat. Die beiden weiteren Vertreter, „BP 83" und „Medicka", erzielen Werte von jeweils 1,5 %.

Für die „Apfelminze" (*M. villosa* HUDS.) und die Grüne Minze „Scotch" (*M. spicata* L.) sind keine Vergleichswerte bekannt, jedoch ist in beiden Arten nur einer geringer Anteil von 0,1 % Menthylacetat nachweisbar. Laut BUNDESSORTENAMT 2002 bzw. CHRISTENSEN 2001 soll Menthylacetat aber mit Menthol und Menthon zu den Hauptbestandteilen des ätherischen Öles der Grünen Minze zählen, wobei bereits ein geringer Gehalt an Menthol aufgefallen ist.

4.4.2.4 Menthofuran

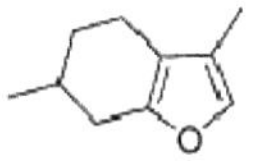

Abbildung 161: Strukturformel von Menthofuran [www.chemicalbook.com]

Die Grenzwerte für das Vorhandensein von Menthofuran (Abbildung 161) liegen bei 1 bis 9 % [EUROPÄISCHES ARZNEIBUCH 1997] bzw. bei 4 % [BOMME & al. 2005, BÖTTCHER & al. 2002, MARQUARD & KROTH 2001]. Alle untersuchten Vertreter bleiben unter den beiden oberen Grenzwerten von 4 % bzw. 9 %. Der untere Richtwert von einem Prozent wird lediglich von der Pfefferminze „BP 83" (*M. x piperita* L. *f. rubescens* CAMUS) überschritten.

Das Vorhandensein von Menthofuran wird nach PANK & al. 1994 als Nachweis für die Abstammung der Droge von *M. x piperita* L. gefordert, soll aber nicht höher als 5 % liegen, da es dann den Geschmack beeinträchtigen kann [DACHLER & PELZMANN 1999, MORCK 1978]. Den höchsten Gehalt an Menthofuran weist die dunkellaubige Pfefferminze „BP 83" (*M. x piperita* L. *f. rubescens* CAMUS) mit 1,5 % auf. Während in der helllaubigen Pfefferminze „Pfälzer Minze" (*M. x piperita* L. *f. pallescens* CAMUS) nur 0,1 % nachweisbar ist, tritt in den übrigen Pfefferminze-Varietäten kein Menthofuran auf.

Obwohl für die „Japanische Ölminze" (*M. arvensis* L. var. *piperascens* MALINV. ex HOLMES) ein geringer Gehalt an Menthofuran bekannt ist [SCHILCHER & al. 2007], tritt in den Proben dieser Sorte ebenfalls kein Menthofuran auf.

Die „Apfelminze" (*M. villosa* HUDS.) weist einen Gehalt von 0,5 % an Menthofuran, die Grüne Minze „Scotch" (*M. spicata* L.) einen Gehalt von 0,1 % auf.

Ein erhöhter Gehalt an Menthofuran soll vor allem bei einem Schädlingsbefall typisch sein [MORCK 1978]. Da bei „BP 83" die höchste Konzentration nachgewiesen wurde, kann diese Annahme hier nicht bestätigt werden. 2007 werden wenig Fraß- und Saugschäden beobachtet, obwohl sowohl 2007, als auch 2008 zahlreiche Insekten auf den Parzellen beobachtet werden können. Jedoch sind es verhältnismäßig nicht mehr, als auf den übrigen Varietäten. Die Grüne Minze „Scotch" (*M. spicata* L.) und die „Japanische Ölminze" (*M. arvensis* L. var. *piperascens* MALINV. ex HOLMES) weisen, wie auch die „Apfelminze" (*M. villosa* HUDS.), einen erhöhten Befallsdruck mit pilzlichen Schadorganismen auf. Da in der „Japanischen Ölminze" kein Menthofuran und in den ätherischen Ölen der „Apfelminze" und der Grünen Minze „Scotch" auf Grund des Krankheitsbefalls mit Minzrost (*Puccinia menthae* PERS.) bzw. dem Echten Mehltau (*Erysiphe biocellata* EHRENB.) keine erheblichen Auswirkungen auf den Menthofuran-Gehalt beobachtet werden können, wird diese Theorie für die vorliegenden Ergebnisse verworfen.

4.4.2.5 Cineol

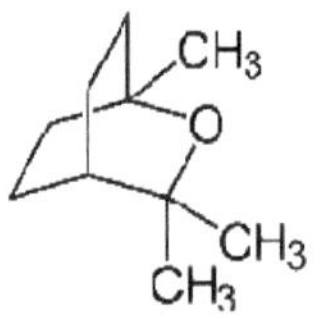

Abbildung 162: Strukturformel von 1,8-Cineol

1,8-Cineol (Abbildung 162) liegt als farblose Flüssigkeit vor. Es findet Anwendung bei Atemwegserkrankungen wie Asthma und Heuschnupfen. 1,8-Cineol kommt in größeren Mengen in Eukalyptus und Lorbeer vor. Weniger stark vorhanden ist es in Minze, Heilsalbei, Thymian, Basilikum und im Teebaum. Cineol kann daher auch in großen Mengen durch fraktionierte Destillation von Eukalyptusöl gewonnen werden [http://de.wikipedia.org/wiki/Cineol].

1,8-Cineol wirkt beim Menschen in der Lunge und den Nebenhöhlen schleimlösend und bakterizid. Außerdem hemmt es bestimmte Neurotransmitter, die für die Verengung der Bronchien verantwortlich sind. Bei Asthmatikern kann unter ärztlicher Kontrolle durch Gabe von reinem Cineol die Lungenfunktion verbessert werden. Cineol stellt jedoch nur in Ausnahmefällen eine Alternative zu Cortison dar, das als Inhalation örtlich und nebenwirkungsarm angewandt werden kann [http://de.wikipedia.org/wiki/Cineol].

Die Richtwerte für den Cineol-Gehalt liegen bei 6 bis 8 % [BOMME & al. 2005, BÖTTCHER & al. 2002, MARQUARD & KROTH 2001] bzw. zwischen 3,5 % und 14 % [EUROPÄISCHES ARZNEIBUCH 1997]. Nur die helllaubige Pfefferminze „Ukrainische 541" (*M. x piperita* L. *f. pallescens* CAMUS) liegt mit 6,4 % in den Richtwerten nach BOMME & al. 2005, BÖTTCHER & al. 2002 und MARQUARD & KROTH 2001. Die erzielten Werte im ätherischen Öl der „BP 83" und „Multimentha" (beide *M. x piperita* L. *f. rubescens* CAMUS) liegen mit 1,2 % und 1,0 % unter den Vorgaben des EUROPÄISCHEN ARZNEIBUCH 1997. Die beiden genannten Vertreter wiesen bereits einige Abweichungen, z.B. beim Menthol-Gehalt, im Vergleich zur dritten dunkellaubigen Pfefferminze „Medicka" auf. Die oberen Grenzwerte werden in keiner Probe überschritten.

Die „Apfelminze" (*M. villosa* HUDS.) weist mit 16,3 % den höchsten Gehalt an Cineol auf. Auch die Grüne Minze „Scotch" (*M. spicata* L.) liegt mit 9,9 % hoch, wobei laut Bundessortenamt 2002 Cineol nicht zu den Hauptkomponenten zählt, sondern Limonen, welches aber nur in einer geringeren Konzentration nachgewiesen werden kann. Die „Japanische Ölminze" (*M. arvensis* L. *var. piperascens* MALINV. ex HOLMES) enthält 2,4 % Cineol, wobei auch hier keine Angaben bekannt sind.

4.4.2.6 Limonen

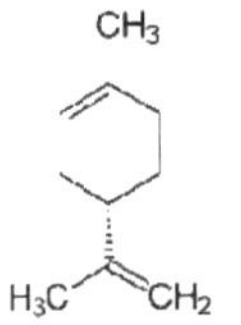

Abbildung 163: Strukturformel von (S)-(-)-Limonen
[http://de.wikipedia.org/wiki/Limonen]

Limonen ist das in Pflanzen am häufigsten vorkommende Monoterpen. (R)-(+)-Limonen ist vor allem in Ölen von Pomeranzen, Kümmel, Dill, Koriander, Zitronen und in Orangen enthalten. Es weist einen orangenartigen Geruch auf. Dagegen ist (S)-(–)-Limonen (Abbildung 163) in Edeltannen- und in Pfefferminzöl enthalten und riecht nach Terpentin. Limonen wird in erster Linie durch Naturstoffextraktion gewonnen. (R)-(+)-Limonen fällt in großen Mengen als Nebenprodukt bei der Orangensaftproduktion an. (S)-(–)-Limonen wird in verhältnismäßig kleinen Mengen aus den entsprechenden Ölen extrahiert [http://de.wikipedia.org/wiki/Limonen].

Limonen ist licht-, luft-, wärme-, alkali- und säureempfindlich und autooxidiert zu Carvon. Das (R)-(+)-Limonen wird als pflanzliches Insektizid verwendet. Es dient auch als Ausgangsstoff für die Synthese von Dronabinol (synthetischem THC) wegen der rechtlichen Schwierigkeiten bei der Gewinnung des Wirkstoffes aus Hanf. Limonen wirkt reizend. Seine Oxidationsprodukte (R)-(–)-Carvon und mehrere Isomere des Limonenoxid, die aus Limonen an der Luft entstehen, sind allergieauslösend [http://de.wikipedia.org/wiki/Limonen].

Die für Limonen angegebenen Richtwerte liegen zwischen 1 und 5 % [EUROPÄISCHES ARZNEIBUCH 1997]. Die fünf Pfefferminz-Varietäten weisen einen Gehalt von 4,7 % Limonen bei den helllaubigen Vertretern (*M. x piperita* L. *f. pallescens* CAMUS) „Pfälzer Minze" und „Ukrainische 541" und bei den dunkellaubigen Vertretern 4,0 % im ätherischen Öl der „BP 83", 3,4 % in „Multimentha" und 0,7 % in „Medicka" auf. Während die beiden helllaubigen Pfefferminzen annähernd gleiche Werte enthalten, weichen die Werte innerhalb des dunkellaubigen Pfefferminz-Typus stark ab. Den geringsten Wert erreicht „Medicka", die als einzige einen sehr hohen Menthol-Gehalt aufwies. Vier der fünf Varietäten liegen somit im vorgegebenen Bereich des EUROPÄISCHEN ARZNEIBUCH 1997.

Die „Apfelminze" (*M. villosa* Huds.) zeigt einen Gehalt von 4,4 %, der annähernd gleich hoch dem der helllaubigen Pfefferminzen ist. Für das ätherische Öl dieser liegen jedoch keine Richtwerte vor. Auch für die „Japanische Ölminze" (*M. arvensis* L. *var. piperascens* MALINV. ex HOLMES) mit einem Gehalt von 0,1 % Limonen liegen keine vergleichbaren Werte vor. Für die Grüne Minze „Scotch" (*M. spicata* L.) zählt Limonen zu den Hauptkomponenten [BUNDESSORTENAMT 2002], wobei nur, neben einem geringen Gehalt an Menthol, ein Gehalt von 1,8 % Limonen bei einem höheren Cineol-Gehalt nachweisbar ist.

Wichtig in der Zusammensetzung des ätherischen Öles von Pfefferminzen ist vor allem das Verhältnis von Cineol zu Limonen, das mehr als 2 betragen soll [BUNDESSORTENAMT 2002]. Dieses Verhältnis kann von vier der fünf Pfefferminzen, „BP 83", „Multimentha" (beide *M. x piperita* L. *f. rubescens* CAMUS), „Pfälzer Minze" und „Ukrainische 541" (beide *M. x piperita* L. *f. pallescens* CAMUS), nicht eingehalten werden, wobei die anderen drei Arten *M. villosa* HUDS., *M. spicata* L. und *M. arvensis* L. *var. piperascens* MALINV. ex HOLMES diese Vorgaben erfüllen würden. Die beiden dunkellaubigen Vertreter „BP 83" und „Multimentha" weisen Limonen-Gehalte in der Norm auf, jedoch überschreitet der Cineol Gehalt diesen um mehr als das dreifache.

4.4.2.7 Carvon

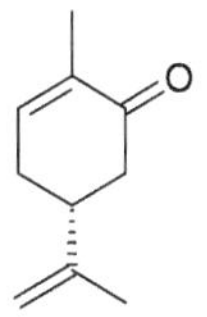

Abbildung 164: Strukturformel von R-(-)-Carvon [www.chemicalbook.com]

Bei Carvon handelt es sich, wie Menthon, um ein monocyclisches Monoterpen-Keton (Abbildung 164). Es gibt zwei Enantiomere, das (*S*)-(+)-Carvon, auch als (+)-Carvon bezeichnet, und das (*R*)-(–)-Carvon, auch als (–)-Carvon bezeichnet. In der Natur treten alle enantiomere Formen des Carvons auf. (*S*)-(+)-Carvon ist in Kümmel, Dill u. Mandarinenschalen enthalten. Das (*R*)-Enantiomer findet sich in Krauseminze- und Kuromojiöl [http://de.wikipedia.org/wiki/Carvon].

Wie alle chiralen Duftstoffe weist auch Carvon unterschiedliche Geruchstypen seiner Enantiomere auf. Das (+)-Carvon weist einen Kümmelgeruch auf, sein Spiegelbild (–)-Carvon riecht nach Krauseminze und wirkt allergieauslösend [http://de.wikipedia.org/wiki/Carvon].

Laut dem EUROPÄISCHEN ARZNEIBUCH 1997 ist für Pfefferminzen ein maximaler Gehalt von 1 % zulässig. Alle fünf Vertreter der Pfefferminzen (*M. x piperita* L.) bleiben unter diesem Grenzwert, wobei Carvon in den drei dunkellaubigen Varietäten (*M. x piperita* L. f. *rubescens* CAMUS) nur einen Wert von 0,1 % erreicht. Den höchsten Carvon-Gehalt von 61,4 % erreicht die Grüne Minze „Scotch", wobei zumindest für das ätherische Öl der Krausen Minze (*M. spicata* L. var. *crispa* (BENTH.) DANERT) dieser hohe Gehalt bekannt ist [BUNDESSORTENAMT 2002]. Auch die „Apfelminze" (*M. villosa* HUDS.) enthält 58,6 % Carvon.

4.4.2.8 Pulegon

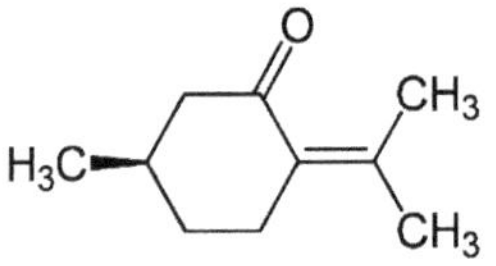

Abbildung 165: Strukturformel von Pulegon
[http://de.wikipedia.org/wiki/Pulegon]

Pulegon ist ein monocyclisches Monoterpen-Keton (Abbildung 165) mit einem angenehmen, an Pfefferminze und Campher erinnernden Geruch, wirkt allerdings gesundheitsschädlich. Pulegon kommt unter anderem in allen Pflanzenteilen der Poleiminze *Mentha pulegium* vor [http://de.wikipedia.org/wiki/Pulegon].

Der Wert an Pulegon soll auf Grund einer diätetisch ungünstigen Wirkung möglichst gering sein. Ein erhöhter Gehalt würde auf eine Abstammung der Droge von der Poleiminze *M. pulegium* hinweisen [PANK & al. 1994]. Laut dem EUROPÄISCHEN ARZNEIBUCH 1997 ist ein maximaler Gehalt von 4 % festgelegt. Diese Obergrenze wird von keinem der acht untersuchten Vertreter überschritten, wobei der höchste Gehalt mit 1,2 % von „Multimentha" (*M. x piperita* L. f. *rubescens* CAMUS) erreicht wird.

4.4.2.9 Jasmon

Abbildung 166: Strukturformel von Jasmon
[http://de.wikipedia.org/wiki/Jasmon]

Jasmon, in seiner *cis*-Form (Abbildung 166), ist ein wesentlicher Bestandteil des Duftstoffs der Jasminblüten. *cis*-Jasmon gehört zur Gruppe der Jasmonate und Ketone. Es ist eine der beiden isomeren Formen des Jasmons, wobei in natürlichen Jasminextrakten nur *cis*-Jasmon vorkommt, bei der chemischen Produktion jedoch auch *trans*-Jasmon. Durch diesen Unterschied kann auch künstlich hergestelltes Jasmon nachgewiesen werden. Reines *cis*-Jasmon ist ein weißer geruchloser Feststoff, ein Gemisch aus *cis*- und *trans*-Jasmon ist dagegen eine gelbliche Flüssigkeit mit fruchtig scharfem Geruch, die bei Verdünnung süßlich und blumig riecht. Bei Pflanzen ist *cis*-Jasmon in die Abwehrstrategie gegen Insekten einbezogen. Es wird freigesetzt, wenn Insekten die Pflanzen befallen. So lockt es Fraßfeinde der Insekten (z. B. der Blattläuse) an. Gleichzeitig soll die Verbindung die Fruchtbarkeit der Insekten stören [http://de.wikipedia.org/wiki/Jasmon]. Jasmon ist, gemeinsam mit Menthylacetat und Menthylisovalert erheblich für die Geruchsqualität ausschlaggebend [MARQUARD & KROTH 2001].

Laut DACHLER & PELZMANN 1999 muss der Gehalt an Jasmon unter 0,1 % liegen. Die einzige Varietät der Pfefferminzen, in der Jasmon mit 0,1 % nachweisbar ist, ist „BP 83" (*M. x piperita* L. *f. rubescens* CAMUS). In allen anderen Pfefferminzen, wie auch in der „Japanischen Ölminze" (*M. arvensis* L. *var. piperascens* MALINV. ex HOLMES) kommt Jasmon nicht vor. Auch die „Apfelminze" (*M. villosa* HUDS.) enthält mit 0,2 % wenig Jasmon. Die höchste Konzentration wird mit 0,5 % in der Grünen Minze „Scotch" (*M. spicata* L.) erzielt.

4.4.2.10 Isomenthon

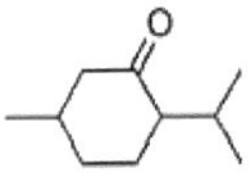

Abbildung 167: Strukturformel von Isomenthon [www.chemicalbook.com]

Laut dem EUROPÄISCHEN ARZNEIBUCH 1997 gilt ein Wertebereich von 1,5 bis 10 % an Isomenthon (Abbildung 167) im ätherischen Öl von Pfefferminzen. Alle fünf Vertreter der Pfefferminzen liegen zwischen diesen Richtwerten, wobei die höchsten Werte mit 10 % von „Multimentha" und mit 8,9 % von „BP 83" (beide *M. x piperita* L. *f. rubescens* CAMUS) erreicht werden. Die geringsten Werte erzielen die Grüne Minze „Scotch" (*M. spicata* L.) mit 0,1 % und die „Apfelminze" (*M. villosa* HUDS.) mit 0,2 %.

Im Versuch von PANK & al. erreichten Pfefferminzen 3 % und darunter und *M. arvensis* höhere Werte [PANK & al. 1994]. Die niedrigsten Werte an Isomenthon werden von den beiden helllaubigen Vertretern „Pfälzer Minze" und „Ukrainische 541" (*M. x piperita* L. *f. pallescens* CAMUS) mit 5,2 % und 5,8 % erzielt. Die „Japanische Ölminze" (*M. arvensis* L. *var. piperascens* MALINV. ex HOLMES) liegt mit 4,7 % unter den bei den Pfefferminzen erreichten Konzentrationen.

4.4.2.11 Isopulegol

Nach SCHILCHER & al. 2007 ist das Auftreten von Isopulegol bei der „Japanischen Ölminze" (*M. arvensis* L. *var. piperascens* MALINV. ex HOLMES) typisch und kann auch mit den vorliegenden Ergebnissen bestätigt werden (Tabelle 11). Jedoch wird nur eine Konzentration von 0,5 % nachgewiesen. Zusätzlich tritt Isopulegol nur in zwei weiteren Vertretern mit einem Gehalt von 0,1 % auf. Diese sind die beiden dunkellaubigen Pfefferminze-Sorten „Medicka" und „Multimentha" (*M. x piperita* L. *f. rubescens* CAMUS).

4.4.3 Unterschiede zwischen den einzelnen Arten

Es können in allen untersuchten Vertretern in den ätherischen Ölen mehr als 97,9 % der Substanzen zugeordnet werden. Während nur 25 Komponenten 98,7 % des ätherischen Öles der dunkellaubigen Pfefferminze „Medicka" (*M. x piperita* L. f. *rubescens* CAMUS) bestimmen, werden 47 Substanzen im ätherischen Öl der Grünen Minze „Scotch" (*M. spicata* L.) identifiziert, die 97,9 % des ätherischen Öles ausmachen. Es kann keine Erklärung für die Schwankungen der Komponentenanzahl innerhalb der Art der dunkellaubigen Pfefferminzen (*M. x piperita* L. f. *rubescens* CAMUS) gefunden werden. Es können bei „Multimentha" 98,4 %, bei „Medicka" 98,7 % und bei „BP 83" 99,5 % des jeweiligen ätherischen Öles identifiziert werden. Diese Prozentangaben setzen sich aus 25 Komponenten bei „Medicka", 30 bei „Multimentha" und 36 bei „BP 83" zusammen. Nur für das ätherische Öl der „Japanischen Ölminze" (*M. arvensis* L. *var. piperascens* MALINV. ex HOLMES) können auch 27 Substanzen zugeordnet werden, die 98,7 % entsprechen.

Kennzeichnend für Pfefferminzöl im Vergleich zum Minzöl der „Japanischen Ölminze" (*M. arvensis* L. f. *piperascens* MALINV. ex HOLMES) sind (+)-Thujanol-4 und Viridiflorol [HÄNSEL & HÖLZL 1996]. Viridiflorol kommt auch in der vorliegenden Arbeit in geringen Konzentrationen in allen Vertretern außer der „Japanischen Ölminze" vor, also auch in der „Apfelminze" (*M. villosa* HUDS.) und Grünen Minze „Scotch" (*M. spicata* L.).

Verfälschungen mit Minzöl von *M. arvensis* L. *var. piperascens* MALINV. ex HOLMES können am Inhaltsstoff Isopulegol erkannt werden. Dieser ist in Pfefferminzöl mit maximal 0,1 %, in Minzöl jedoch mit Gehalten zwischen 1,2 bis 2,7 % enthalten [MARQUARD & KROTH 2001]. Die Unterscheidungsmöglichkeit, für Minzöl typisches Isopulegol und eine geringe Konzentration an Menthofuran, gibt auch HÄNSEL & HÖLZL 1996 an. Isopulegol erreicht in der „Japanischen Ölminze" (*M. arvensis* L. f. *piperascens* MALINV. ex HOLMES) eine Konzentration von 0,5 %, während lediglich in „Medicka" und „Multimentha" (beide *M. x piperita* L. f. *rubescens* CAMUS) diese Substanz nachgewiesen werden kann. Allerdings spricht nichts für eine Verunreinigung durch Minzöl, da der Gehalt bei 0,1 % und somit unter dem möglichen Gehalt liegt.

Das ätherische Öl der Grünen Minze „Scotch" (*M. spicata* L.) enthält einige Komponenten, die in den übrigen ätherischen Ölen nicht oder nur in geringen Konzentrationen enthalten, zum Teil aber auch verstärkt vertreten sind. Zu den Substanzen, die nur in der Grünen

Minze „Scotch" vorkommen, zählt **CARVACROL**. Carvacrol ist ein Terpen und kommt unter anderen in Thymian, Winter- und Sommer-Bohnenkraut, Oregano, Echte Katzenminze und Gänsefüßen vor. Öle, die von diesen Pflanzenarten gewonnen werden, können bis zu 85 % Carvacrol enthalten. Gesetzliche Regelungen bezüglich des Carvacrol gehen im Allgemeinen von der Unbedenklichkeit des Thymols aus. Carvacrol hat eine vielseitige Verwendung, hauptsächlich als Biozid. So zeigt es Wirkung als Antimykotikum, Insektizid, Antibiotikum und Anthelminthikum [http://de.wikipedia.org/wiki/Carvacrol]. Carvacrol kommt in einer geringen Konzentration von 0,1 % im ätherischen Öl der Grünen Minze „Scotch" vor, jedoch in keinem anderen untersuchten Vertreter. **CARVYLACETAT** kommt nicht ausschließlich mit 0,4 % im Öl der Grünen Minze „Scotch" (*M. spicata* L.) vor, sondern auch mit 0,1 % in der „Apfelminze" (*M. villosa* HUDS.). **β-CUBEBEN** zählt ebenfalls zu jenen Komponenten, die nicht in allen Vertretern vorkommen. β-Cubeben tritt in der Grünen Minze „Scotch" (*M. spicata* L.) mit 0,2 %, der „Apfelminze" (*M. villosa* HUDS.) mit 0,2 % und in „BP 83" (*M. x piperita* L. f. *rubescens* CAMUS) mit 0,1 % auf.

MYRCEN zählt zu jenen Substanzen, die in größeren Konzentrationen in den Vertretern außer den Pfefferminzen (*M. x piperita* L.) vorkommen. Myrcen ($C_{10}H_{16}$) kommt häufig in Kiefern, Ingwergewächsen, Minzen, Salbei, Kümmel, Fenchel, Estragon, Dill, Beifuss, Engelwurz, Hopfen sowie Hanf und vielen anderen vor. Es handelt sich um eine farblose bis leicht gelbe Flüssigkeit [http://de.wikipedia.org/wiki/Myrcen]. Den höchsten Gehalt an Myrcen weist die Grüne Minze „Scotch" (*M. spicata* L.) mit 3 % auf. Auch die „Apfelminze" (*M. villosa* HUDS.) mit 0,8 % und die „Japanische Ölminze" (*M. arvensis* L. var. *piperascens* MALINV. ex HOLMES) mit 0,6 % erreichen höhere Werte als die fünf Varietäten der Art *M. x piperita* L., die maximal eine Konzentration von 0,5 % erzielen. Auch ***trans*-SABINENHYDRAT** ($C_{10}H_{16}$) zählt zu den Komponenten, die vermehrt in den ätherischen Ölen ausgenommen dem Pfefferminzöl vorkommen. Der cyclische ungesättigte Kohlenwasserstoff kommt vor allem in den ätherischen Ölen des Majorans und den Blättern des Sadebaumes vor. Den höchsten Gehalt weist die Grüne Minze „Scotch" (*M. spicata* L.) mit 3,7 % auf. Während diese Substanz im ätherischen Öl der „Apfelminze" (*M. villosa* HUDS.) fehlt, kommt sie in der „Japanischen Ölminze" (*M. arvensis* L. var. *piperascens* MALINV. ex HOLMES) mit nur 0,04 % vor. In den ätherischen Ölen der Pfefferminzen sind die Ergebnisse gespalten. Während die dunkellaubige Pfefferminze „BP 83" (*M. x piperita* L. f. *rubescens* CAMUS) mit 1,8 % die höchste Konzentration unter den Pfefferminzen erreicht, liegen „Medicka" und „Multimentha" bei nur 0,1 %. Die „Pfälzer

Minze" und die „Ukrainische 541" (beide *M. x piperita* L. *f. pallescens* CAMUS) erreichen mit 1,1 % idente Konzentrationen. Die höchsten Konzentrationen an **β-BOURBONEN** erzielt mit 2 % die Grüne Minze „Scotch" (*M. spicata* L.) und mit 1,5 % die „Apfelminze" (*M. villosa* HUDS.), während die fünf Pfefferminze-Varietäten (*M. x piperita* L.) und die „Japanische Ölminze" (*M. arvensis* L. var. *piperascens* MALINV. ex HOLMES) lediglich Werte zwischen 0,1 % und 0,4 % erreichen.

PIPERITON weist im ätherischen Öl der Grünen Minze „Scotch" (*M. spicata* L.) mit nur 0,2 % den geringsten Gehalt auf, während die Höchstkonzentrationen von der „Japanischen Ölminze" (*M. arvensis* L. var. *piperascens* MALINV. ex HOLMES) und den beiden helllaubigen Pfefferminzen „Pfälzer Minze" und „Ukrainische 541" (*M. x piperita* L. *f. pallescens* CAMUS) mit 1,7 % erreicht werden. Wiederum streuen die Werte innerhalb der drei dunkellaubigen Pfefferminze-Vertreter (*M. x piperita* L. *f. rubescens* CAMUS), wobei wiederum „BP 83" mit 1,1 % den höchsten Gehalt gegenüber 0,8 % im ätherischen Öl der „Medicka" und 0,5 % in „Multimentha" erzielt.

4.5 Empfehlung

Durch die stark variierenden Ergebnisse kann nur schwer eine Empfehlung, die auch von den jeweiligen Anforderungen an die entsprechende Minze abhängt, für eine der acht ausgewählten Arten und Sorten gegeben werden. Würde man beispielsweise die Anforderungen für Pfefferminze des BUNDESSORTENAMTES übernehmen, so ist ein hoher Mentholgehalt bei niedrigen Anteilen von Carvon, Pulegon, Isomenthon und Menthofuran anzustreben, wobei als Teedroge vor allem guter Geruch und Geschmack vorrangig sind [BUNDESSORTENAMT 2002].

Während die „Japanische Ölminze" (*M. arvensis* L. var. *piperascens* MALINV. ex HOLMES) durch ihren hohen Gehalt an Menthol von 63,1 % überzeugen kann, weist sie überhaupt keine Eignung für den Anbau in den am Versuchsfeld vorherrschenden klimatischen Verhältnissen auf. Die entsprechenden Wiederholungen wiesen in allen drei Kulturjahren einen hohen Befallsdruck des Minzrostes (*Puccinia menthae* PERS.) auf, der im vierten Anbaujahr zum Absterben der Kultur führte. Auch die Erträge leiden unter dem pilzlichen Krankheitserreger, da der Befall unter anderem zu vermehrtem Blattfall führt.

Die Grüne Minze „Scotch" (*M. spicata* L.) hatte Startschwierigkeiten, die aber durch einen schönen Pflanzenaufbau und gute Strukturen innerhalb der Parzellen bald aufgeholt wurden. Die Pflanzen sind sehr ansprechend und die Blätter weisen, wie auch befragte Kunden der Versuchsstation für Spezialkulturen bestätigen, ein angenehmes Aroma ohne aufdringlichen Menthol-Geruch auf, der nur bei 0,8 % liegt. Allerdings weist das ätherische Öl der Grünen Minze „Scotch" einen Carvon-Gehalt von 61,4 % auf, demzufolge es sich um kein hochqualitatives Öl handelt. Der Ertrag liegt beim ersten Schnitt 2007 mit 416,7 kg/a sehr hoch und pendelt sich bei 200 bis 284,2 kg/a in den drei weiteren Schnitten ein, wobei auch durch einen Minzrost-Befall (*Puccinia menthae* PERS.) vielleicht verstärkter Blattfall aufgetreten ist. Der Anbau ist unproblematisch, jedoch sind die Pflanzen anfällig auf Infektionen, wenn auf angrenzenden Parzellen ein starker Infektionsdruck auftritt.

Eine Einstufung der „Apfelminze" (*M. villosa* HUDS.) wird erschwert, da es sich sehr wahrscheinlich nicht um eine *M. villosa* HUDS., sondern um eine *M. suaveolens* EHRH. handelt. Dies kann durch das verstärkte Auftreten von oberirdischen Ausläufern angenommen werden. Die Anbaueignung bleibt eingeschränkt, da die Pflanzen vermehrt durch Schnecken und andere „Besucher" zerfressen werden und damit die Qualität der Blätter und in weiterer Folge auch der Ertrag gemindert wird. Zusätzlich erschwert wird die Kultivierung der Pflanzen durch das häufige Auftreten von Echtem Mehltau (*Erysiphe biocellata* EHRENB.). Eine Regulierung ist nur durch zeitigen Einsatz von Netzschwefel möglich, jedoch zeichnet dieses Präparat auch und mindert so wiederum die Qualität bzw. erhöht den Arbeits- und Zeitaufwand durch Waschen des Erntegutes. Die Ernte wird durch das starke Wegbrechen der Triebe erschwert, wodurch die maschinelle Ernte nicht mehr möglich ist. Einen weiteren Nachteil bringen die dicken Stängel mit sich, da diese die Trocknungszeiten gegenüber anderen Arten verlängern. Ertraglich gesehen liegt die „Apfelminze" im guten Mittelfeld. Ähnlich dem ätherischen Öl der Grünen Minze „Scotch" (*M. spicata* L.) stellt auch im ätherischen Öl der „Apfelminze" Carvon den Hauptbestandteil dar, während Menthol, Pulegon, Isomenthon und Menthofuran nur in Konzentrationen unter 0,5 % vorhanden sind.

Die fünf Pfefferminze-Varietäten teilen sich in zwei helllaubige Typen (*M. x piperita* L. f. *pallescens* CAMUS), dazu zählen die „Pfälzer Minze" und die „Ukrainische 541", und drei dunkellaubige Typen (*M. x piperita* L. f. *rubescens* CAMUS), zu denen „BP 83", „Medicka" und „Multimentha" gehören.

Beim Frisch-Ertrag erreichen in allen vier ausgewerteten Schnitten die beiden helllaubigen Pfefferminzen die höchsten Erträge. Bei der Ölausbeute kommt es teilweise zu leichten Schwankungen innerhalb der helllaubigen und den dunkellaubigen Vertretern. Es steht fest, dass jeweils im 2. Schnitt, mit Ausnahme von „Multimentha" im Kulturjahr 2007, eine höhere Ölausbeute erzielt werden kann. Auch hier liegen die Werte der helllaubigen Pfefferminzen zum Teil deutlich über denen der dunkellaubigen Vertreter. Als Beispiel wird der zweite Schnitt des Auswertungsjahres 2008 herangezogen, in dem die „Ukrainische 541" mit 3,4 % und die „Pfälzer Minze" mit 3,0 % deutlich über den Ausbeuten der „BP 83" mit 2,2 %, der „Medicka" mit 2,5 % und „Multimentha" mit 2,6 % liegen.

Qualitativ weisen die ätherischen Öle der beiden helllaubigen Pfefferminzen mit 22,9 % und 24,8 % einen zufriedenstellenden Menthol-Gehalt bei niedrigen Werten von unter 0,6 % an Menthofuran, Pulegon und Carvon auf. Lediglich die Werte an Isomenthon erreichen 5,2 % bzw. 5,8 % (Tabelle 15). Dieser Wert ist allerdings laut EUROPÄISCHEM ARZNEIBUCH 1997, das einen oberen Grenzwert von 10 % angibt, erlaubt. Damit handelt es sich beim ätherischen Öl der „Pfälzer Minze" und der „Ukrainischen 541" um Öl nach den Ansprüchen des BUNDESSORTENAMTES 2002 und spricht, wenn man die hohen Ausbeuten berücksichtigt, für einen Anbau in den vorliegenden klimatischen Verhältnissen.

Die ätherischen Öle der dunkellaubigen Pfefferminzen divergieren stärker. Während sich die Ölzusammensetzungen der „BP 83" und „Multimentha" ähnlich sind, weist „Medicka" einen sehr hohen Mentholgehalt von 56,9 % auf. „BP 83" erreicht im Vergleich dazu 18,9 % und „Multimentha" 14,2 %. Alle übrigen Anforderungen des BUNDESSORTENAMTES 2002 nach geringen Anteilen an Carvon, Pulegon und Menthofuran werden eingehalten, die Werte für Isomenthon liegen in den Richtwerten des EUROPÄISCHEN ARZNEIBUCH 1997.

Daher wird bei Betrachtung des Öles der fünf Pfefferminze-Varietäten der Anbau von „Medicka" bei ansprechenden und konstanten Ölausbeuten in beiden Anbaujahren und einer sehr guten Ölzusammensetzung empfohlen. In weiterer Folge werden die „Ukrainische 541" und die „Pfälzer Minze" ebenfalls als gut bewertet. Die auf Grund ihrer Erträge, Ölausbeuten, Ölzusammensetzung und Rostresistenz als Standard eingesetzte „Multimentha" zählt in dieser Arbeit auf keinem Gebiet zu den besten der Pfefferminzen. Vor allem kann auf keiner der Pfefferminzen ein Ausbruch des Minzrost (*Puccinia menthae* PERS.) beobachtet werden, weswegen die Rostresistenz nicht als zwingendes Merkmal für den Anbau dieser Sorte angegeben werden kann.

Auch im Anbau kann „Multimentha" nicht überzeugen, da sie auffallend kleine und vor allem derbe Blätter ausbildet. „Medicka" wird zwar bezogen auf Ölausbeute und – zusammensetzung empfohlen, weist aber Schwächen in Form von starkem Brechen der Bestände und einer starken Auswinterung in längerer Kulturphase auf. Betrachtet man daher nur die Pflanzen am Feld, so fallen wiederum die beiden helllaubigen Pfefferminzen „Pfälzer Minze" und „Ukrainische 541" positiv auf. Die „Pfälzer Minze" ist sehr hoch und gleichmäßig und weist nur geringe Saug- und Fraßspuren auf, beginnt jedoch im Knospen- bzw. Blütestadium seitlich wegzubrechen. Die „Ukrainische 541" bricht im Gegensatz dazu nicht weg, treibt immer schön durch und zeigt gleichmäßige, dichte Bestände, die leicht zu beernten sind und dazu auch noch hohe Erträge, hohe Ölausbeuten und gute Ölzusammensetzungen aufweisen.

Die Empfehlung für eine einfache Kulturführung am gewählten Standort, hohe Frisch- bzw. Trockenerträge und hohe Ölausbeuten liegt bei den beiden helllaubigen Pfefferminzen „Ukrainische 541" und „Pfälzer Minze" (*M. x piperita* L. *f. pallescens* CAMUS). Legt man allerdings auf ätherisches Öl mit einer Zusammensetzung laut Bundessortenamt wert und nimmt dafür mäßige Erträge und eine problematische Kulturführung in Kauf, so empfiehlt sich der Anbau der dunkellaubigen „Medicka" (*M. x piperita* L. *f. rubescens* CAMUS).

5 Zusammenfassung

Im Referat für Spezialkulturen in Wies wurde ein Versuchsfeld auf einem biologisch zertifizierten Ackerstück mit acht verschiedenen, für die Jungpflanzen-Produktion der Einrichtung relevanten Vertretern der Gattung *Mentha* angelegt.

Zu den acht ausgewählten Arten und Sorten zählten die Grüne Minze „Scotch" (*Mentha spicata* L.), die „Japanische Ölminze" (*M. arvensis* L. *var. piperascens* MALINV. ex HOLMES), die „Apfelminze" (*M. villosa* HUDS.) und fünf Varietäten der Pfefferminze (*M. x piperita* L.). Die Auswahl der fünf Pfefferminzen entfiel auf die beiden helllaubigen Typen (*M. x piperita* L. *f. pallescens* CAMUS) „Pfälzer Minze" und „Ukrainische 541" und die drei dunkellaubigen Typen (*M. x piperita* L. *f. rubescens* CAMUS) „BP 83", „Medicka" und die Standardsorte „Multimentha".

Die Fragestellungen dieser Arbeit lauteten einerseits, durch morphologische Unterscheidungen der Pflanzen am Feld die einzelnen Arten und Sorten an Hand von einfachen Merkmalen voneinander unterscheiden zu können und zusätzlich Beobachtungen hinsichtlich der Wuchseigenschaften, Krankheitsanfälligkeiten und andere praxisrelevante Merkmale zu dokumentieren. Weiters wurde an Hand von fixiertem Pflanzenmaterial sowohl an nicht ausdifferenzierten, als auch an ausdifferenzierten Blättern die Oberfläche auf mögliche Unterscheidungsmerkmale an Hand von Behaarungstypen bzw. deren Häufigkeit untersucht. Diese Analysen wurden mit Hilfe eines Licht- und eines Rasterelektronenmikroskops durchgeführt. In zwei Versuchsjahren wurden die Frisch- und Trockenkrauterträge ermittelt. Aus dem getrockneten Pflanzenmaterial wurden aus den beiden Schnitten 2007 und 2008 mit Hilfe der Wasserdampfdestillation das ätherische Öl extrahiert, quantifiziert und die Öle mittels Gaschromatographie bzw. Gaschromatographie-Massenspektrometrie auf ihre Zusammensetzungen analysiert.

Die Beobachtungen am Feld haben bei den einzelnen Vertretern zu unterschiedlichen Empfehlungen geführt. Die „Japanische Ölminze" (*M. arvensis* L. *var. piperascens* MALINV. ex HOLMES) erweist sich durch ihre starke Anfälligkeit gegenüber dem pilzlichen Schadorganismus Minzrost (*Puccinia menthae* PERS.) und dem damit einhergehenden minimierten Ertragserwartungen bzw. der optisch nicht entsprechenden Qualität als nicht empfehlenswert für einen Anbau unter den am Gelände vorherrschenden klimatischen Bedingungen. Allerdings würde das aus ihr gewonnene ätherische Öl die Vorgaben hinsichtlich eines hohen Menthol-Gehaltes erfüllen.

Die Parzellen der Grünen Minze „Scotch" (*M. spicata* L.) entsprachen weitestgehend den Vorgaben, wiesen allerdings bei einem starken Infektionsdruck auf benachbarten Parzellen ebenfalls einen Befall mit Minzrost (*Puccinia menthae* PERS.) auf, der bei dieser Sorte allerdings nicht zum Verwerfen des Erntegutes führte. Das ätherische Öl enthält annähernd kein Menthol, sondern eine sehr hohe Konzentration an Carvon, jenem Inhaltsstoff, der neben Pulegon, Isomenthon und Menthofuran als Vorgabe für Pfefferminze-Öl nur in geringen Gehalten vorkommen sollte.

Bei dem in diese Arbeit als „Apfelminze" (*M. villosa* HUDS.) aufgenommenen Vertreter handelt es sich auf Grund des verstärkten Auftretens von oberirdischen Ausläufern höchstwahrscheinlich nicht um eine *Mentha villosa* HUDS., sondern um eine *Mentha suaveolens* EHRH. Diese Tatsache macht einen Vergleich mit der vorliegenden Literatur schwierig. Der Echte Mehltau (*Erysiphe biocellata* EHRENB.) trat ausschließlich an der „Apfelminze" (*M. villosa* HUDS.) auf, führte aber zu keinen Ernteverlusten. Diese wurden allerdings durch Fraßschäden von Raupen und vor allem von Schnecken verursacht, während an den übrigen Vertretern neben kleinerflächigen Fraß- und Saugschäden keine qualitativen Einbußen von tierischen „Besuchern" hervorgerufen wurden. Im ätherischen Öl traten, ähnlich der Zusammensetzung der Grünen Minze „Scotch" (*M. spicata* L.), neben einem geringen Anteil von Menthol, Pulegon, Isomenthon und Menthofuran eine hohe Konzentration an Carvon auf.

Bei den Pfefferminzen wurden in allen Schnitten von den beiden helllaubigen Pfefferminzen (*M. x piperita* L. *f. pallescens* CAMUS) „Pfälzer Minze" und „Ukrainische 541" die höchsten Werte an Erträgen erreicht, ebenso wie bei der Ölausbeute mit kleinen Schwankungen innerhalb der Schnitte.

Die ermittelten Zusammensetzungen der ätherischen Öle der „Pfälzer Minze" und der „Ukrainischen 541" (*M. x piperita* L. *f. pallescens* CAMUS) entsprachen den Anforderungen an hochqualitatives Öl sowohl hinsichtlich des Menthol-Gehaltes, als auch bei den Konzentrationen von Carvon, Pulegon und Menthofuran. Lediglich Isomenthon kam in größeren, jedoch den Grenzwerten entsprechenden Gehalten vor. Während die Spektren der beiden helllaubigen Pfefferminzen einander ähnlich waren, traten in den Zusammensetzungen der dunkellaubigen Pfefferminzen (*M. x piperita* L. f. *rubescens* CAMUS) vermehrt Schwankungen auf. Während die Werte für „BP 83" und „Multimentha" ähnlich waren und qualitativ unter jenen der helllaubigen Vertreter blieben, wies „Medicka" einen der „Japanischen Ölminze" (*M. arvensis* L. *var. piperascens* MALINV. ex HOLMES) ähnlich hohen Wert an Menthol auf.

Obwohl nur die Standardsorte der Pfefferminzen, „Multimentha", als rostresistent gilt, fiel auch an den übrigen vier Pfefferminzen kein Befall mit Minzrost (*Puccinia menthae* PERS.) auf.

An den licht- und rasterelektronenmikroskopischen Abbildungen konnten sowohl an den nicht ausdifferenzierten, als auch an den ausdifferenzierten Blattober- und -unterseiten die gleichen Typen von Trichomen beobachtet werden. Die Anzahl dieser variierte nicht nur zwischen den einzelnen Vertretern, sondern auch zwischen juvenilem und adultem Blatt bzw. der Blattober- und -unterseite teilweise stark. Die beobachteten Trichomtypen waren Drüsenschuppen, Drüsenhaare und Borstenhaare. Drüsenschuppen und Drüsenhaare dienen unter anderem der Speicherung der ätherischen Öle. Drüsenschuppen sind flach sitzend und weisen durchschnittlich einen Durchmesser von 50 – 60 µm auf. Drüsenhaare bestehen aus einer Fußzelle, einer Stielzelle und einer mehr oder weniger runden Köpfchenzelle. Die Länge eines solchen Drüsenhaares liegt zwischen 20 und 30 µm. Weiters traten Borstenhaare in unterschiedlichen Entwicklungsstadien und Intensitäten auf. Dieser Behaarungstyp dient allerdings dem Schutz der Pflanzen. Borstenhaare sind meist mehrzellig und können je nach Zellenanzahl Längen bis zu 250 µm und mehr erreichen. Sie weisen eine glatte oder auch verstärkte Cuticula auf und kommen vor allem an der „Apfelminze" (*M. villosa* HUDS.) und der „Japanischen Ölminze" (*M. arvensis* L. *var. piperascens* MALINV. ex HOLMES) in größerer Anzahl als an den übrigen Arten und Sorten vor. Hauptunterscheidungsmerkmal stellte das Auftreten von verzweigten Borstenhaaren in nur einer der ausgewählten Minzen dar, nämlich der „Apfelminze" (*M. villosa* HUDS.).

Legt man also sowohl auf Feldanbau, als auch auf Erträge und gute Ölzusammensetzung wert, so wird entgegen der Erwartung der Anbau der helllaubigen Pfefferminze „Ukrainische 541" (*M. x piperita* L. f. *pallescens* CAMUS) auf Grund ihrer Vorzüge am Feld gegenüber der „Pfälzer Minze" empfohlen. Wird das Hauptaugenmerk unabhängig von negativen Erfahrungen am Feld auf eine möglichst gute Ölzusammensetzung gelegt, so gilt die Empfehlung der „Medicka" (*M. x piperita* L. *f. rubescens* CAMUS). Die übrigen Arten und Sorten konnten den Ansprüchen nicht entsprechen.

6 Literatur

AMMANN A., HINZ D. C., ADDLEMAN R. S., WAI C. M. & WENCLAWIAK B. W. 1999. Superheated water extraction, steam distillation and SFE of peppermint oil. *Fresenius J. Anal Chem.* 364: 650-653.

BEDLAN G. 1988. Phytopathogene Pilze unserer Kulturpflanzen. – Mikroskopisch-phytopathologisches Praktikum. Jugend und Volk Verlagsgesellschaft mbH. ISBN 3-224-1 6429-8

BEDLAN G., KAHRER A. & SCHÖNBECK H. 1992.Wichtige Krankheiten und Schädlinge im Gemüsebau. J & V. ISBN 3-224-16435-2.

BEESLEY A., HARDCASTLE J., HARDCASTLE P. T. & TAYLOR C. J. 1996. Influence of peppermint oil on absorptive and secretory processes in rat small intestine. *Gut* 39 (2): 214-219.

BESCHREIBENDE SORTENLISTE 2002. Arznei- und Gewürzpflanzen. Deutscher Landwirtschaftsverlag GmbH. ISSN 16 17-45 69.

BOLLI R. 2003. Pfefferminze und Pfefferminzöl – Die wilden Minzen des Mittelalters sind aus der Thearpie verschwunden. *Phytotherapie Nr. 5:* 14-18.

BOMME U. 1984. Kulturanleitung für Pfefferminze. *Merkblätter für den Pflanzenbau.* BLBP Heil- und Gewürzpflanzen 28, 3. geänderte Auflage. 1989. Freising

BOMME U. 2004. Möglichkeiten und Grenzen der Feldproduktion von Heil- und Gewürzpflanzen. *Vortrag beim Oberfränkischer Gemüsebautag. 2004 Bamberg.*

BOMME U. & HILLENMEYER G. 2001. Einfluss von Sorte und Herkunft auf die Zusammensetzung des ätherischen Öls von Pfefferminze (*Mentha x piperita* L.). *Deutsche Gesellschaft für Qualitätsforschung; XXXVI. Vortragstagung JENA*: 113-122.

BOMME U. & RINDER R. 2002. Optimierung der Wasserdampf-Destillation ätherischer Öle und Untersuchungen zur Zusammensetzung von Pfefferminzölen verschiedener Herkünfte. *Forum Essenzia - 3. Symposium zur Aromatherapie, Aromapflege und Aromakultur am 08./09.06.2002 in München.*

BOMME U., GATTERER M., HILLENMEYER G. & KÄRNER C. 2005. Ergebnisse aus mehrjährigen Leistungsprüfungen mit ausgewählten Herkünften von Pfefferminze (*Mentha x piperita* L.). *Z. Arzn.Gew.Pfl., 10. Jg., Ausg.* 2: 73-81.

BÖTTCHER H., GÜNTHER I. & FRANKE R. 2002. Physiologisches Nachernteverhalten von Pfefferminze (*Mentha x piperita* L.). *Gartenbauwissenschaft* 67 (6): 243-254.

BOTANICA 2003. Das Abc der Pflanzen – 10.000 Arten in Text und Bild. Tandem Verlag GmbH. ISBN 3-89731-900-4.

BRAUNE W., LEMAN A. & TAUBERT H. 1987. Pflanzenanatomisches Praktikum 1: Zur Einführung in die Anatomie der Vegetationsorgane der Samenpflanzen. – Gustav Fischer Verlag. Jena.

BUCHBAUER G. 2004. Über biologische Wirkungen von Duftstoffen und ätherischen Ölen. *Wiener Medizinische Wochenschrift* 154/22: 539-547.

BUNDESSORTENAMT 1996. Beschreibende Sortenliste Arznei- und Gewürzpflanzen. Landbuch Verlagsgesellschaft mbH, Hannover.

BUNDESSORTENAMT 2002. Beschreibende Sortenliste Arznei- und Gewürzpflanzen. Deutscher Landwirtschaftsverlag GmbH, Hannover. ISSN 16 17-45 69

CHRISTENSEN E. 2001. Die Minzen (*Mentha spec.*). *Rundbrief zur botanischen Erfassung des Kreises Plön (Nord-Teil)* 10 (1).

EDWARDS J. 1999. Control of mint rust (*Puccinia menthae*) on peppermint – epidemiology and chemical control. RIRDC Publication No. 99/122. 69 pp.

EL-GAZZAR A. & WATSON L. 1968. Labiatae: Taxonomy and suspectibility to Puccinia menthae Pers. *New Phytol.* 67, 739-743.

EGGER B. 2010. Mikroskopische Untersuchungen an den Blättern der Zitronenmelisse im Jahresverlauf. Diplomarbeit Karl-Franzens-Universität Graz.

ESDORN I. 1950. Untersuchungen über den ätherischen Ölgehalt welkender Pflanzen. *Die Pharmazie* 5: 481-488.

EUROPÄISCHES ARZNEIBUCH 1997. einschl. Nachträge 2000 und 2001. Deutscher Apotheker Verlag Stuttgart, Govi-Verlag-Pharmazeutischer Verlag GmbH Eschborn.

DACHLER M. & PELZMANN, H. 1999. Arznei- und Gewürzpflanzen. Anbau, Ernte und Aufbereitung. Zweite, überarbeitet Auflage, Österreichischer Agrarverlag, Klosterneuburg. ISBN: 3-7040-1360-9.

FLEGLER ST. L., HECKMANN J. W. JR., KLOMPARENS K. L. 1995. Elektronenmikroskopie, Grundlagen, Methoden, Anwendungen. Spektrum Akademischer Verlag GmbH Heidelberg, Berlin, Oxford.

FRANZ CH. & WÜNSCH A. 1972. Veränderungen im Stickstoff-Stoffwechsel und im Gehalt an ätherischem Öl welkender Pfefferminzblätter. *Angewandte Botanik* 46: 223-226.

GERSHENZON J., MAFFEI M. & CROTEAU R. 1989. Biochemical and histochemical localization of monoterpene biosynthesis in the glandular trichomes of spearmint (*Mentha spicata*). *Plant Physiol.* 89: 1351-1357.

GOBERT V., MOJA S., COLSON M. & TABERLET P. 2002. Hybridization in the section *Mentha* (Lamiaceae) inferred from AFLP markers. *American Journal of Botany* 89 (12): 2017-2023.

HÄNSEL R. & HÖLZL J. 1996. Lehrbuch der pharmazeutischen Biologie. *Springer-Verlag Berlin Heidelberg New York.* ISBN 3-540-58969-4.

HARLEY R. M. 1967. The spicate mints. *Proceedings of the Botanical Society of the British Isles* 6: 369-372.

HARLEY R. M. & BRIGHTON C. A. 1977. Chromosome numbers in the genus *Mentha* L. *Botanical Journal of the Linnean Society* 74: 71-96.

HEFENDEHL F. W. 1964. Beobachtung über die Veränderung der Zusammensetzung des ätherischen Öls in isolierten, welkenden Blättern von *Mentha piperita* L. *Planta* 62: 321-331.

HEIMANS J. 1938. Chromosomes in the genus *Mentha*. *Chronica Botanica* 4: 389-390.

HOHMANN B., REHER G. & STAHL-BISKUP E. 2001. Mikroskopische Drogenmonographien der deutschsprachigen Arzneibücher. Pharmazeutische Biologie, Band 3. Wissenschaftliche Verlagsgesellschaft mbH Stuttgart. ISBN 3-8047-1762-4.

KARP A., SEBERG O. & BUIATTI M. 1996. Molecular Techniques in the Assessment of Botanical Diversity. *Annals of Botany* 78: 143-149.

KHANUJA S. P. S., SHASANY A. K., DAROKAR M P. & KUMAR S. 1999. Rapid isolation of DNA from Dry and Fresh Samples of Plants Producing Large Amounts of Secondary Metabolites and Essential Oils. *Plant Molecular Biology Reporter* 17: 1-7.

KHANUJA S. P. S., SHASANY A. K., SRIVASTAVA A. & KUMAR S. 2000. Assessment of genetic relationships in *Mentha* species. *Euphytica* 111: 121-125.

KLEINOD B. & STRICKLER F. 2006. Minze: frisch-aromatisch-gesund. *Ulmer-Verlag*.

KOLB D. 2002. Untersuchungen an frischem und fixiertem Pflanzenmaterial mit Hilfe des Rasterelektronenmikroskops. Diplomarbeit Karl-Franzens-Universität Graz.

LANGE R. H. & BLÖDORN J. 1981. Das Elektronenmikroskop TEM & REM. Georg Thieme Verlag Stuttgart, New York.

LAWRENCE B. M. 1978. A study of the monoterpene interrelationships in the genus *Mentha* with special reference to the origin of pulegone and menthofuran. *Ph. D. dissertation.* Groningen University, Groningen, Netherlands.

LORENZO D., PAZ D., DELLACASSA E., DAVIES P., VILA R. & CANIGUERAL S. 2002. Essential oils of *Mentha pulegium* and *Mentha rotundifolia* from Uruguay. *Braz. Arch. Biol. Technol. V. 45 n. 4.*

LUCCHINI V. 2003. AFLP: a useful tool for biodiversity conservation and management. *C. R. Biologies* 326: 43-48.

MAFFEI M., GALLINO M. & SACCO T. 1986. Glandular trichomes and essential oils of developing leaves *Mentha viridis lavanduliodora*. *Planta med.* 52: 187-193.

MAFFEI M., CHIALVA F. & SACCO T. 1989. Glandular trichomes and essential oils in developing peppermint leaves. *New Phytol.* 111 : 707-716.

MAFFEI M. & MUCCIARELLI M. 2003. Essential oil yield in peppermint/soyabean strip intercropping. *Field Crops Research Vol.84* No. 3: 229-240.

MALINVAUD E. 1880. Simple apercu des hybrides dans le genre *Mentha*. *Bulletin de la Société Botanique de France* 27 : 332-347.

MALLE B. & SCHMICKL H. 2005. Ätherische Öle selbst herstellen. Verlag Die Werkstatt GmbH, Göttingen. ISBN 3-89533-482-0.

MARCUM D. B. & HANSON B. R. 2006. Effect of irrigation and harvest timing on peppermint oil yield in California. *Agricultural Water Management 82* (2006) 118 – 128.

MARQUARD R. & KROTH E. 2001. Anbau und Qualitätsanforderungen ausgewählter Arzneipflanzen. Agrimedia GmbH Bergen. ISBN: 3-86037-138-X.

MORCK H. 1978. Drogenkunde. Georg Thieme Verlag, Stuttgart. ISBN 3 13 566001 X

MORTON J. K. 1956. The chromosome numbers of the British *Menthae*. *Watsonia* 3: 244-252.

MUELLER U. G. & LAREESA WOLFENBARGER L.. 1999. AFLP genotyping and fingerprinting. *Tree vol.* 14, no. 10: 389-394.

PAHLOW M. 1993. Das Grosse Handbuch der Heilpflanzen. *Gräfe und Unzer Verlag GmbH, München*. ISBN 3-7742-3848-0.

PANK F., SCHMIDT W. & SCHRADER O. 1994. Qualität gegenwärtig genutzter Pfefferminzsorten (*Mentha x piperita* L.) und ihre Eignung für die Produktion von Teedroge. 69-77.

RAJESWARA RAO B. R. 1999. Biomass and essential oil yield of cornmint (*Mentha arvensis* L. f. *piperascens* MALINVAUD ex HOLMES) planted in different months in semi-arid tropical climate. *Industrial Crops and Products* 10: 107-113.

ROTH L. & KORMANN K. 1996. Duftpflanzen Pflanzendüfte – Ätherische Öle und Riechstoffe. *Ecomed Verlagsgesellschaft AG & Co.KG, Landsberg*. ISBN 3-609-65140-7.

ROTHMALER W. 1987. Exkursionsflora Band 3 – Atlas der Gefäßpflanzen. Volk und Wissen Volkseigener Verlag Berlin. ISBN 3-06-012557-0.

ROTTENBERG A. & PARKER J. S. 2003. Conservation of the critically endangered *Rumex rothschildianus* as implied from AFLP diversity. *Biological Conservation* 114: 299-303.

RUTTLE M. L. 1931. Cytological and embryological studies of the genus *Mentha*. *Gartenbauwissenschaft* 44: 428-468.

SCHILCHER H., KAMMERER S. & WEGENER T. 2007. Leitfaden Phytotherapie, 3. Auflage. Urban & Fischer Verlag, München. ISBN 978-3-437-55342-4

SCHOMBURG G. 1987. Gaschromatographie. VCH Verlagsgesellschaft mbH, Weinheim. ISBN 3-527-26461-2.

SCHUSTER W. H. & LOCHOW J. 1979. Anlage und Auswertung von Feldversuchen. DLG-Verlags-GmbH, Frankfurt am Main. ISBN 3-7690-0300-4.

SHANKER S., AJAYAKUMAR P. V., SANGWAN N. S., KUMAR S. & SANGWAN R.S.. 1999. Essential oil gland number and ultrastructure during *Mentha arvensis* leaf ontogeny. *Biologia Plantarium* 42 (3): 379-387.

SHARMA A. K. & BHATTACHARYYA N. K. 1959. Cytological studies on different species of *Mentha* with special reference to the occurrence of chromosomal biotypes. *Cytologia* 24: 198-212.

SINGH T. P. & SHARMA A. K. 1986. *Mentha* – taxonomic status as interpreted through cytology, genetics and phytochemistry. *Indian Journal of Genetics* 46 (Supplement): 198-208.

SRIVASTAVA R. K., SINGH A. K., KALRA A., TOMAR V. K. S., BANSAL R. P., PATRA D. D., CHAND S., NAQVI A. A., SHARMA S. & KUMAR S. 2002. Characteristics of menthol mint *Mentha arvensis* cultivated on industrial scale in the Indo-Gangetic plains. *Industrial Crops and Products* 15: 189-198.

STREIN C. 2007. Morphologische Untersuchungen an Minzen. Diplomarbeit Private Höhere Lehranstalt für Land- und Ernährungswirtschaft des Schulvereins der Grazer Schulschwestern.

SVOBODA K. P. & HAMPSON J. B. 1999. Bioactivity of essential oils of selected temperate aromatic plants: antibacterial, antioxidant, anti-inflammatory and other related pharmacological activities.

ULRICH R. 2006. Fraßschäden durch den Minzeblattkäfer (*Chrysolina coerulans*) an Pfefferminze. *Gemüse* 11/2006.

VOS P., HOGERS R., BLEEKER M., REIJANS M., VAN DE LEE T., HORNES M., FRIJTERS A., POT J., PELEMAN J., KUIPER M. & ZABEAU M.. 1995. AFLP: a new technique for DNA fingerprinting. *Nucleic Acids Research vol. 23, no. 21*: 4407-4414.

WANNER G. 2004. Mikroskopisch-Botanisches Praktikum. – Georg Thieme Verlag. Stuttgart, New York.

WEILER E. & NOVER L. 2008. Allgemeine und molkeulare Botanik. Georg Thieme Verlag Stuttgart. S. 357 – 366.

Internetadressen:

http://www.minzen.com

http://www.plant-disease.ippc.orst.edu

http://www.chemie.uni-erlangen.de/vostrowsky/natstoff/05Terpene.pdf

http://www.chemicalbook.com

http://de.wikipedia.org

Die VDM Verlagsservicegesellschaft sucht für wissenschaftliche Verlage abgeschlossene und herausragende

Dissertationen, Habilitationen, Diplomarbeiten, Master Theses, Magisterarbeiten usw.

für die kostenlose Publikation als Fachbuch.

Sie verfügen über eine Arbeit, die hohen inhaltlichen und formalen Ansprüchen genügt, und haben Interesse an einer honorarvergüteten Publikation?

Dann senden Sie bitte erste Informationen über sich und Ihre Arbeit per Email an *info@vdm-vsg.de*.

Sie erhalten kurzfristig unser Feedback!

VDM Verlagsservicegesellschaft mbH
Dudweiler Landstr. 99   Telefon +49 681 3720 174
D - 66123 Saarbrücken   Fax   +49 681 3720 1749
www.vdm-vsg.de

Die VDM Verlagsservicegesellschaft mbH vertritt

Printed by Books on Demand GmbH, Norderstedt / Germany